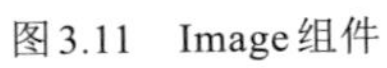

图3.11　Image组件

图3.12　将Image组件的fit属性设置为BoxFit.fill的效果

（a）

（b）

（c）

图4.10　SliverAppBar组件的滚动效果

Row11	Row12	Row13	Row14

图4.12　Row组件中的4个子组件在屏幕上的效果

图4.13　Column组件中的4个子组件在屏幕上的效果

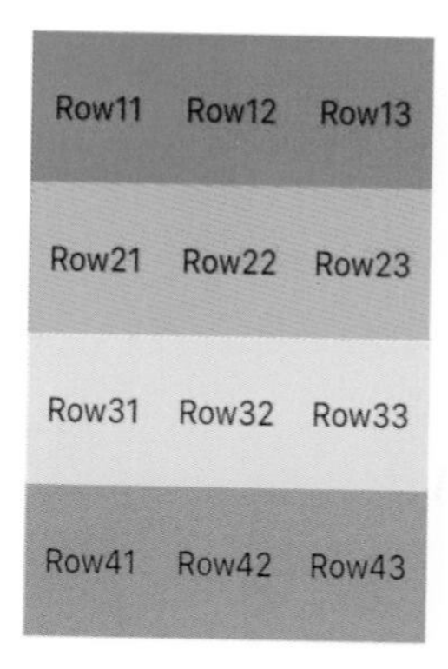

图4.14　Column、Row组件的嵌套使用

（a）

（b）

（c）

图6.3　圆形容器的效果

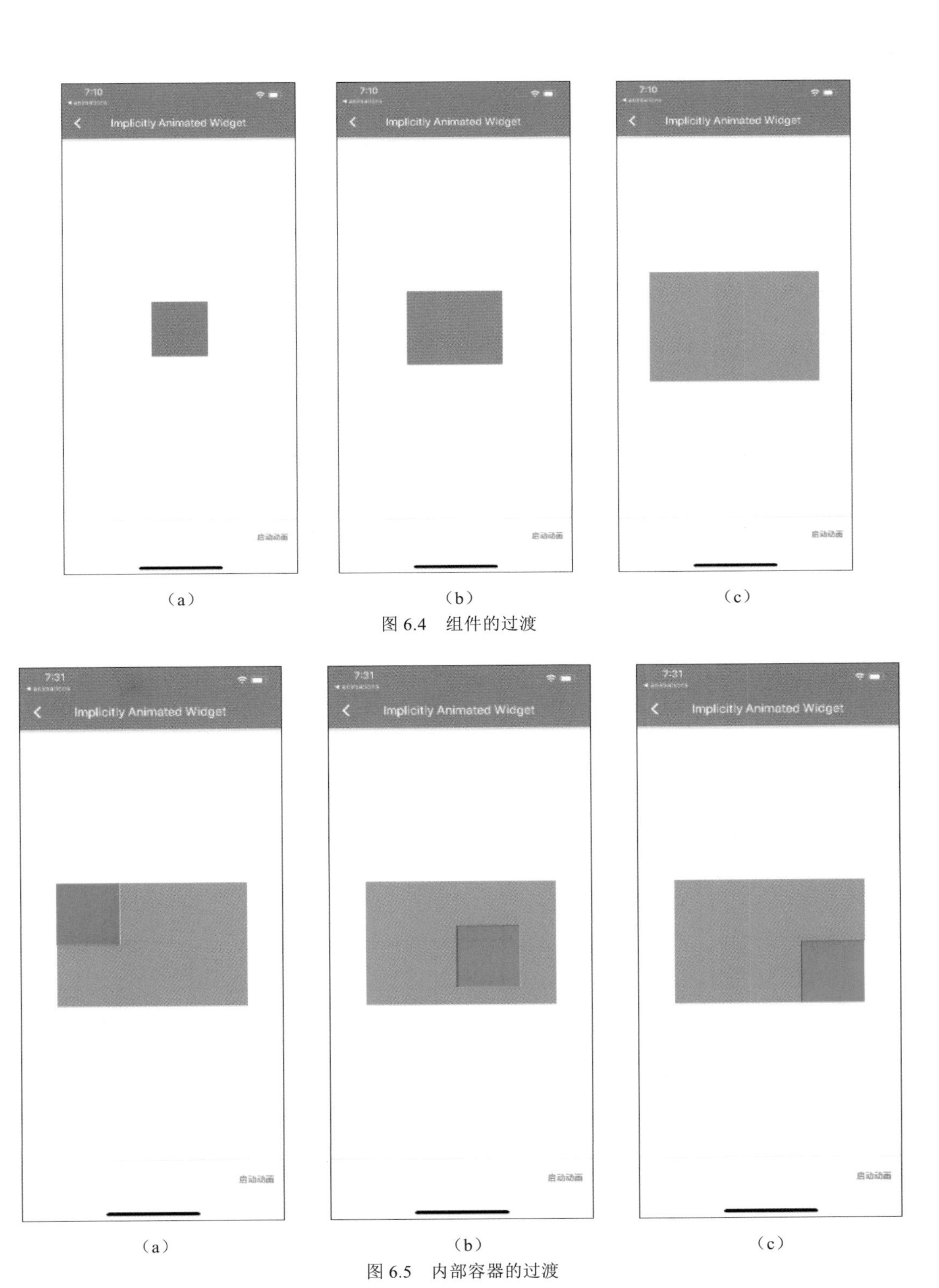

图 6.4　组件的过渡

图 6.5　内部容器的过渡

图6.6　半透明的容器

（a）

（b）

（c）

图 6.7　状态过渡动画

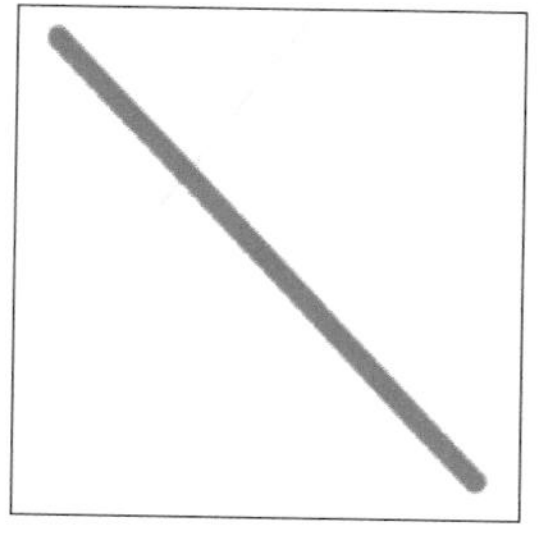

图7.8　绘制效果

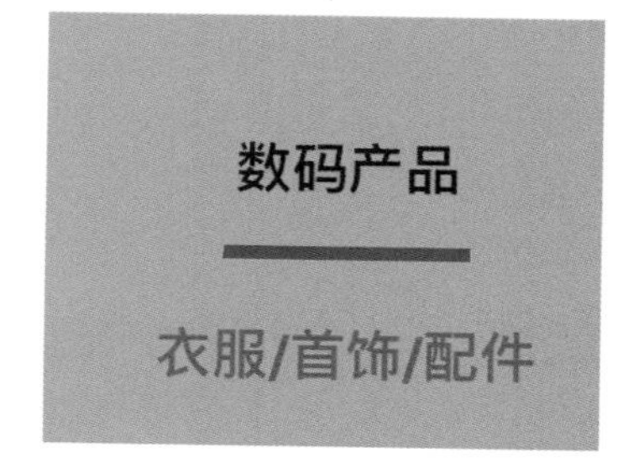

图12.11　选中的商品类别

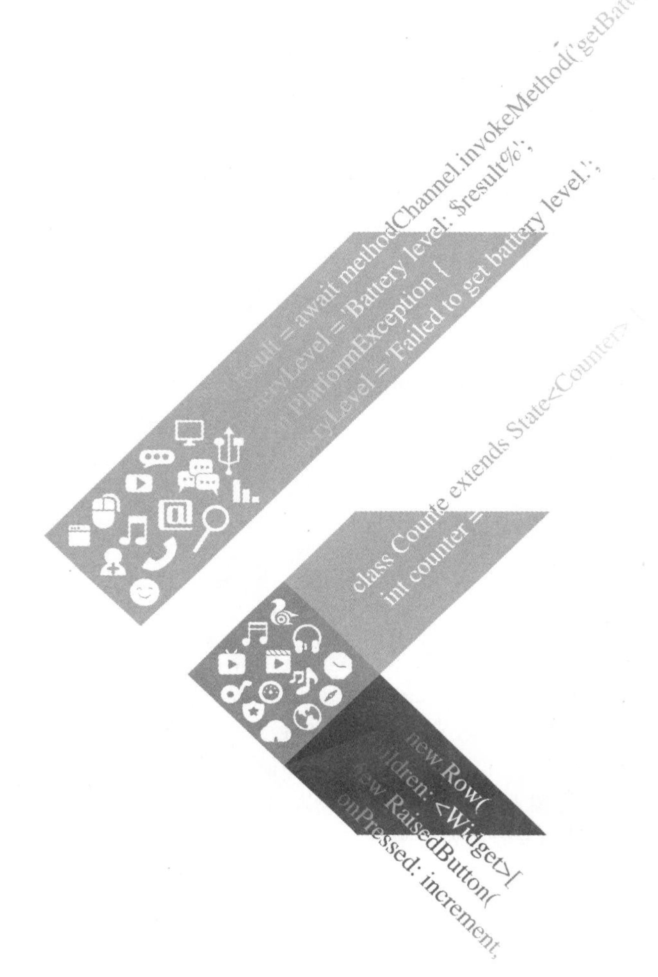

Flutter

开发之旅从南到北

杨加康◎著

人 民 邮 电 出 版 社

北 京

图书在版编目（CIP）数据

Flutter 开发之旅从南到北 / 杨加康著. -- 北京 : 人民邮电出版社, 2020.11
ISBN 978-7-115-54637-1

Ⅰ. ①F… Ⅱ. ①杨… Ⅲ. ①移动终端－应用程序－程序设计 Ⅳ. ①TN929.53

中国版本图书馆CIP数据核字(2020)第146964号

内 容 提 要

本书主要讲述 Flutter 框架的核心技术。本书共 12 章，首先介绍了 Flutter 技术的基础知识、Dart 的基础知识以及 Flutter 中的基础组件等，然后讲述了 Flutter 中的布局管理、动画管理、手势事件管理、路由管理以及状态管理等核心技术点，最后讨论了 Flutter 中的网络通信和应用测试并给出了一个完整的案例。本书有助于读者深入理解 Flutter 技术的完整知识体系。

本书适合 Web 前端开发人员、Android 开发人员、iOS 开发人员、Flutter 初学者以及对移动开发感兴趣的人员阅读，也可供相关专业人士参考。

◆ 著　　　杨加康
　责任编辑　谢晓芳
　责任印制　王　郁　焦志炜

◆ 人民邮电出版社出版发行　　北京市丰台区成寿寺路 11 号
　邮编　100164　　电子邮件　315@ptpress.com.cn
　网址　https://www.ptpress.com.cn
　三河市君旺印务有限公司印刷

◆ 开本：800×1000　1/16
　印张：22.25　　　彩插：2
　字数：508 千字　　　2020 年 11 月第 1 版
　印数：1 – 2 000 册　　　2020 年 11 月河北第 1 次印刷

定价：79.00 元

读者服务热线：(010)81055410　印装质量热线：(010)81055316
反盗版热线：(010)81055315
广告经营许可证：京东市监广登字 20170147 号

推荐序 1

作为现在流行的跨平台开发框架，Flutter 实现了高效的热重载、高的性能以及用户界面的高一致性，这正是跨平台开发技术的核心。高效的热重载可以让开发者更加快速地开发，而不用等待漫长的编译过程，高的性能让跨平台开发不再受性能限制，而用户界面的高一致性让跨平台开发能够真正用于生产实践。随着社区资源的不断丰富，Flutter 将引领跨平台开发进入一个新的天地。

Flutter 中国开发者社区引起了越来越多人的关注，越来越多的开发者开始研究 Flutter。在社区中，大量的文章介绍了 Flutter 的相关技术，但这些零零散散的文章很难让初学者对 Flutter 有一个完整的认识，也很难让初学者理解 Flutter 的设计理念。同时，Flutter 的知识点非常多，让开发者很难对 Flutter 有一个非常清晰的认识，因此很多开发者在入门之后，只会机械地搬运组件，而无法掌握 Flutter 的核心设计思想。

本书从 Flutter 开发的各个方面入手，不仅讲解了 Flutter 的基本使用方法，还分析了 Flutter 的设计思想和核心理念。通过阅读本书，开发者不仅能知其然，还能知其所以然，从而建立起完整的 Flutter 知识体系。本书可以帮助更多的开发者实现从初级到高级的进阶，希望读者都能从本书中受益。

徐宜生
《Android 群英传》《Android 群英传：神兵利器》的作者

推荐序 2

我在 2017 年开始接触 Flutter，还记得最初接触 Flutter 时只能靠自己去摸索和猜测，而如今我很高兴看到 Flutter 社区在日益壮大，不但开发者日益增多，而且参与推广和写书的技术人员持续增加，这说明了 Flutter 在这几年的发展中得到了开发者的认可。

在 2018 年年末，Flutter 1.0 正式发布，我开始将 Flutter 应用于日常工作中，虽然它还存在诸如支持的第三方库不完善、框架功能不够成熟等问题，但是它优秀的跨平台能力确实足以弥补这些不足，而早期参与 Flutter 开发走过的弯路也让我对 Flutter 有了更深刻的了解。

2019 年，越来越多的企业开始在他们的产品中使用 Flutter。我曾分析过大的企业的 53 款移动应用，其中已经有近 20 款使用了 Flutter 框架，甚至像今日头条、阿里巴巴和小米等企业已经开始利用 Flutter 在个人计算机（Personal Computer，PC）上的能力重构其桌面端的产品。Flutter 在移动开发或者前端开发领域中已经占据一席之地，了解它也是前端开发人员职业生涯中的加分项，相信未来它会是大前端开发中不可或缺的一门技术。

作为当前最热门的跨平台开发框架之一，Flutter 的优势在于非常高的开发效率和跨平台的一致性。凭借优秀的底层设计、前瞻性的框架理念，Flutter 在 Android 与 iOS 平台上非常火热。目前 Web 平台和 macOS 已经开始支持 Flutter，预计 Windows 系统与 Linux 系统很快也会支持 Flutter。

本书涵盖 Flutter 框架的方方面面，从入门的基础知识、前端开发的利器到前端开发实战，因此本书对于初次接触 Flutter 的开发者是很好的入门指南。

Flutter 的世界很精彩，这里既有机遇也有挑战。我很高兴看到 Flutter 社区多了一位布道者，希望 Flutter 社区可以更加壮大。

郭树煜
《Flutter 开发实战详解》的作者

前　言

写书需要很大的勇气，尤其是介绍新技术的书，因为一本好书是通向一个新的技术领域的阶梯，这就是我写这本书的初衷，我希望本书可以成为经典的 Flutter 入门图书。

写书是一个很大的挑战，与单独成篇的博客文章不同，图书更系统、更完整。因此我在写这本书时始终秉持着一个理念——要将内容系统化，要使脉络架构清晰，我希望本书能帮助读者更高效地了解 Flutter 的特性。

自从问世以来，Flutter 占尽了技术版面的头条。在谷歌的大力支持下，Flutter 在国外已经有了很多实际的落地场景，eBay、Square 等国际互联网企业已经将它作为跨平台应用开发的首选方案。而在国内 Flutter 更是势如破竹，从字节跳动专门设立 Flutter 技术团队，到阿里的闲鱼技术团队宣布全面使用 Flutter，腾讯、百度、美团等企业纷纷将目光聚焦于此，一时间，Flutter 成为 2020 年最热门的新技术之一。

在这段时间里，涌现出了 Flutter 技术方面的很多先驱者，他们热爱开源，并将这种热情付诸行动，为 Flutter 初学者提供了丰富的学习资源，也出现了很多介绍 Flutter 的图书。大部分读者能通过这些图书了解 Flutter 的基础知识，但是它们只介绍基础知识，没有透彻地解释 Flutter 框架层的原理，因此，我觉得需要一本书来帮助读者在入门的基础上更上一层楼，这是我写这本书的动机。

本书内容

本书共 12 章。从内容层面，本书从入门到进阶，从理论到实践；从技术层面，本书从 Dart 到 Flutter，从源码层到应用层。

第 1～3 章可以作为读者入门 Flutter 的踏脚石，其中概述了 Flutter、Dart 并介绍了 Flutter 中的基础组件等。这部分内容有助于读者掌握 Dart 和 Flutter 组件的用法。

在学习完入门必备的知识之后，第 4～9 章不仅介绍了 Dart 进阶知识，还讨论了 Flutter 中的布局管理、动画管理、手势事件管理、路由管理以及状态管理这 5 部分。这 5 部分相互独立但又环环相扣，Flutter 中通过 3 棵树——组件树、元素树和 RenderObject 树衔接了这 5 部分。学习完这些内容后，你不但能够在头脑中建立起完整的 Flutter 技术体系，而且能进一步提升自己的实践水平。

第 10 章和第 11 章讨论了 Flutter 中的数据存储与通信以及应用测试，这是移动端应用开发的共同话题。如果你是原生应用或者 Web 方面的开发者，可以将它们与你已经掌握的技术进行比较，这是有经验的开发者学习一门新技术的好方法。

第 12 章介绍了一个关于在线商城的实战案例。

读者对象

本书从 Flutter 和 Dart 基础知识讲起，由浅入深，既适合初学者学习，又适合有一定开发经验的人阅读。你可以没有 Flutter 开发经验，但最好具备面向对象编程语言（如 Java、Python 等）的基础知识。本书还适合具有一定经验的 Web 前端开发人员、Android 开发人员、iOS 原生开发人员阅读。

如果你是初学者，建议从第 1 章开始阅读，并在阅读过程中结合本书的代码动手实践，这样会取得非常快的进步；如果你具备一定的 Flutter 基础，那么建议选择性地阅读前 3 章，而将主要注意力放在第 4～9 章和第 12 章。

如何获取本书的源代码

添加微信公众号“MeandNi”或者扫描以下二维码，并回复“源码”，即可获得本书配套源代码。

本书配套资源的下载页面如下图所示。

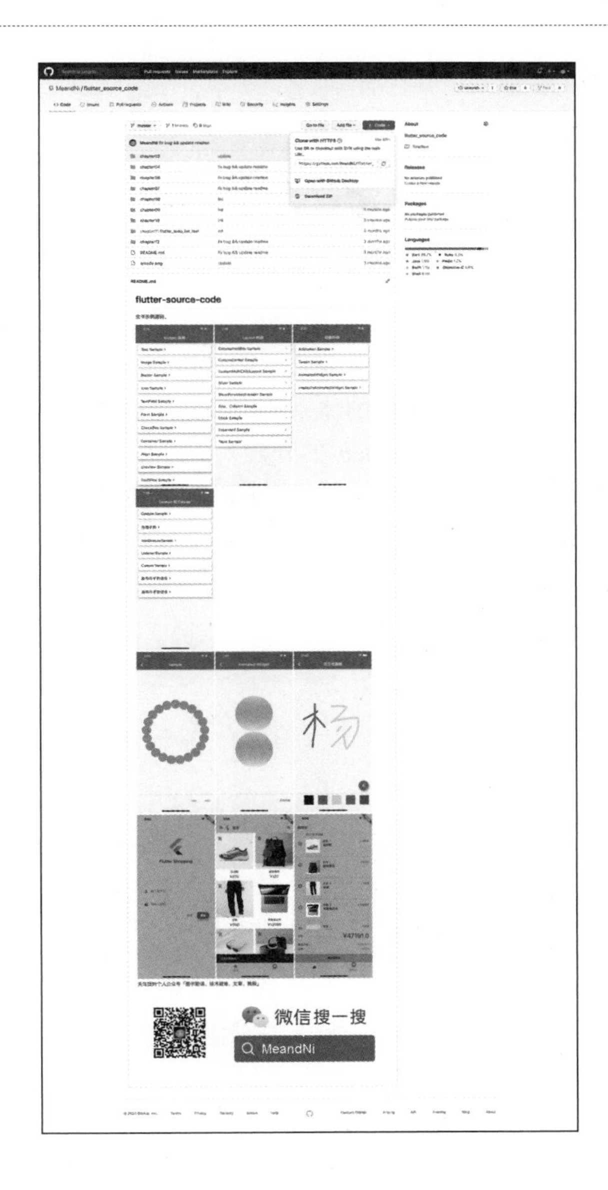

致谢

感谢《Android 群英传》《Android 群英传：神兵利器》的作者徐宜生老师，他是我 Android 开发学习路上非常重要的导师。感谢字节跳动公司 Flutter 技术团队的袁辉辉老师为本书提出的宝贵的建议。感谢为本书写序的郭树煜老师，我非常钦佩他的开源精神，他为 Flutter 社区做了很多贡献，他的人格魅力和在技术领域的深耕都深深影响着我。最后，还要感谢我的家人，以及一路陪伴我的同学、同事和朋友。

作 者 简 介

杨加康 移动开发工程师，目前就职于小米，在 Android 开发与前端开发方面具有丰富的理论基础与实践经验，精通 Android 系统的体系结构和应用层的开发。他从 2018 年开始投身 Flutter 领域，是国内较早使用 Flutter 与 Dart 的开发人员。在个人博客与相关技术社区发表过多篇高质量文章并获得较高的关注量，翻译过《物联网项目实战：基于 Android Things 系统》。个人的微信公众号是“MeandNi”（其中不定期分享 Android、Flutter、Java 等方面的文章/视频）。

服务与支持

本书由异步社区出品，社区（https://www.epubit.com/）为您提供相关服务和后续服务。

提交勘误

作者和编辑尽最大努力来确保书中内容的准确性，但难免会存在疏漏。欢迎您将发现的问题反馈给我们，帮助我们提升图书的质量。

当您发现错误时，请登录异步社区，按书名搜索，进入本书页面，单击“提交勘误”，输入勘误信息，单击“提交”按钮即可，如下图所示。本书的作者和编辑会对您提交的勘误进行审核，确认并接受后，您将获赠异步社区的100积分。积分可用于在异步社区兑换优惠券、样书或奖品。

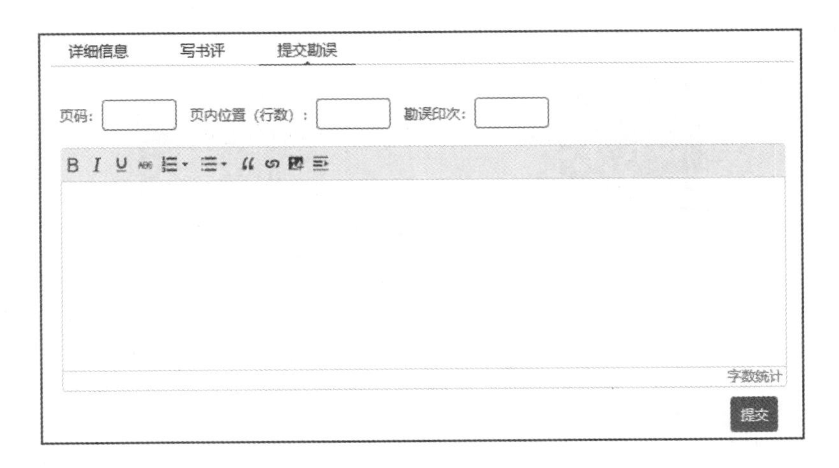

与我们联系

我们的联系邮箱是 contact@epubit.com.cn。

如果您对本书有任何疑问或建议，请您发邮件给我们，并请在邮件标题中注明本书书名，以便我们更高效地做出反馈。

如果您有兴趣出版图书、录制教学视频，或者参与图书翻译、技术审校等工作，可以发邮件给我们；有意出版图书的作者也可以到异步社区在线投稿（直接访问 www.epubit.com/contribute 即可）。

如果您所在的学校、培训机构或企业想批量购买本书或异步社区出版的其他图书，也可以发邮件给我们。

如果您在网上发现有针对异步社区出品图书的各种形式的盗版行为，包括对图书全部或部分内容的非授权传播，请您将怀疑有侵权行为的链接通过邮件发送给我们。您的这一举动是对作者权益的保护，也是我们持续为您提供有价值的内容的动力之源。

关于异步社区和异步图书

“异步社区”是人民邮电出版社旗下 IT（信息技术）专业图书社区，致力于出版精品 IT 图书和相关学习产品，为作译者提供优质出版服务。异步社区创办于 2015 年 8 月，提供大量精品 IT 图书和电子书，以及高品质技术文章和视频课程。更多详情请访问异步社区官网 https://www.epubit.com。

“异步图书”是由异步社区编辑团队策划出版的精品 IT 专业图书的品牌，依托于人民邮电出版社近 30 年的计算机图书出版积累和专业编辑团队，相关图书在封面上印有异步图书的 LOGO。异步图书的出版领域包括软件开发、大数据、人工智能、测试、前端、网络技术等。

异步社区

微信服务号

目　录

第1章　认识 Flutter

当读者翻开这本书时，心情应该是激动的。自谷歌推出 Flutter 这套 SDK 框架之后，便引来了原生 Android 开发者、iOS 开发者、Web 前端开发者甚至后端开发者等的强烈追捧。在移动开发红利逐渐消失的这段时间，我们已经很久没有见过这种盛况了，在人手一部智能手机的时代里，移动开发的技术既面临饱和的挑战，也激发了人们对新技术的热情。

2014 年，Flutter 以 Sky 为名在 GitHub 上开源，2015 年正式改名为 Flutter 并于 2017 年才发布了内测版。2018 年是 Flutter 元年，这一年，谷歌在开发者大会之后立即推出了 Flutter 预测版。紧随其后，在万众期待之下，在 2018 年年底的 Flutter Live 大会中我们真正见到了 Flutter 1.0 版本。Flutter 官网给出了它的核心定义——通过编写同一套代码，可以开发出同时运行在 Android 平台和 iOS 平台中的应用，正所谓“一次编写，两处运行”。在之后我们也将知道 Flutter 应用可以运行在除这两个平台之外的其他平台上。

在介绍 Flutter 的起源和基础知识之后，我们就可以开始随本书进入 Flutter 的世界了。

1.1 移动开发简史

不知道有没有人统计过当今世界上还有多少人没有用过智能手机？这样的人非常少，目前几乎每人一部智能手机。从开发者的角度来看，一项技术的饱和程度莫过于此，在十年前智能手机和移动开发刚刚兴盛的那段时间，每个人都认为移动开发将是那个时代的未来，而很多开发人员当时顺其自然地投入原生（native）开发中。

原生开发通常是指针对某个特定的平台利用其提供的 SDK 和特定的工具进行开发。我们可以用 Java 或 Kotlin 调用 Android SDK，开发 Android 应用，也可以通过 Objective-C 或 Swift 调用 iOS SDK，开发 iOS 应用。Android SDK 和 iOS SDK 在固定的平台上可以开发出性能功能强大的应用。另外，也可以通过系统提供的 API 访问手机的特定功能（相机、GPS 等）。然而，当出现问题时，维护的成本较高，我们必须同时维护两套不同的代码，仅这一点就会使得大部分软件厂商难以生存。原生开发的动态化能力较弱，用户有时候势必须手动更新应用，这也带来了用户体验的下降。

针对原生开发带来的问题，后来的很多开发者选择在应用中嵌入 WebView，也就是使用 HTML5 来替换一部分原生开发，从而使一套 Web 代码同时运行在 Android 和 iOS 两个平台上，而且获得了 Web 开发的动态特性。我们也将这种同时应用原生和跨平台两种开发方式的方案叫作混合（hybird）开发。但混合开发的不足在于难以调用系统级别的 API，如果可以使用 WebView 提供的接口来实现通过 JavaScript 代码调用原生 API 的功能，那么 WebView 低下的渲染性能就是我们迫切要改变这种开发方式的强大动机，因为开发者知道这种方式始终摆脱不了 Web 浏览器渲染所耗的时间。

那么如何减少非原生 UI 在移动端渲染的耗时呢？React Native、Weex 等响应式框架的跨平台方案随之而来，它们使用一种将非原生组件映射到原生组件并实现非原生代码与原生代码通信的技术（我们将它称为 JavaScript Bridge）突破了这个瓶颈。图 1.1 展示了这种类型的响应式框架与原生平台交互的原理。

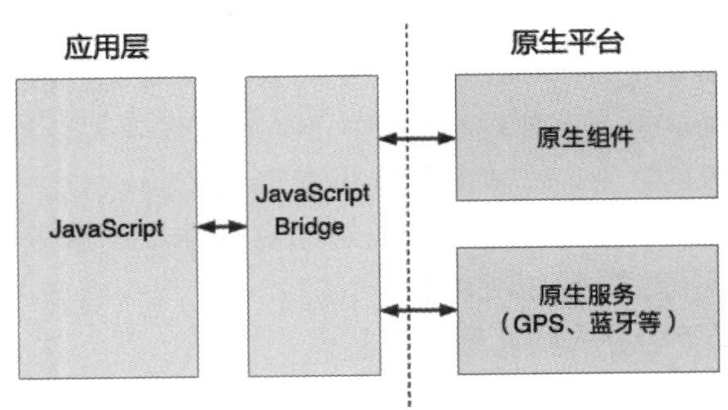

图 1.1　ReactNative 等响应式框架与平台交互的原理

由图 1.1 可知，这类框架的应用层与原生平台可以通过一个称为 JavaScript Bridge 的中间层交互，这样就能将原有的 JavaScript 组件转换为原生组件，同样，以这种方式在 JavaScript 侧使用原生平台的各种服务（如 GPS、蓝牙等）。至此，跨平台方案已经成熟，我们的问题也相继得到了解决，开发者们开始热衷于对 ReactNative 社区的拓展并更加依赖该社区。如果读者对 React 方面的技术感兴趣，可以去深入了解，这对学习 Flutter 也有一定益处，因为 Flutter 的很多理念和思路来自 React。

但经过更进一步的思考，似乎应用的性能问题依然没从根本上得到解决，以上提到的“将非原生组件映射到原生组件并实现非原生代码与原生代码通信的技术”便注定了这种方式永远不能使应用如原生应用那般流畅，因为我们无论在这一部分做多少的优化，始终都会存在通信转换的过程。如何消除这个过程？Flutter 的创新性就在于此，它能够作为新一代跨平台方案的主要原因就在于它不依赖于原生组件。Flutter 使用的 Dart 语言基于预（Ahead-of-Time，AOT）

编译方式，这种编译方式在没有任何 JavaScript Bridge 的情况下就可以编译成平台原生的代码并直接与它们交互。另外，Flutter 拥有自绘引擎 Skia，Flutter 与原生平台的交互方式如图 1.2 所示。平台层只需要提供一块画布（canvas），其他诸如手势、渲染和动画之类的任务可以由 Flutter 自身承担，这使得开发者拥有更大的控制权，并且能使应用的性能和原生应用几乎相等。这两个因素使通过 Flutter 开发的应用不需要任何转换过程就完全能够在原生环境下运行，并且可以直接与本机代码交互控制屏幕上的每个像素。

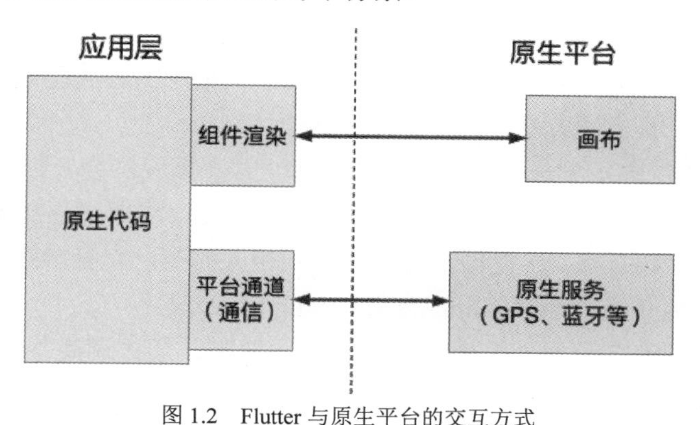

图 1.2　Flutter 与原生平台的交互方式

1.2 Flutter 的架构

本节将介绍 Flutter 的架构。如图 1.3 所示，Flutter 采用了分层设计的模式，整体架构分为两层——框架（framework）层和引擎（engine）层。

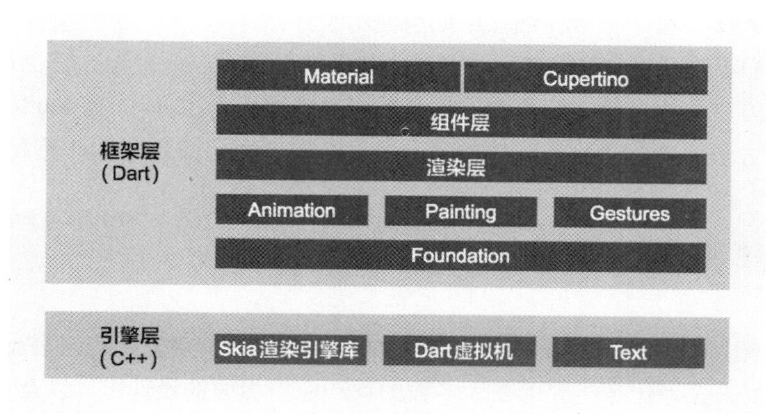

图 1.3　Flutter 的架构

引擎层由 C++ 编写，其中主要包含 Dart 虚拟机、Skia 渲染引擎库和文字渲染基础组件

Text。我们已经知道 Flutter 与其他跨平台框架的不同就在于它有独立的渲染引擎库，而不依赖原生引擎库，Skia 便是这个渲染引擎库。Dart 虚拟机包含了 Dart 中编译方式、垃圾回收等机制的实现。而引擎层中的 Text 则负责 Flutter 中文字的渲染。

框架层完全由 Dart 语言实现，是开发者直接接触的部分，包含了图片、按钮等基础组件（widget），以及动画、手势等内置组件。在应用开发中开发者最常与该层提供的接口与组件打交道。从整体来看，Flutter 的框架层依然采用了分层架构，每一层又按照功能模块划分。框架层中部分层的作用如下。

- Foundation 层是框架层的最底层，主要定义了框架层的各类基础 API，提供了上一层会使用到的工具类和方法接口等。
- Animation 层包含了 Flutter 中实现动画的相关类，第 6 章会介绍这部分内容。Painting 层中封装了 Flutter 引擎层提供的绘图接口，包括绘制图像、文本、阴影的功能以及自定画布等，Gestures 层提供了与手势识别相关的类，包括触摸、缩放以及拖曳等，第 7 章会详细介绍关于 Painting 层和 Gestures 层的内容。
- 而渲染层则依赖下面的 Painting、Animation 等层，通过调用下一层的接口可以为 UI 设计具体的布局，完成绘画和合成等操作。这一层也是 Flutter 能够将代码中的组件渲染在屏幕中的核心层，这会在本章之后的几节中介绍。
- 组件层中提供了非常丰富的组件供我们在开发中使用，包括了基本的 Text、Image、Container、TextField 等组件。我们通过在代码中组合、嵌套该层中提供的不同类型的各个组件可以构建出任意功能和任意复杂度的界面。这里的组件最终也会生成一个个渲染对象，在渲染层中做具体的渲染工作，这会在之后的章节中具体介绍。Flutter 在该层的基础上也提供了 Material 和 Cupertino 两种分别对应 Android 与 iOS 视觉风格的组件库。第 3 章会详细介绍如何使用组件。

从这里，我们不难看出，我们在应用开发中最常接触的就是组件层，它也是我们开发整个视图的基础。官方文档提出的一个重要的理念就是“一切皆为组件”。在 Flutter 里，包括布局和动画等在内的大部分概念建立在组件的基础之上。本书旨在揭开 Flutter 神秘的面纱。

1.3 Flutter 家族

前面几节介绍了与 Flutter 相关的很多概念。本节主要讨论谷歌为什么在 Flutter 上使用 Dart 语言，Material Design 为什么能应用在大多数的移动应用界面的设计上，以及 Fuchsia、Flutter Web。

1.3.1 Dart

在介绍 Dart 之前，先讲一个故事。

有一天，谷歌跨平台部门的一个开发者 Tom 为了解决当下 React Native 等 JavaScript 跨平台框架所带来的问题而绞尽脑汁，当想到用自绘引擎来实现脱离原生平台渲染的方案时，他兴奋不已。“这种方案可能会改变当下移动开发的方向啊！”他心里暗暗自喜。为了酝酿情绪并与同事们分享这个想法时，他来到了楼下的咖啡厅喝咖啡，转念又想：“那这个技术要用什么语言呢？”就在这时，隔壁 Dart 部门的同事 Jack 过来打了一个招呼：“就用 Dart 吧！”

上面的故事纯属虚构，甚至有种调侃的意思。因为 Flutter 在国内火爆的时候 Dart 这门语言并不被我们熟悉，很多开发者不是很理解谷歌为什么要选择 Dart 而不是 JavaScript 作为它的开发语言，而且他们不是很喜欢 Dart 语言本身的语法。那谷歌真的仅仅是为了“扶持隔壁部门”而选择了 Dart 语言了吗？答案显然不是。下面列举了 Flutter 选择 Dart 作为开发语言的部分原因。

- Dart 运行在 Dart 虚拟机（Virtual Machine，VM）上，但也可以编译为直接在硬件上运行的 ARM 代码。
- Dart 同时支持预（Ahead Of Time，AOT）编译和运行时（Just-In-Time，JIT）编译两种编译方式，可以同时提高开发和执行应用程序的效率。
- Dart 可以使用隔离（isolate）实现多线程。如果没有共享内存，则可以实现快速无锁分配。
- Dart 虚拟机采用了分代垃圾回收方案，适用于 UI 框架中产生大量的组件对象的创建和销毁。
- 当为创建的对象分配内存时，Dart 使用指针在现有的堆上移动，可以确保内存的线性增长，从而节省了查找可用内存的时间。

Dart 还有其他各种优势。例如，当使用 Dart 编写应用程序时，不在需要将布局代码与逻辑代码分离而又引入 xml、JSX 这类模板和布局文件。下面是使用 Dart 编写组件的一个例子。

```
new Center(
  child: new Text('Hello, World!'),
)
```

即使还没有 Dart 语言的基础，你也清楚以上代码的意思，这里在 Center 组件中放了一个 Text 组件。而在 Dart 2 中，又添加了另一个使 Dart 语言使用起来更方便的特性，就是完全可以省去 new、const 等关键词。例如，上面的代码可修改为以下形式。

```
Center(
  child: Text('Hello, World!'),
)
```

第 2 章会介绍 Dart 语言的具体用法。相信读者深入学习 Dart 之后一定会更喜欢这门语言。

提示：

Dart 语言同时支持 AOT 和 JIT 两种编译方式，而目前主流的语言大多只支持其中一种编译方式，如 C 仅支持 AOT 编译方式，JavaScript 仅支持 JIT 编译方式。

一般来说，静态语言会使用 AOT 编译方式。在 AOT 编译方式下，编译器必须在执行代码前直接将代码编译成机器的原生代码，这样在程序运行时就不需要做其他额外的操作而能够直接快速地执行，它带来的不便就是编译时需要区分用户机器的架构，生成不同架构的二进制代码。而 JIT 编译方式通常适用于动态语言。在 JIT 编译方式下，程序运行前不需要编译代码而在运行时动态编译，不用考虑用户的机器是什么架构，为应用的用户提供丰富而动态的内容。虽然 JIT 编译方式缩短了开发周期，但是可能导致程序执行速度更慢。

Dart 语言同时使用了以上两种编译方式，这一点为它能应用在 Flutter 中提供了显著的优势。在调试模式下，Dart 使用 JIT 编译方式 ，编译器速度特别快，这使 Flutter 开发中支持热加载的功能。在发布模式下，Dart 使用 AOT 编译方式，这样就能够大大提高应用运行速度。因此，借助先进的工具和编译器，Dart 具有更多的优势——极快的开发周期和执行速度以及极短的启动时间。

1.3.2　Material Design

熟悉 Android 开发的读者相信已经对 Material Design 有或多或少的了解，它是谷歌推出的一套视觉设计语言。谷歌有全世界顶尖的设计工程师，他们通过定义一系列设计原则，从而使得应用的颜色选择与搭配、界面排版、动画、交互方式、组件大小与间距等在用户界面（User Interface，UI）呈现上实现了相对统一。

Flutter 提供了大量该风格的组件，我们可以按照目前已经提出的 Material Design 原则创建用户界面。这种方式大大地降低了开发者美化用户界面的工作量，用最简单的话来概括就是，我们可以用最少的工作量做出最好看的 UI。其实，在 Android 最早推出的很长一段时间里，界面风格一直是用户吐槽的很大一方面，用户永远不会喜欢使用交互体验差劲的应用，谷歌在 Material Design 上花了很多工夫，这也是 Android 甚至谷歌所有的平台在 UI 方面的里程碑。

在 Flutter 引入 Material Design 的另外一个很重要的原因是它能够使应用风格趋于统一。我们可以在整个 Flutter 应用甚至不同的应用中只使用一整套的 Material Design 风格。同时，为了防止出现大部分应用的 UI 出现雷同的情况，Flutter 团队一直致力于给开发者自定义独特的样式（如圆角角度、阴影厚度、主题颜色等参数）提供更多的接口。Flutter 的每次更新总会对 Material Design 提供更多的支持。

1.3.3 Fuchsia

Flutter 能激发很多开发者的兴趣的一个原因是，它可能将作为谷歌此后将推出的新系统 Fuchsia 的原生开发方式。

早在谷歌刚刚开源 Fuchsia 的部分代码之后，很多感兴趣的“有识之士”就深究了这个可能取代 Android 的下一代移动操作系统。Fuchsia 与之前各类操作系统都有较大的不同。其一，Fuchsia 底层并没有使用与 Android 一样的 Linux 内核，而使用谷歌自研发的 Zircon；其二，Fuchsia 在顶层 Topaz 中明显地支持使用 Flutter 与 Dart 来开发应用。Fuchsia OS 的分层架构见图 1.4。

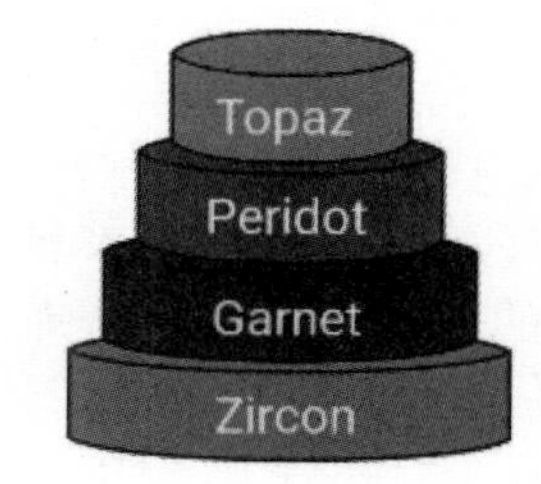

图 1.4 Fuchsia OS 的分层架构

当被问及为什么要学习一门技术的时候，人们可能会说这门技术在未来会很有前景。当将这句话应用在 Flutter 上时，我们可以说 Flutter 将是下一代操作系统应用的原生开发方式，我们现在使用 Flutter 开发的应用可能就是新操作系统上的应用，想想就很激动。

1.3.4 Flutter Web

在 2018 年的 Flutter Live 大会上，谷歌给 Flutter 指派了另一项令人兴奋的任务——踏入 Web 开发领域，并在谷歌 2019 开发者大会上正式发布了 Flutter for Web 预览版，这一点已经完完全全地体现了 Flutter 在跨平台方向上的目标。在撰写本书时，Flutter 已经可以同时作为移动端、Web 端、桌面端的开发方式了。

其实从诞生之初，就希望 Dart 具有编译 JavaScript 的功能。现在许多重要的应用都是从 Dart 编译为 JavaScript 并在生产环境中运行的。为了能使 Flutter 运行 Web 应用，Flutter 在标准浏览器 API 上使用 Dart 实现核心 Painting 层，这使得 Flutter Web 依然可以保留之前框架层的内容。Flutter Web 的架构如图 1.5 所示。

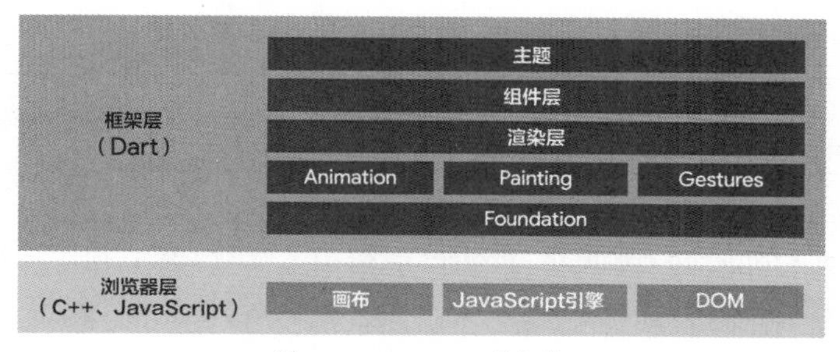

图 1.5 Flutter Web 的架构

本书并不会讨论 Flutter 如何实现 Web 技术方面的细节，但 Flutter 在很大程度上将会使

UI 的开发方式变得统一，并且可以使用相同的代码使应用直接运行在 Web 浏览器中。我们可以骄傲地对其他人说："一次编写，到处运行。"

1.4 第一个应用——计数器

在真正领略 Flutter 的风采之前，我们可以参考本书的附录 A 安装 Flutter 开发环境。完成安装操作之后，读者现在就可以跟随本节的内容尝试在没有 Dart 语言基础的情况下理解 Flutter 默认实现的一个计数器应用，你会发现一切都比你想象中的简单很多。

1.4.1 创建第一个应用

为了使各个阶段的开发者都能够轻松地完成本书中的操作，本书将会统一采用更加轻量的 Visual Studio Code 作为编写代码和展示示例的 IDE，并且使用 macOS 进行演示（Windows 系统中的操作与之类似）。可以按照如下步骤创建第一个 Flutter 应用。

（1）启动 Visual Studio Code。

（2）选择菜单栏中的"查看"→"命令面板"，如图 1.6 所示，打开命令面板。

图 1.6　选择"查看"→"命令面板"

（3）在命令面板中输入"flutter"，并选择下拉列表框中的"Flutter: New Project"，如图 1.7 所示，新建一个 Flutter 项目。

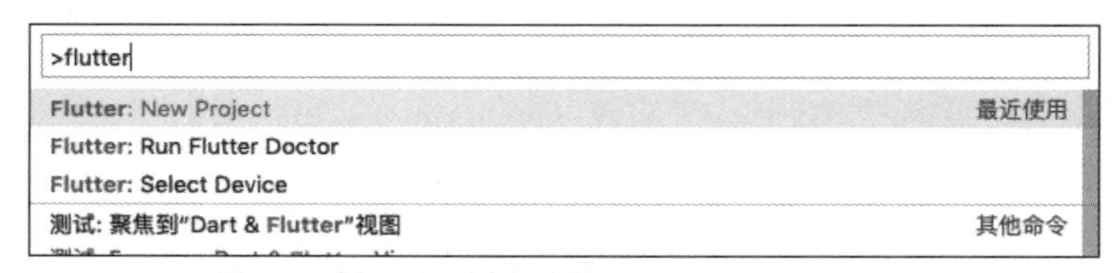

图 1.7　选择下拉列表框中的"Flutter: New Project"

（4）输入自定义的项目名称（如 hello_world），如图 1.8 所示，按 Return 键创建项目。

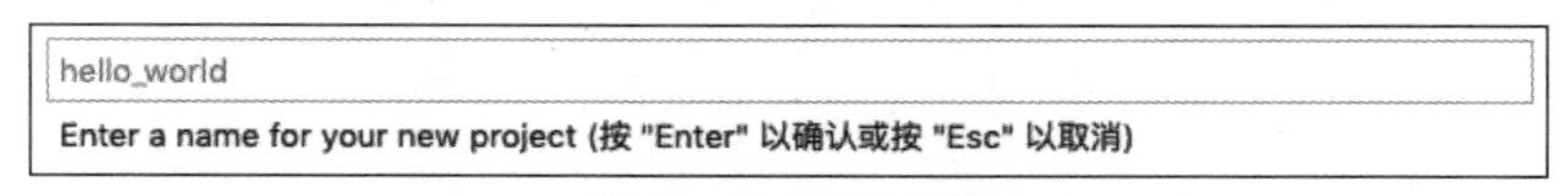

图 1.8　输入项目名称

（5）单击 Select a folder to create the project in 按钮（见图 1.9），指定项目将要放置的位置，这里选择目录后，单击 OK 按钮。

图 1.9　单击 Select a folder to create the project in 按钮

（6）等待项目创建结束之后，新项目窗口便会自动打开。

1.4.2 Flutter 项目的结构

创建 Flutter 项目后，可以在 Visual Studio Code 中看到 Flutter 项目的结构，如图 1.10 所示。

部分文件夹的作用如下。

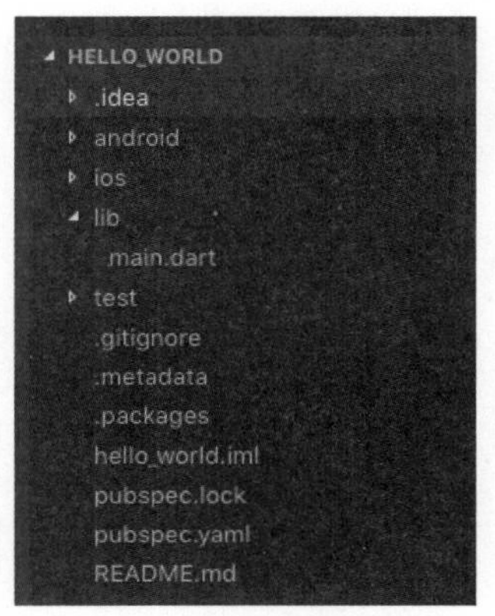

图 1.10　Flutter 项目的结构

- android 文件夹：存放 Flutter 与 Android 原生交互的代码，该文件夹下的文件和单独创建的 Android 项目基本一样。
- ios 文件夹：对于标准的 iOS 项目，存放 Flutter 与 iOS 原生交互的代码。
- lib 文件夹：Flutter 的核心目录，存放的是使用 Dart 语言编写的代码。不管是 Android 平台，还是 iOS 平台，安装、配置开发环境后，都可以在对应的设备或模拟器上面运行这里的 Dart 代码，而整个应用的入口是 lib 文件夹下的 main.dart 文件。也可以在这个 lib 文件夹下面创建不同的文件夹，里面存放了不同的文件来管理日益壮大的应用。
- test 文件夹：存放 Flutter 的测试代码。

注意，pubspec.yaml 文件是项目的配置文件，可以在该文件中声明项目中使用到的依赖库、环境版本以及资源文件等。附录 A 会介绍更多相关内容。

pubspec.yaml 的另一个重要功能便是指定应用中需要使用的本地资源（图片、字体、音频、视频等）。通常情况下，我们会在项目根目录下创建一个 images 目录，用来存放应用中会使用到的图片资源，这些图片资源需要在该配置文件中的 assent 属性下声明（见图 1.11）。

应用运行在设备上之后，这些资源文件就会一并打包在安装程序中，在之后的章节会对配置文件的其他配置项做具体的介绍。

熟悉了这些文件夹的大致作用之后，我们先尝试运行一下这个默认的项目。为此，我们需要启动模拟器或者使用 USB 接口接入真机。具体步骤如下。

（1）模拟器打开或者真机接入后，在 Visual Studio Code 主界面右下角的状态栏中选择可以运行的目标设备（见图 1.12）。

图 1.11　pubspec.yaml 中的资源文件声明

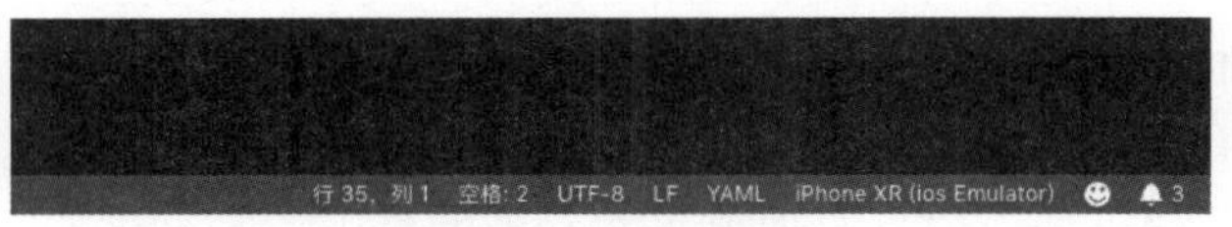

图 1.12　选择可用设备

（2）打开 lib 文件夹下的 main.dart 文件，按 F5 键或选择菜单栏中的“调试”→“启动调试”，开始运行项目（见图 1.13）。

（3）等待应用在模拟器或真机上自动启动。

（4）如果一切正常，在应用安装成功后，我们应该就能够在设备上看到图 1.14 所示的计数器应用。

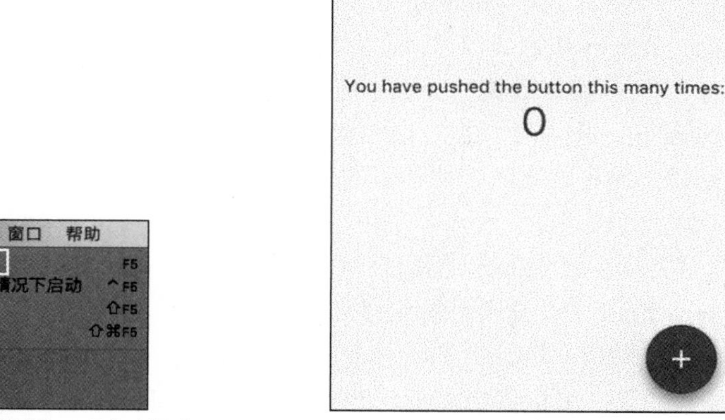

图 1.13　选择“调试”→“启动调试”

图 1.14　计数器应用

此时，我们的第一个应用就已经启动了，你可以看到这个应用的首页展示了一个标准的 Material Design 风格的界面，顶部有一个带有页面标题的导航栏，右下角有一个带有“+”号的悬浮按钮，单击这个按钮就会使页面中的数字增加。这个应用可以用来记录单击按钮的次数。

1.4.3　计数器应用的实现

已经运行的计数器应用是我们步入 Flutter 殿堂的阶梯。通过分析这个应用的实现方式，我们会对 Flutter 中的应用开发有一个直观的理解。

首先，打开 lib 文件夹下的 main.dart 文件，这里面存放了这个计数器应用的所有代码。忽视注释中的内容，我们可以在文件的最上方看到带有 import 字样的代码行，它的作用是导入该文件需要使用到的库。这里我们导入了 Material 库，因为我们需要使用该这个库下面的 UI

组件。下面我们可以看到一个 main()函数，它是 Dart 语言的主函数，每当我们运行应用后，系统都会首先调用 main.dart 文件中的这个函数。

```
import 'package:flutter/material.dart';

void main() => runApp(MyApp());
```

main()函数中调用了 runApp()函数，我们可以将 runApp()理解为运行 Flutter 应用的入口，而传入的 MyApp 对象就代表了需要运行的应用。在 Flutter 中，MyApp 又称为组件对象，它在这里就相当于应用显示在屏幕上的 UI 组件，应用启动后就能够显示 MyApp 中的内容。下面是 MyApp 组件的具体实现。

```
class MyApp extends StatelessWidget {

  // 重写 StatelessWidget 的 build()方法，返回一个组件对象
  @override
  Widget build(BuildContext context) {
    /*
    * MaterialApp 表明应用采用 Material Design 风格，
    * 可以在 theme 属性下配置应用中与主题相关的属性，如颜色、按钮风格
    * */
    return MaterialApp(
      title: 'Flutter Demo',
      theme: ThemeData(
        primarySwatch: Colors.blue,
      ),
      home: MyHomePage(title: 'Flutter Demo Home Page'),
    );
  }
}
```

通过阅读上面的代码，我们发现类 MyApp 继承自 StatelessWidget，并重写了它的 build()方法，这个方法返回了一个组件对象，所以这里我们可以推理出 MaterialApp()也是一个组件对象。前面已经提到了“一切皆为组件”，读者可以从这里开始随着阅读本书慢慢地理解这句话了，它是我们开发出用户能看见的应用的基础，我们可以通过设置组件的属性来控制应用所能展示的内容。

继续分析下面的代码，我们可以看到在 MaterialApp 组件中有 3 个属性，分别是 title、theme、home。其中，title 表示组件的标题属性；theme 可以用来配置应用的主题样式；home 参数用来指定 MaterialApp 中的主体内容，它接受另一个组件，这里指定为 MyHomePage。在使用 MyHomePage 时，还传入了一个 title 参数，它用来接受显示在计数器应用顶部导航栏中的标题。我们可以尝试修改这个值然后保存代码，如果程序依然处于运行状态，由于 Flutter 支持热加载的特性，导航栏中的文字就会实时更新为最新的值，这个特性能够帮助我们更高效地开发应用。

继续向下，我们就可以看到 MyHomePage 组件的具体实现了。

```
class MyHomePage extends StatefulWidget {
  // 构造函数，用于接受调用者的参数
  MyHomePage({Key key, this.title}) : super(key: key);

  // 声明了一个字符串类型的 final 变量，并在构造函数中初始化
  final String title;

  /*
  * 所有继承自 StatefulWidget 的组件都要重写 createState() 方法，
  * 用于指定该页面的状态是由谁来控制的。
  * 在 Dart 中，以下划线开头的变量和方法的默认访问权限就是私有的，
  * 类似于 Java 中用 private 关键字修饰的变量和方法，只能在类的内部访问
  */
  @override
  _MyHomePageState createState() => _MyHomePageState();
}

/*
* State 是一个状态对象，<> 里面表示该状态是与谁绑定的。
* 在修改状态时，在该类中进行编写
*/
class _MyHomePageState extends State<MyHomePage> {
  int _counter = 0;

  // 实现计数值加 1 的函数
  void _incrementCounter() {
    // setState 方法用于更新属性
    setState(() {
      _counter++;
    });
  }

  @override
  Widget build(BuildContext context) {
    /*
    * Scaffold 是一个 Material Design 风格的组件，
    * 它继承自 StatefulWidget，包含 appBar、body、drawer 等属性
    * */
    return Scaffold(
      /* 顶部导航栏 */
      appBar: AppBar(
        /*
        * 这里的 Widget 其实就是 MyHomePage，
        * 它在这里调用了上面传递过来的 title 变量
        */
```

```
          title: Text(widget.title),
        ),
      // Scaffold 中的主体布局
        body: Center(
          /*
          * 在 Center 组件中有一个 child 属性，用来定义它的子组件 Column，
          * Column 表示以行的形式显示其子组件
          */
          child: Column(
            /*
            * mainAxisAlignment 用来控制子组件的对齐方式，
            * 也可以把值设置为 start、end 等
            */
            mainAxisAlignment: MainAxisAlignment.center,
             /*
             * Column 组件的 children 属性用于指定它的子组件，
             * 它接受一个数组，可以向该属性传递多个组件
             */
            children: <Widget>[
              // Text 组件，用于显示文本
              Text(
                'You have pushed the button this many times:',
              ),
              // Text 组件，使用 style 属性来设置它的样式
              Text(
                '$_counter',
                style: Theme.of(context).textTheme.display1,
              ),
            ],
          ),
        ),
        /*
        * FloatingActionButton 也是 Material Design 风格的组件，
        * 可以在 onPressed 属性中定义其单击事件
        */
        floatingActionButton: FloatingActionButton(
          // 通过单击触发_incrementCounter 函数
          onPressed: _incrementCounter,
          tooltip: 'Increment',
          // 指定 child 的子组件为一个“+”号图标
          child: Icon(Icons.add),
        ),
      );
    }
  }
```

MyHomePage 是实现计数器应用的核心，它同样是一个组件，最终会显示在应用中。在

_MyHomePageState 中，我们可以重写 build()方法，返回 MyHomePage 组件中显示的内容。根据注释，我们可以在代码中找到显示在屏幕中的组件，其中涉及了 Scaffold、Column、Text 等常用组件，以及对 FloatingActionButton 响应事件的处理。Dart 语言的相关语法和组件的具体含义会在下面的章节中介绍。

在上述代码中，很多组件都有 child 属性，如 FloatingActionButton 组件中的 child 属性是一个“+”图标，它就表示将“+”图标设置为 FloatingActionButton 的子组件，表现在屏幕上的效果就是“+”图标显示在 FloatingActionButton 中。通过这种方法，我们可以将多个组件组合在一起而开发出一个完整的页面。

另外，读者还可能注意到一个重要的部分，MyHomePage 继承自 StatefulWidget，MyApp 也继承自一个与它类似的 StatelessWidget。作为计数器应用的核心组件，MyHomePage 用于改变计数值。也就是说，当单击“+”按钮后，增加计数这个功能需要由它负责。要想达到这样的效果，必然就需要改变_counter 变量的值，StatefulWidget 是可以改变它对应 State 对象中的值的一个组件，而 StatelessWidget 不具备这个功能，它只能用来展示 UI。第 3 章会具体介绍 StatefulWidget 和 StatelessWidget 这两个类的具体用法。

1.5 原理浅析——3 棵重要的树

在学习 Flutter 前，作为理论基础，我们还需要理解一些会经常提及的概念，本节就揭秘 Flutter 框架层中最核心的概念。了解 HTML 的读者一定听说过“DOM 树”这个概念，它由页面中一个个的标签构成，这些标签所形成的一种天然的嵌套关系使它们可以表示为“树”状结构。例如，下面这一段 HTML 代码就可以使用图 1.15 所示的 HTML DOM 树的结构来表示。

```
<html>
  <body>
    <h1>...</h1>
    <p>...</p>
    <div>
      <a>...</a>
      <p>...</p>
    </div>
  </body>
</html>
```

Flutter 中虽然没有 HTML、XML 这类配置语言，但 DOM 树同样可以应用在 Flutter 中。例如，在计数器应用中很多组件可以通过 child 属性设置它们的子组件，因此我们可以用一棵树（见图 1.16）来表示计数器应用的整体结构。

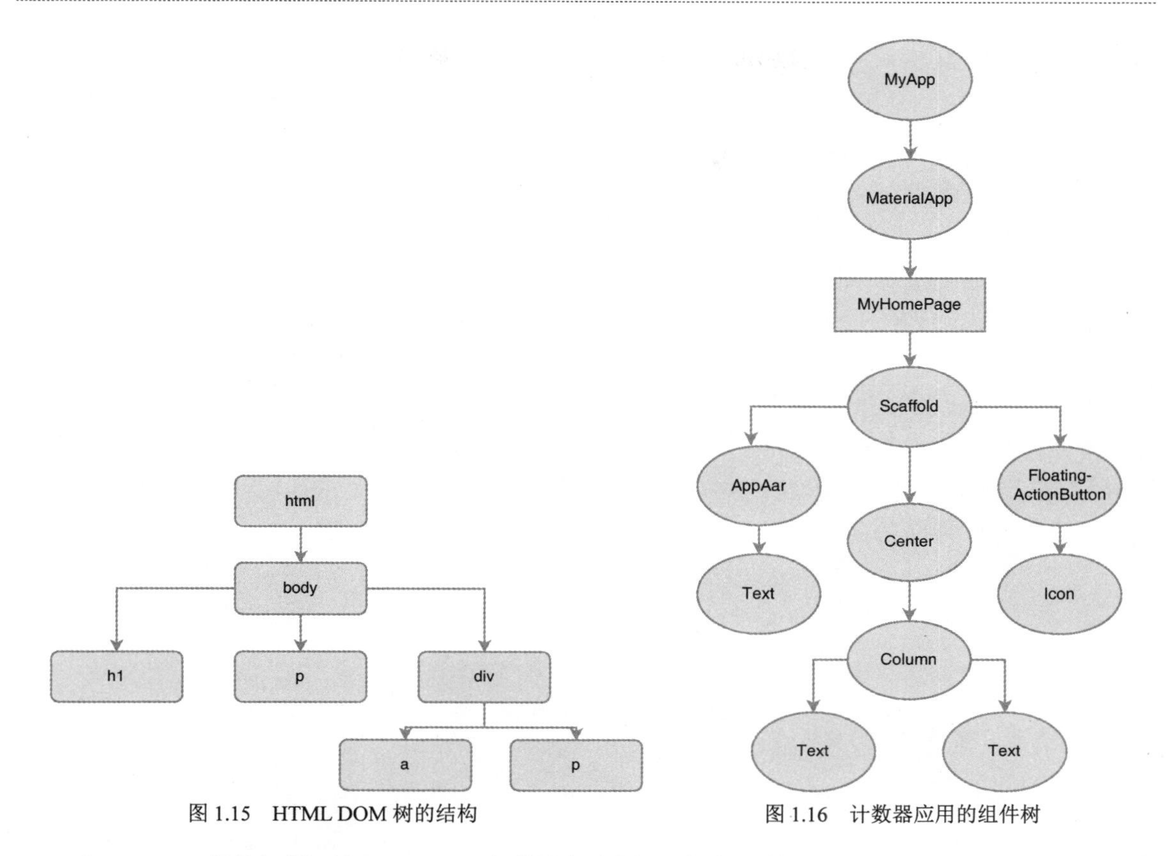

图 1.15　HTML DOM 树的结构

图 1.16　计数器应用的组件树

和 HTML 中的标签不同，Flutter 中的这棵树由一个个组件组成，因此我们可以也将它称为组件树（widget tree），它就表示在 Dart 代码中所写的一个个组件所组成的结构。然而，前面提到，应用运行后，组件渲染的任务并不在组件层完成，而在渲染层完成，从这里我们可以简单地推断出一个结论，这棵组件树并不是真正意义上展示在手机屏幕上的各个组件。

Flutter 官方文档中组件的定义是不可变的 UI 描述信息。这意味着组件在创建后将不能再改变，当我们想要更新页面的状态时，也无法主动改变页面信息，因此，为了解决这类问题，Flutter 又引入了元素树和 RenderObject 树。

元素树与组件树相对应，它由一个个元素（element）构成。大部分情况下，其实我们可以把元素理解为展示在屏幕上的真正 UI 组件，它会根据我们在代码中配置的组件和属性生成。因此，应用开发者可以在代码中创建的组件仅仅作为 Flutter 创建的元素的配置信息。当应用运行并调用 build()方法后，Flutter 就会根据这些配置信息生成一个个与组件对应的元素实例，在这个过程中创建了元素树。

创建组件树和元素树有很多值得我们深思的益处，我们也会在之后的章节中持续地关注这个话题。

这里举一个形象的例子来帮助读者更深刻地理解组件和元素的含义。类似于公司的总经理，组件的任务就是把近期的战略部署（即配置信息）写在纸上并下发给经理人——元素，元素看到详细的配置信息就开始干活。我们还需要注意一点，总经理随时会改变战略部署，而由于组件的不可变性，它并不会在原有的纸上修改，而只能拿一张新的白纸并重新写下配置信息。这时，经理人——元素为了减少工作量需要将新的计划与旧的计划仔细比较，再采取相应的更新措施。这就是 Flutter 框架层在此基础上做的一部分优化操作。问题又来了，元素作为经理人很体面。当然，元素不会把活全干完，于是又找了一个叫作 RenderObject 的员工来帮它做粗重的工作。

RenderObject 在 Flutter 当中负责页面中组件的绘制和布局，其中会涉及的布局约束和绘制等技术会在第 4 章继续深究。同时，由 RenderObject 组成对应的 RenderObject 树（也称为渲染树）。最后，如果我们运行如下这段带有 Center 和 Text 两个组件的代码，最终 Flutter 内部就会生成图 1.17 所示的 3 棵树，并最终显示在手机屏幕中。

```
Center(
  child: Text('MeandNi'),
)
```

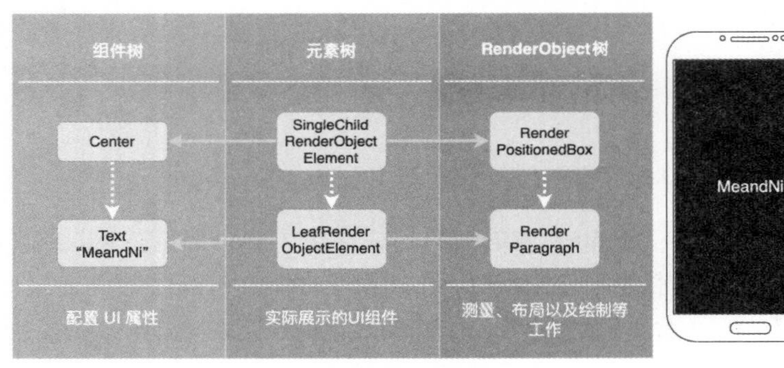

图 1.17　Flutter 中的 3 棵树

1.6 组件渲染过程简述

通过前一节的学习，读者一定对 Flutter 中 3 棵树各自的作用有了一定的了解，但对 Flutter 内部创建这 3 棵树的意义并不完全理解，因为所有的功能貌似仅用一棵树就能实现，创建 3 棵树只会加大工作量。本节结合计数器应用对这 3 棵树再做一个简要的分析。对于组件树中存放计数值的 Text 组件，在开发者指定显示的属性内容为_counter 后它就不能再更新了。因此，为了在页面中改变这个状态值，必须调用_MyHomePageState 的 setState()函数通知与它对应的元素将状态更新为最新的计数值。下面的_incrementCounter()就是单击“+”按钮后调用的函数。

```
void _incrementCounter() {
  setState(() {
    _counter++;
  });
}
```

这段代码就让元素意识到状态已经改变，因为在 setState()函数内部会将组件树中 MyHomePage 以下的所有组件标记为可更新状态，这时，元素就可以开始使对应的 RenderObject 将那些可更新组件用最新状态值渲染出来。

另外，还值得我们继续深究的就是 Flutter 中渲染树是如何将最新状态下的实际组件渲染在屏幕中的。图 1.18 揭示了 Flutter 中组件的渲染流程。

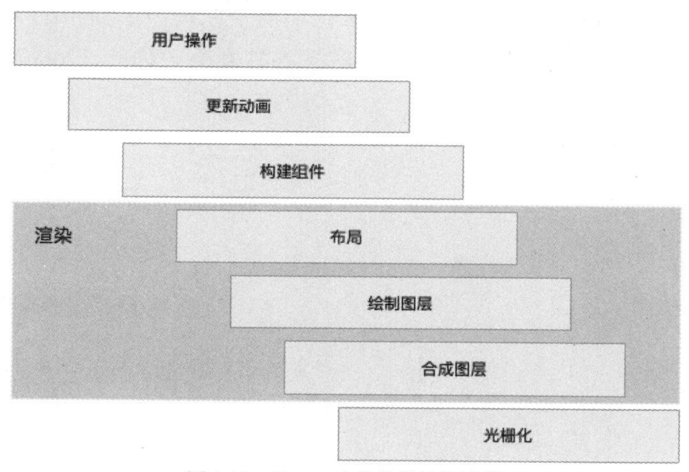

图 1.18 Flutter 中组件的渲染流程

从图 1.18 可以看出来，始终由用户触发重新渲染 UI 的操作。用户可能会单击页面中的某个按钮，调用 setState()函数，然后就会触发页面更新，接下来就会执行过渡动画，在动画执行期间，Flutter 将会一直更新，直到渲染完成。构建组件的过程就是 Flutter 构建上一节介绍的 3 棵树的过程。构建完成之后，Flutter 就会通过 RenderObject 树上的 RenderObject 节点执行真正的渲染工作。

RenderObject 依赖在代码中配置的组件，它会根据已经设置的属性完成接下来的布局（layout）、绘制（paint）以及合成（composite）操作。其中，布局操作会使用布局约束等原理计算各部分组件的实际大小，这部分内容将在第 4 章详细介绍；绘制过程就是根据配置的视图数据将组件的内容绘制在屏幕当中；合成就是将各部分的视图层合并在一起。

在日常开发中，我们只需要在代码中针对各个组件的特性配置好组件树，其余的工作可以直接交给 Flutter 框架层去实现，因此，我们大部分时间可能花在了解各种组件的特性与使用方法上。理解这部分内容后对我们之后学习常用组件有很大的帮助。在以后的学习中，我们应当用不同的眼光去看待我们所建立的布局和组件。在本书后面的内容中，我们会继续探究这部分内容，让读者更加深入地理解这 3 棵树。

1.7 小结与心得

本章首先介绍了 Flutter 的由来，然后以发展的角度审视了 Flutter 与其他跨平台框架的区别，最终得出的结论就是 Flutter 可以作为开发者学习的移动开发新技术之一。

另外，通过对计数器应用的分析，你已经感受到了 Flutter 开发的简单快捷。日常开发过程中，我们常接触的就是组件，Flutter 以它作为基石构建屏幕中显示出来的页面。同时，为了开发复杂的页面，本章最后对 Flutter 中的 3 棵树和渲染原理做了简单的介绍。这部分内容过于抽象，你可以带着疑问阅读，下面的章节会解答各种疑惑。你的 Flutter 旅程才刚开始。后面几章将介绍关于 Flutter 的更多知识。

第2章　Dart 入门

要游刃有余地开发 Flutter 应用，扎实的 Dart 基础是必要的前提，本章逐步介绍 Dart 的各种语法特性，包括变量、运算符以及面向对象编程等。

本章介绍 Dart 的基础知识，讨论 Dart 的特性以及使用方法。同时，作为一门高级编程语言，Dart 与目前流行的 Java、Python 有很多类似的地方，如果你已经是高级程序员了，完全可以选择性地阅读本章。

2.1 “Hello, Dart”程序

和学习其他编程语言一样，本节会以一个简单的“Hello，Dart”程序作为学习 Dart 的开端。

首先，创建一个名为 dart-basis 的文件夹，并放入 Visual Studio Code 中。

然后，在 dart-basis 下创建一个名为 hello.dart 的文件并输入以下代码。

```
// void 为返回类型，main 为函数名
void main() {
      print('Hello, Dart!');   // 在控制台中输出"Hello, Dart!"
}
```

如果你已经按照附录 B 安装了 Dart SDK，就可以在终端中使用命令行工具运行这段代码了。接下来，在终端程序中进入 dart-basic 对应的目录，执行下面这段命令。

```
$ dart hello_world.dart
// Hello, Dart!
```

如果控制台中成功输出了“Hello, Dart! ”（见图 2.1），就表示你已经成功运行了这段程序。

对于为什么终端能输出这段文本，我们继续对这段程序做进一步的剖析。在 Dart 程序中，函数是程序运行的基本单位，这段代码中的 main()就是一个主函数，当在终端按 Return 键后，

底层运行这段代码的虚拟机就会找到里面的 main()函数并执行里面的内容。print()是另外一个可以用来输出文本的函数，它可以直接将传入的字符串输出到控制台中，这里，它存放在了 main()函数中，虚拟机运行时识别出了它，这段代码就由此输出了“Hello, Dart!”文本。

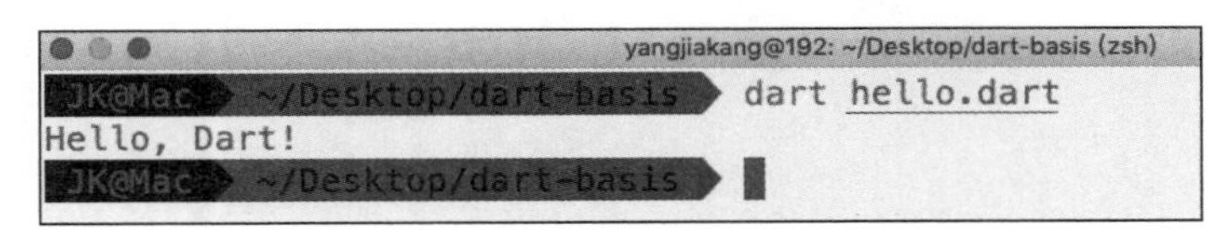

图 2.1　hello.dart 的执行结果

另外，上面的代码中，main()属于自定义的函数，而 print 是系统内置的函数，我们自己很清楚的一点就是我们并没有实现将文本显示在屏幕上的这个功能，该功能在内置的 print 中实现了。对于这些内置的函数，我们可以任意调用。除了 print 之外，Dart 还提供了很多其他功能强大的内置函数。而自定义函数的内容可以随意变化。要创建自定义函数，首先要做的就是命名自定义函数，然后定义函数体的内容，这段内容需要用花括号括起来，例如，下面就是自定义的一个名为 hello()的函数。

```
void hello() {

}
```

这是一个空函数，因为在它的 {} 中并没有需要完成的任务。在函数名前，我们通常还会声明返回类型，hello()函数的返回类型为 void，表示这个函数不返回具体的值。函数名后的圆括号用来放这个函数接受的参数，如果参数为空，表示不接受参数。如果我们希望 hello()函数接受一个参数，可以将上面的代码修改为下面这段代码。

```
void hello(String name) {

}
```

上面的 hello()函数接受一个名字为 name 的参数，之后在函数体内就可以使用使用 name 参数完成其他的任务，我们可以继续将 name 按照上面的格式输出。

```
void hello(String name) {
      print('Hello, ${name}!');
}
```

这样，hello()函数就具有了一个功能——传给它的参数都会以“hello，×××”这样的格式输出，可以在 main()函数中使用 hello()函数。

```
void hello(String name) {
      print('Hello, ${name}!');
}

void main() {
hello("小明");
}
```

再次运行这段代码后，我们就会在控制台中看到“Hello，小明”。另外，和 Java、C 等程序一样，Dart 程序中的每一条语句都需要以分号结尾。至于其他的内容，如字符串类型、void 的具体含义，后面会详细介绍。

2.2 重要概念

Dart 有和其他语言一样的普适性概念，也有一些自己的新特性。高级程序员能够快速学习一门新语言的秘密就是他能够将主要的注意力放在对应语言的新特性上，而新手就需要逐个特性去理解。从零开始学习是每个程序员必须经历的阶段，突破了这个瓶颈，就可以游刃有余。

学习 Dart 的过程中，无论是有经验还是刚入门的开发者都应该记住以下两点。

- Dart 属于面向对象编程语言，每个对象又是一个类的实例，包括整型变量、字符串以及 null 值甚至函数都是对象，所以我们可以使用它们内部提供的各个属性和方法，这部分内容将在 2.3 节介绍。
- Dart 属于强类型语言，变量声明时必须确定它的类型，使用 var 声明变量的原因是 Dart 可以在赋值时自动进行类型判断。只有使用 dynamic，才能声明一个类型不确定的变量。

2.2.1 变量和常量

1. 变量

在各类编程语言中，变量的职责就是存放数据。下面是 Dart 中使用变量的方法。

```
var name = '小明';
```

上面定义了一个名为 name 的变量。这里使用 var 作为声明变量的关键词，在变量名后还使用等号运算符为这个变量赋予了一个具体的值——“小明”，这就是该变量要存放的数据，这种对变量赋值的操作也可以称作变量的初始化。在后面的程序中，我们就可以使用 name 变量得到初始化的数据。

var 修饰的每个变量初始化后都会指向一个具体类型的数据。例如，上面用单引号标注的文本 '小明' 属于 Dart 中的字符串（string）类型，Dart 编译器执行这段代码时，就会将 name 变量定义为字符串变量。

因此，var 声明的变量属于哪种类型取决于它第一次被赋予哪种类型的值。如果为 age 变量赋予一个整型数据，那么它就属于整型变量。

```
var age;

age = 20;          // 第一次赋值，指定变量的类型为整型
age = '20';        // 错误，变量的值不能是字符串
```

当把 age 的值 20 指定为整型后，它就不能接受其他类型的值了，所以 age = '20'是一种错误的赋值方式。

另外，Dart 也支持直接指定变量类型的声明方式。下面的代码中的 name 和 age 在赋值之前就已经定义了变量类型，因此它们分别接受 string 或 int 类型的值。

```
// 直接声明变量类型
String name;
int age = 20;

name = 2  // 错误，name 为字符串类型的变量
```

如果在赋值前明确指定变量类型，那么这个变量就只能接受特定类型的数据，因此，String name = 2 这种声明方式是错误的，因为 name 变量属于字符串变量，不能接受整数。运行这段代码后，编译器会抛出下面这样的错误。

```
Error: A value of type 'int' can't be assigned to a variable of type 'String'.
    String name = 2;
```

如果某个变量没初始化，那么 Dart 会默认为它们安排一个初始值 null，代表这个变量为空。

```
var name;
print(name); // null
```

如果我们希望在变量多次赋值的过程中改变它所属的类型，可以使用 dynamic。

```
dynamic person = '小明';
person = 12;
```

这样，dynamic 修饰的变量 person 就可以在第二次赋值后由之前的字符串类型动态变成整型，但 Dart 官方并不鼓励经常使用 dynamic，因为这对程序的性能有影响。

2. 常量

如前所述，使用 var 声明变量，允许我们对它指向的数据再次修改，例如，下面这段程序。

```
var name = '小明';

name = '小强';
print(name); // '小强'
```

在控制台中输出之前，如果将 name 变量的数据修改为'小强'，name 变量就会被再次赋值，最后输出的结果为修改后的字符串 '小强'。在 Dart 中，如果我们想要声明一个不允许改变的变量，可以使用 final 和 const 这两个关键词，它们要求我们在声明变量时给定一个数据，并在之后不允许做任何改变。下面的代码展示了 final 的用法。

```
final name = 'Bob'; // 没有指定数据类型，name 默认为赋予的字符串变量
final String nickname = 'Bobby';          // 指定类型的字符串

name = 'Alice'  // 错误，final 修饰的 name 变量不能修改

final age;                                 // 错误，final 修饰的变量需要在声明时立即初始化
```

上面这段代码中的 name 和 nickname 都被 final 修饰，它们之后将不能再更改，所以如果你尝试加入 name = 'Alice' 对 name 变量做第二次赋值，编译器就会抛出下面这个错误。

```
Error: Setter not found: 'name'.
  name = 'Alice';
  ^^^^
```

下面的代码展示了 const 的用法。

```
const name = 'Bob'; // 没有类型批注
const String nickname = 'Bobby';

// const name;      // 错误，const 修饰的变量必须在声明时初始化
// name = 'Alice'   // 错误
```

const 与 final 的主要区别在于 const 修饰的变量在编译时就需要准确计算出具体的值，例如，当要声明一个变量来存储当前的时间时，这个变量就不能被 const 修饰，因为编译时这个变量值并不能确定，每次运行程序时的当前时间都会不同。

```
final dateFinal = DateTime.now(); // 正确
const dateConst = DateTime.now(); // 错误
```

因此，也不能将一个可变变量赋值给 const 修饰的变量。下面给出一个示例。

```
var firstName = '李';
var lastName = '小明';
// ...
firstName = '张';
final fullName1 = firstName + lastName; // 正确
const fullName2 = firstName + lastName; // 错误
```

上面的例子中，因为 firstName 和 lastName 变量在赋值给 fullName2 之前很可能会被程序修改，所以 const 修饰的 fullName2 并不能接受由它们组成的字符串。虽然在赋值之后程序不能修改 final 修饰的 fullName1，但赋值时可以接受可变的值。

2.2.2 数据类型

除了整型（int）之外，Dart 中还内置了多个功能强大的数据类型。开发中常用的数据类型如下：

- 数值（number）类型；
- 字符串（string）类型；
- 布尔（boolean）类型；
- 列表（list）类型；
- 集合（set）类型；
- 键值对（map）类型。

与之前已经介绍的字符串和整型一样，在声明这些类型的变量时可以使用 var 关键词，也可以直接指定类型。另外，Dart 的面向对象特性还要求它的每一个变量都属于一个类的

实例，因此我们可以使用变量内部的属性和方法（例如，通过 String 变量的 length 属性）获得字符串的长度，2.3 节会介绍这个性质。本节详细介绍这些数据类型的特性和使用方法。

1. 数值类型

数值类型包括整型和浮点型。下面的代码展示了整型和浮点型变量的声明方式。

```
int age = 20;                    // 整型
double weight = 64.5;            // 浮点型
```

这两种数值类型都属于 num，因此也可以使用下面这种方式声明整型和浮点型变量。

```
num age = 20;
num weight = 64.5
```

同时，Dart 2 中支持将整型数值赋值给浮点型变量，而不能将浮点型数值赋值给整型变量。

```
double weight = 20;// 正确，整型数值可以赋值给 double 类型的变量
int weight = 64.5; // 错误，由于会降低精度，因此浮点型不能直接转换为整型
```

2. 字符串类型

字符串类型在 Dart 中可以使用 String 声明，被赋值的内容可以通过单引号或双引号引用。

```
String name = 'Joker';
var company = "Google";
```

和其他语言类似，在 Dart 字符串中也可以使用像\、\t、\n 这样的转义字符。

```
var s = 'It\'s easy to study flutter';
```

这里，由于字符串中的单引号会和外部的单引号冲突，因此使用“\”对前者转义。这时，输出的字符串 s 如下。

```
It's easy to study flutter
```

可以使用${表达式/变量}在字符串中嵌入其他字符串。如果表达式直接指向一个变量，可以省略花括号{}。在下面这个示例中，我们在字符串 intro 中嵌入了 name。

```
String name = "小明";
String intro = '他的名字叫 $name'; // 他的名字叫小明
```

可以像下面这样通过加号运算符连接多个字符串。

```
var firstName = '李';
var lastName = '小明';
final fullName1 = firstName + lastName; // 李小明
```

3. 布尔类型

布尔类型是用来存放两种状态值的变量，两种状态值分别是 true 和 false。在 Dart 中，使用 bool 来声明布尔值。

```
var name = '';
```

```
// isEmpty 用来判断字符串 name 是否为空
bool isEmpty = name.isEmpty;
print(isEmpty); // true，表示为空
```

对于面向对象语言 Dart 来说，包括前面已经介绍的整型变量和字符串变量，任何变量都属于对象，每个对象都有它的属性和方法，2.3 节会对其中的概念做具体的介绍。

上面这段代码中，我们使用 name.isEmpty 获得了字符串变量 name 的 isEmpty 属性，这个属性的值是一个布尔值，true 表示字符串为空，false 则表示字符串不为空。

==运算符可以用来比较两个对象是否相等，比较结果是一个布尔值。当使用该运算符比较两个字符串时，比较的就是字符串内容是否相等。下面给出了一段示例代码。

```
String s1 = 'hello world';
String s2 = 'hello dart';
String s3 = 'hello world';

print(s1 == s2); // false
print(s1 == s3); // true
```

4. 列表类型

Dart 中的列表类型对应于其他编程语言中的数组，可以用来存放一组相同类型的数据对象，用 List 表示。可以使用下面这些方法声明列表。

```
var list = [1, 2, 3];        // 方法 1，使用 var 变量接受列表

List list = [1, 2, 3];       // 方法 2，使用 List 类型的变量接受列表
```

声明列表变量的方法有很多种。与整型和字符类型变量的声明方法一样，除了可以直接使用方法 1 中的 var 关键词之外，也可以直接声明变量接受的类型。列表的值使用中括号[]包裹，其中的每一项使用逗号分隔。上面就声明了包含 3 个整数的列表。

需要注意的是，一个列表中只能存放同一种类型的数据。下面这个 list 中由于既存在整型又存在字符串类型，因此就是一个错误列表，编译时就会报错。

```
var list = [1, 'name', 3]; // 错误，一个列表中只能存放同一类型的数据
```

如果要在声明列表时直接指定存放在里面的数据类型，可以使用 <> 包裹对应数据类型。下面的代码中就指定列表中可以存放的数据类型为整型。

```
List<int> list = [1, 2, 3];// 方法 3，直接指定列表中的数据类型为整型

List list = <int>[1, 2, 3];// 方法 4，在值中指定数据类型
```

列表是有序的，0 是它的第一个元素的索引，这里可以推断出最后一个元素的索引为 list.length −1，这里 list.length 表示列表长度。

```
var list = [1, 2, 3];
print(list.length);    // 3，列表长度
print(list[1]);        // 2，列表中第二个元素的值
```

```
list[1] = 4;            // 修改第二个元素的值
print(list[1]);         // 4
```

正常情况下，我们可以修改列表中的每一项，例如，上面的代码中的 list[1] = 4 可以将第二个元素修改为 4，也可以像下面这样使用 add/addAll()方法继续向列表添加数据。

```
var list = [1, 2, 3];
list.add(4);            // [1, 2, 3, 4]

var list2 = [];
list2.addAll(list); // [1, 2, 3, 4]
```

上面的代码中，我们使用 add()方法向 list 中添加了一个元素 4，在新声明的 list2 中调用了 addAll()方法，这个方法可把传入列表中的数据全部添加到 list2 中，因此，list2 中最终的值也是[1, 2, 3, 4]。

同时，Dart 也提供了多个针对列表的运算符。当要向列表插入另一个列表中的所有元素时，可以直接使用展开（...）运算符。

```
var list = [1, 2, 3];
var list2 = [0, ...list]; // [0, 1, 2, 3]
```

上面的例子中，没有使用 addAll()方法，而使用展开运算符轻松将 list 中的元素都插入 list2 中。但如果被展开的变量 list 为空（即没有初始化），却直接对它使用展开运算符，在运行时就会抛出一个错误。这时，我们可以使用判空展开（...?）运算符。

```
var list = null;                // null
var list3 = [0, ...list];       // 错误
var list2 = [0, ...?list];      // 正确
print(list2);                   // [0]
```

判空展开运算符能够预先对 list 进行判空操作，如果 list 为空，就不会对它做展开操作，从而避免了出现空指针。

最后，如果我们想定义一个不可修改的列表常量，可以使用 const 关键词。

```
var constantList = const [1, 2, 3];

constantList[1] = 1; // 错误，const 修饰的列表中的元素不能修改
constantList.add(4); // 错误，const 修饰的列表赋值后就不能再向其中添加数据
```

不同于使用 const 定义整型和字符串常量，在声明常量列表时，可以在等号之后使用 const 关键词声明该列表为常量列表。

5. 集合类型

集合可以被视为无序列表，在 Dart 中使用 Set 表示并且数据使用花括号{}包裹。下面的 fruits 就属于一个集合变量。

```
Set<String> fruits = {'apple', 'banana', 'grape'};
```

集合的一个非常重要的特性是不存放重复的数据。当向集合中放入已存在的数据时，Dart 就会认为这是无效添加。如下代码中，当向 fruits 中添加一个 apple 时，集合中元素并无增加。

```
halogens.add('apple');// 集合中已存在该元素，无效添加
print(fruits); // {'apple', 'banana', 'grape'}
```

集合的其他大部分操作与列表相同，如下所示。

```
var set = <String>{};                                    // 支持直接指定存放的元素类型
set.add('fluorine');                                     // 支持 add()方法
var set2 = {'chlorine', 'bromine', ...set}; // 支持展开运算符

print(elements.length);                                  // 5，支持使用 length()方法
```

6. 键值对类型

键值对是用来关联一组键和值的对象，使用 Map 表示。其中，键和值可以使用任意类型，并且在整个键值对中键的值必须唯一，可以作为查找值的索引。下面是键值对的声明方式。

```
var person = {                  // 键类型为 String，值类型也为 String
  // 键:     值
  'name': 'Tom',
  'age': '22',
  'sex': 'boy'
};

Map<int, String> cases = { // 键类型为 int，值类型为 String
  5: 'Liu',
  10: 'Zhang',
  18: 'Wang',
};

print(person['name']); // Tom，person 中键 name 对应的值
print(cases[10]);      // Zhang，cases 中键 10 对应的值
```

基于上面的代码，键值对和集合的值都使用花括号表示。然而，键值对中的每一项都会包括键和值两种数据，并使用冒号分隔。这里的 person 变量被赋值后，Dart 会将它的类型定义为 Map<String, String>，cases 变量则为 Map<int, String>类型，<>中的两位分别表示键和值的类型。通过 person['name']就可以得到 person 中键 name 对应的值。

如果要在集合中添加新的键值对，可以通过直接引用这个变量为新键赋值。

```
cases[20] = 'Zhou'; // 添加一个新的键值对
```

Dart 中 List、Set、Map 都属于存储多个值的数据类型，它们也有许多相同的性质，例如，它们都支持展开运算符和判空运算符。下面就是对键值对变量 person 使用判空展开运算符的示例。

```
var person2 = {
  "year": '1997',
  ...?person  //展开键值对 person，将其中的键值对复制到 person2 中
};

print(person2.length); // 4
```

List、Set、Map 分别支持使用构造函数创建空的列表、集合以及键值对。示例代码如下。

```
Set<String> set = Set();                        // <String>{}
List<String> list = List();                     // <String>[]
Map<String, String> map = Map();// <String, String>{}
```

我们会在之后进一步学习 Set、List、Map 更多的使用方法。

2.2.3　运算符

Dart 内部提供了数个可以提高开发效率的运算符，具体如表 2.1 所示。

表 2.1　Dart 中的运算符

类别	运算符
算术运算符	*、/、%、~、+、-
关系运算符	>=、>、<=、< ==、!=
类型判断运算符	as、is、is!
逻辑运算符	&&、||
赋值运算符	= 、+=、-=、*=、/=、~/=、%=、<<=、>>=、&=、^=
三目运算符	expr1 ? expr2 : expr3（expr 表示一个表达式）
判空运算符	??与?.等
级联运算符	..
一元运算符（针对单个变量）	expr++、expr--、-expr、!expr、~exp、 ++expr、--expr，以及“.”与“?”

在之前的示例中，我们已经使用了其中的一些运算符，如使用加号运算符实现字符串的连接，这类算符运算符也可以用于构成算术表达式。

```
print(2 + 3);      //输出 5，这里使用了加号运算符
print(2 - 3);      //输出-1，这里使用了减号运算符
print(2 * 3);      //输出 6，这里使用了乘号运算符
print(5 / 2);      //输出 2.5，这里使用了除号运算符，结果是浮点型
print(5 ~/ 2);     //输出 2，这里使用了除号运算符，结果是整型
print(5 % 2);      //输出 1，余数

print(2 == 2);  // true
```

上面的 == 属于关系运算符，用来比较两个数值是否相等。除此之外，还可以使用 >=、>、<=、<、!=对两个变量做非等关系的验证，它们的结果都为布尔类型。

使用下面这些一元运算符，可以对数值类型做自增和自减操作。

```
var a, b;

a = 0;
b = ++a;           // a 自加后赋值给 b
print(a == b);     // true, 1 = 1
```

```
a = 0;
b = a++;              // a 先赋值给 b，再自加
print(a != b);        // true，1 不等于 0

a = 0;
b = --a;              // a 自减后赋值给 b
print(a == b);        // true，-1 等于 -1

a = 0;
b = a--;              // a 先赋值给 b，再自减
print(a != b);        // true，-1 不等于 0
```

类型判断运算符中的 as 可以用来对变量的数据类型做转换。

```
(emp as Animal).name = 'Tom';
```

这里，仅当我们确定 emp 变量属于 Animal 类型时才可以使用 as，否则运行时就会抛出一个类型错误，2.3 节会介绍类与子类的概念。

而 `is` 和 `is!` 可以用来判断变量与数据是否属于某种类型。

```
var names = {'Li', 'Liu', 'Wang'};
print('Tom'' is String);          // true，判断 'Tom' 是否属于字符串
print(names is Set);              // true，判断 names 是否属于集合
```

表格中的判空运算符是 Dart 语言中比较特殊的一组运算符，充分使用它们，我们可以编写出非常简洁的代码，这里要介绍的判空运算符有 3 种——`.?`、`??`、`??=`。

在编写程序的过程中，我们经常会遇到下面这种需要判断某个变量是否为空的情况。

```
void setLength(String s) {
  if (s != null) {                // 判断 s 是否为空
 this.length = s.length;
  }
}
```

如果我们不判断 s 变量是否为空，传入的 s 没初始化，而直接使用“.”获取 length 属性，程序就会抛出错误，因此要写出一段强健的程序必须在必要的时候判断变量是否为空。使用 `.?` 运算符可以让代码变得非常简洁。

```
void setLength(String s) async {
  this.length = s?.length; // s 为空时不赋值
}
```

将 `?.` 放在需要使用的变量后面，如果变量 `s` 为空，将直接抛出错误，被赋值的变量 length 会被直接定义为 null；如果变量 `s` 不为空，那么 length 就会被正常赋值为 `s` 字符串的长度。

?. 运算符通常在我们需要获取某个变量的属性时使用，而 `??` 可以用来直接判断某个变量是否为空。

```
// 使用 ?? 判断传入的 name 是否为空
String playerName(String name) => name ?? 'Guest';
```

当??处理的变量为空时，playerName 函数则返回的是??之后的默认字符串'Guest'；反之，直接返回 name 变量的值。对于同样的功能，也可以使用三目运算符来实现。

```
// 使用三目运算符
String playerName(String name) => name != null ? name : 'Guest';
```

在上面的代码中，三目运算符包含 3 个部分，问号之前属于判断条件，问号之后表示要取得的两个值。当条件为 true 时，取冒号之前的值；反之，取冒号之后的默认值'Guest'。

最后介绍的??=属于赋值时的判空运算符，在使用它时，只有当变量为空时才能有效赋值。示例代码如下。

```
int a = 2;
a ??= 4; // a 不为空，因此赋值无效

print(a) // 2
```

上面的代码中，当使用??运算符时，由于 a 变量不为空，因此它的值仍然是 2。

表格中其他的运算符会在之后的实际使用过程中详细介绍。

2.2.4　流程控制

流程控制语句是指那些用来控制代码运行顺序的语句，我们可以对执行的代码做各种跳转验证操作来控制它们执行的流程。Dart 主要提供以下几种流程控制语句：

- if...else；
- for 循环；
- while 和 do...while 循环；
- break 和 continue；
- switch...case。

Dart 中的这部分内容与大部分语言类似，有其他语言基础的读者可以留意一些比较特殊的用法。

1. if...else

if...else 主要用来进行条件判断，下面是它在 Dart 中的基本使用方式。

```
int a = 5;
int b = 10;

if (a >= b) {
  print(a);
} else {
  print(b);
}
```

在条件判断语句中可以使用 if、else…if 和 else，圆括号中的条件必须是一个布尔类型的

值，因此我们可以使用变量或数据的比较结果作为条件。上面这段代码中，由于 a 的数值小于 b，因此不符合 a>=b 的条件，最终会执行 else 中的代码块，输出 b 的值。

可以使用逻辑运算符||（或）、&&（与）连接多个条件。

```
if (inPortland && isSummer) {
      print('天气很好！');
} else if(inPortland && isAnyOtherSeason) {
      print('倾盆大雨');
} else {
      print ('请天气预报');
}
```

上面这段代码中，如果 inPortland 和 isSummer 都为 true，就会执行第一条 print 语句；如果 inPortland 和 isAnyOtherSeason 为 true，执行第二条 print 语句；否则，执行第三条 print 语句。

2. for 循环

Dart 支持标准的 for 循环语句，这种方式可以在每次循环时得到一个索引。

```
List<String> names = ["Liu", "Wang", "Li"];
for (var i = 0; i < names.length; i++) {
      print(names[i]);
}
```

其中 i<5 表示循环终止条件，运行上面的代码就会在控制台中将列表 names 中的字符串依次输出。

前面已经介绍的 List、Set、Map 在 Dart 中都属于可迭代类型。当对这些类型的对象循环取值时，可以使用下面这种 forEach 语句。

```
names.forEach((value) {
  print(value);
});
```

这里，在遍历 names 时就使用了 forEach 语句，它以另一个函数作为参数，传入这个函数的 value 参数就表示每次循环得到的元素值。这段代码运行后，就会依次执行传入的函数，输出列表中的字符串。

可迭代对象支持 for…in 语句。

```
for (String value in names) {
  print(value);
}
```

这段代码同样会输出 names 列表中每一个元素。

3. while 和 do...while

除了 for 循环语句外，Dart 还支持 while 和 do...while 两种循环语句。while 和 do...while 之间的不同是 while 循环在执行循环体前判断条件是否满足。

```
// 当!isDone() 为 true 时，执行循环体内的代码
while (!isDone()) {
  doSomething();
}
```

do...while 则在执行一遍循环体后判断条件，下面是它的基本用法。

```
do {
  doSomething();
} while (!isDone());
// 当!isDone()为 true 时，继续执行循环体内的代码
```

也就是说，do...while 中的循环体至少执行一次，而 while 中的循环语句在条件不满足时可能一次都不执行。

4. break 和 continue

break 和 continue 语句可以帮助我们控制循环语句的执行。break 用来终止循环。

```
for (var i = 1; i <= 100; i++) {
  if (i > 10) break;
  print(i);
}
```

在上述代码中，循环到 i=11 时满足 break 的条件，因此只能输出数字 1～10。

continue 用于立即跳出本次循环，执行下一次循环。

```
for (var i = 1; i <= 10; i++) {
  if (i%2 != 0) continue;
  print(i);
}
```

上面这段代码最终只会输出 1～10 的偶数值，因为当 i 为奇数（i%2!=0）时，continue 将会结束本次循环，直接执行下一次循环。

5. switch...case

switch...case 语句同样用于条件判断。在单个类型的值存在多种可能的情况下，使用 switch...case 比 if...else 更加高效。然而，在 switch...case 语句中只允许比较整型或字符串这类常量。下面是关于 switch...case 语句的示例。

```
int number = 1;
switch(number) {
  case 0:
    print('zero!');
    break;
  case 1:
    print('one!');
    break;
  case 2:
```

```
      print('two!');
      break;
  //  错误条件：number >= 3 在运行过程中可能是 false 也可能是 true，并不是一个不变的常量，因此不能使
  //  用它作为 case 条件
  //  case (number >= 3):
  //    print(number);
  //    break;
    default:
      print('choose a different number!');
  }

  // 最终输出 one
```

上述代码的含义是使用 switch 中 number 值与各个 case 的值进行比较。当匹配到相等的 case 值时，表示命中条件，执行相应的 case 语句；当没有匹配到任何条件时，则会执行 default 下的默认代码段。另外，每个非空 case 语句需要使用 break 语句作为结束语句，否则将会报错。示例代码如下。

```
switch (number) {
 case 0:
   print('zero!');
   // 错误：缺失 break 语句
 case 1:
   print('one!');
   break;
 // ...
}
```

然而，当 case 语句为空时，就可以不使用 break 语句。这种情况下，程序将会继续执行下一个 case 语句。如下这段代码中，number 为 1，由于 case 1 后面的语句为空，因此会执行 case 2 代码段。

```
int number = 1;
switch(number) {
  case 0:
    print('zero!');
    break;
  case 1:
  case 2:
    print('two!');
    break;
  default:
    print('choose a different number!');
}
// 最终输出 two
```

switch...case 语句支持通过 continue 与标签控制代码段的执行。

```
int number = 1;
```

```
switch(number) {
  case 0:
    print('zero!');
    break;
  case 1:
    continue ok;
  case 2:
    print('two!');
    break;
  ok:
  default:
    print('choose a different number!');
}
```

当执行 case 1 语句时会直接跳转到 ok 标签，继续执行 default 下的代码。

2.2.5　函数

在本章开始，我们已经接触并且成功运行了多类函数，其中包括主函数 main()和一些自定义函数。学习 Dart 时，我们应当时刻记住它是一门面向对象编程语言。函数也是一个对象，它有自己的类型（Function），也能够作为参数传递给另一个函数。下面的 forEach 语句就以一个带单个参数的 print()函数作为参数。

```
names.forEach((value){
  print(value);
);
```

回调函数 print()的主要功能就是对外部提供一个操作列表元素的入口，这里的参数 value 就代表列表中的每一个元素。

另外，在 Dart 中，当一个函数只包含一行代码时，可以使用语法更简洁的箭头函数实现它。例如，对于上面这个传入 forEach 的回调函数 print()，可以将它转换成下面这种形式。

```
names.forEach((value) => print(value));
```

这里的 (value) => print(value) 就属于箭头函数，其中的函数参数与函数体之间可以使用箭头（=>）连接。

如果箭头函数需要返回值，就需要直接使用一行代码计算出结果。例如，以下代码中的 isEqual 函数可以用于比较传入的 num1 和 num2 是否相等并返回一个结果值。若相等，返回 true；反之，返回 false。

```
bool isEqual(int num1, int num2) => num1 == num2;

// 非箭头函数写法
// bool isEqual(int num1, int num2){
//   return num1 == num2;
//};
```

这里=> num1 == num2 与 { return num1 == num2;}的作用相等。

和其他函数一样，可以在main()函数中使用isEqual()函数。

```
void main() {
  bool equal = isEqual(1, 2);
  print(equal);        // false
}
```

这里isEqual()函数返回的布尔值被equal变量接受，由于1和2不相等，因此equal的值就为false。

1. 位置参数

Dart为函数提供了丰富的参数传递机制。一般情况下，函数接受的参数的声明方式如下。

```
int insertUser(int id, String name) {
  // ...省略无关代码
}
```

在主程序中调用insertUser()函数时，必须按照对应的位置提供int类型的id和String类型的name。

```
insertUser(1, 'xiaoming');

// insertUser('xiaoming', 1); // 错误，参数位置必须与函数声明中相对应
```

因为调用函数时的参数位置固定，所以这种声明方式下的参数又称为位置参数。Dart允许开发者在函数中声明可选的位置参数，如下面这段代码所示。

```
String insertUser(int id, String name, [int age]) {
  // ...
}
```

可选参数用[]包裹，因此在调用函数时可以传递也可以省略age参数。

```
insertUser(1, 'xiaoming');

insertUser(2, 'xiaohong', 20); // 正确
```

2. 命名参数

另一种常用的参数声明方式是使用命名参数。这种方式下，自定义函数时的参数都需要用花括号括起来。

```
String insertUser({int id, String name, int age}) {
      // ...
}
```

在调用时只需要根据对应的名称传递命名参数各自的值。

```
insertUser(id: 1, name: 'xiaoming');

insertUser(name: 'xiaohong', id: 2);// 正确，命名参数位置不固定
```

所有的命名参数默认都是无序并且可选的，因此只要指定要传入的对应参数名称，就可以在任何位置传入它的值，也可以选择不传入值。对于必须要传递的命名参数，可以使用

@required 来声明。

```
String insertUser({@required int id, String name, int age}) {
    // ...
}
```

这里，insertUser()函数的参数 id 就被指定为必须要传递的参数，我们在调用这个函数时就必须要传递 id 参数。

3. 默认参数值

在自定义函数时，可以使用赋值（=）运算符为参数指定默认值，这表示当这个参数没有传入时参数就会被指定为默认的值。命名参数和可选位置参数都可以使用下面这种方式设置默认值。

```
String insertUser({int id, String name, int age = 20}) { // 在命名参数下为 age 指定默认值

}

String insertUser(int id, String name, [int age = 20]) { // 在可选位置参数下为 age 指定默认值

}
```

4. main()函数

每个 Flutter 应用和每段可运行的 Dart 代码中都应该有一个顶层的 main()函数，作为程序运行的入口，main()函数默认的返回值为 void。下面就是 Flutter 应用中 main()函数的一个示例。

```
void main() => runApp(MyApp());
```

5. 返回值

除了在函数内部可以实现自己的逻辑外，还可以从函数的调用方得到函数的返回结果，这是函数能够帮助我们实现功能拆分的一个重要特性。

在自定义函数时，在函数名之前标识返回值的类型。当函数没有明确返回值时，返回值可以标识为 void。下面的 add()函数就是一个返回值为整数的函数，在调用时可以通过函数得到相应的结果。

```
int add(int num1, int num2) {
  return num1+num2;
}

void main() {
  int numAdd = add(2, 5);
  print(numAdd); // 7
}
```

2.2.6 注释

注释是对代码的解释说明，在实际运行时会被忽略。充分利用注释能在很大程度上提高代码的可读性。Dart 支持单行注释、多行注释以及文档注释。

1. 单行注释

单行注释以“//”符号开始，“//”后直到该行结束都作为注释文字被编译器忽略。示例如下。

```
void main() {
  // 这是单行注释
}
```

2. 多行注释

多行注释以“/*”开始，以“*/”结束，并且可以在注释内任意换行。示例如下。

```
void main() {
  /*
   * 这是多行注释，一整段代码都会被编译器忽略

  Llama larry = Llama();
  larry.feed();
  larry.exercise();
  larry.clean();
   */
}
```

3. 文档注释

文档注释就是以“///”或“/**”开头的多行或单行注释。在文档注释中，Dart 编译器将忽略所有文本，开发者可以在其中使用方括号引用类、方法和字段，这些名称将会在词法范围内解析到相应的类和方法字段。在 Flutter 源代码中大量使用文档注释来增强可读性。

```
/// 这是文档注释
///
/// 我们可以在这里对 Llama 类做一些说明
class Llama {
  String name;

  /// 当使用中括号包裹类型[Food]时，编译器可以解析到 Food 类
  void feed(Food food) {
    // ...
  }
```

```
  void exercise(Activity activity, int timeLimit) {
    // ...
  }
}
```

2.3 面向对象编程

现代应用中，我们开发的大部分程序用来解决现实中的问题。面向对象编程就是更够让我们写出更加贴近现实世界的代码的一种编程思想，它对现实世界做了各种抽象而衍生出类、对象、继承等概念。

我们可以试着使用一个例子来理解面向对象的具体含义。当需要编写一个图书管理系统时，对应现实的世界，我们就需要在面向对象的世界中声明 Book（书）、Borrower（借阅者）、Admin（管理员）等类。这些类下会有一个个实例，每本具体的书就是 Book 类的实例，表示这本书属于 Book 类。每个类下又会有一些独特的属性，例如，Book 类下有书名、作者、是否被借走等属性。实例化就是将类具体化而产生一本真正的书，这样，类就成为一个有规则的结构体，我们可以使用它模拟现实世界中的各种事物。在面向对象的世界里还可以创造其他一切有意思的事物。

如果你还不是很能理解这些抽象的描述，可以跟着下面的具体描述学习 Dart 如何实现面向对象的程序。

2.3.1　类

和其他语言一样，Dart 中的类使用 class 声明。下面就是定义的一个 Cat 类。

```
// 使用 class 声明类，Cat 称为类名
class Cat {
  String name;
  int age;
}
```

在 Cat 类内部，还定义了 name、age 两个属性，我们可以称它们为类的成员变量。通过前面的描述，我们已经知道了 Cat 类并不是真正的猫，要得到一只真正的猫还需要做实例化操作，在 Dart 下可以使用以下方法实例化 Cat 类。

```
Cat tom = new Cat();
tom.name = 'tom';
tom.age = 2;
```

上面的代码中，使用 Cat 类声明了一个 tom 变量，用 new 关键词实例化了 Cat 类并给 tom 赋值。这里，我们可以通过“.”（点）运算符获取实例的属性并赋值，为这只猫取名字，定义年龄。这时，tom 就成为面向对象世界中一个有生命的个体，我们还可以再次实例化 Cat 类。

```
Cat jacky = new Cat();
jacky.name = 'jacky';
jacky.age = 1;
```

这里，我们又实例化了一只名为jacky的猫，它和tom同属于Cat类的实例，但实际上表示两个个体。

2.3.2 类方法

类中也可以定义一些方法来描述实例的一些行为，比如每只猫都应该会有吃这个行为，因此可以在Cat类中定义一个eat()方法。

```
class Cat {
  String name;
  int age;

  void eat() {
    print("$name 开始吃");
  }
}
```

类中的方法与之前已经介绍的函数在结构上一样，并且类中的方法可以直接使用类中的各个属性，这里，我们在eat()方法中输出了name属性。当实例化Cat类的实例后，就可以给调用实例下的eat()方法来模拟猫吃东西的这个行为。

```
Cat tom = new Cat();
tom.name = 'tom';
tom.age = 2;

tom.eat(); // tom 开始吃
```

setter 与 getter

setter与getter是两类特殊的方法，它们的作用就是向外部提供一些特殊属性的访问和赋值的入口。例如，下面的Cat类中定义了firstName和lastName两个属性，我们可以使用一个getter方法直接获得由这两个属性拼接而成的fullName，也可以通过setter方法传入fullName字符串，再对它解析。

```
class Cat{
  String firstName;
  String lastName;

  String get fullName => '$firstName $lastName';
  set fullName(String value) {
    List<String> nameList = value.split(' ');
    firstName = nameList[1];
    lastName = nameList[0];
  }
}
```

接下来，可以在主函数中使用这两个方法。

```
void main(){
  Cat cat = new Cat();
  cat.fullName = 'Tom Liu';      // 触发 setter 方法，并传入值
  print(cat.firstName);          // Liu
  print(cat.lastName);           // Tom
  print(cat.fullName);           // Tom Liu，触发 getter 方法，返回全名
}
```

如上面两段代码所示，每当对 fullName 使用=运算符进行赋值时，就会触发 set fullName(String value)方法的调用，传入的参数就表示所赋的值。同理，当使用点运算符得到 fullName 时，也会触发 String get fullName 方法的调用，这两种方法在类外部使用时和属性相同，而在类的内部可以定义其他逻辑。

2.3.3 静态变量与方法

静态变量和方法是指类中那些被 static 修饰的变量与方法，它们在直接被类管理，我们可以在不实例化类对象的情况下，直接通过类名使用这些静态变量和方法。例如，下面这个 CatShop 类中的 initialCount 变量就是一个静态变量。

```
class CatShop {
  static int initialCount = 16;// 静态变量
  // ···
}
```

可以使用下面这种方式在 main()方法中直接获取 initialCount 变量的值。

```
void main() {
  print(CatShop.initialCount); // 16
}
```

这里，我们就成功地直接通过类名获取了静态变量 initialCount 的值。静态方法的使用方法如下。

```
class CatShop {
  static const initialCount = 16;

  static double compareAge(Cat catA, Cat catB) {
    double difference = catA.age - catB.age;
    // 返回 difference 的绝对值
    return difference.abs();
  }
}
```

CatShop 类中可以定义 compareAge()静态方法来计算两只猫的年龄差，在 main()方法中，我们就可以像下面这样使用 compareAge()方法。

```
void main() {
  // ...定义 Cat 类的实例 tom 和 marry
```

```
  var difference = CatShop.compareAge(tom, marry);
  print(difference);
}
```

如上述代码所示，可以直接使用 CatShop.compareAge(tom, marry)调用 compareAge()静态方法。由于静态方法在没有实例化对象的时候就可以调用，因此静态方法中仅能使用和它作用域相同的静态变量，而不能使用类中的成员变量。

2.3.4 继承

继承是面向对象编程中一个非常重要的概念。通过对前面内容的学习，我们可以将类看作各个实例的抽象，而类本身其实也可以继续抽象。例如，除了需要 Cat 类之外，还可以继续创建 Fish、Bird 等类，这些类都属于现实世界中的动物，因此创建一个 Animal 类将所有动物的属性和行为抽象出来。Animal 类可以作为 Cat、Dog 等类的父类，在 Dart 中父类的定义和使用方式如下。

```
class Animal {
  String name;
  int age;

  void eat() {
    print('$name 开始吃');
  }
}

class Cat extends Animal{
}

class Fish extends Animal {
}

class Bird extends Animal {
}
```

由于每个动物都有 name 和 age 这两个属性并且都有吃这个行为，因此我们在 Animal 类中定义了 name、age 属性和 eat()方法。当再次创建 Cat 类时，只需要在类名后使用 extends 关键词声明它的父类，就可以直接继承 Animal 类中所有的属性和行为。我们依然可以实例化出一个 Cat 对象，并且属性可以正常赋值，方法可以正常调用。对于同样继承自 Animal 的 Fish 类也是如此。

```
Cat cat = new Cat();
cat.name = 'cat';
cat.age = 2;
```

```
cat.eat(); // tom 开始吃

Fish fish = new Fish();
fish.name = 'fish';
fish.age = 1;

fish.eat(); // fish 开始吃
```

这种现象就称为类的继承，使用 extends 声明父类后，Cat、Fish 和 Bird 类就都成为 Animal 类的子类，它们的实例都属于 Animal 类，利用这个特性我们可以更高效地实现代码的复用。

同时，子类也并非只能继承父类中的属性和方法，子类也可以在类主体中定义自己特有的属性和行为。例如，鱼可以游泳，而猫和鸟并不会，因此我们可以在 Fish 类下定义它专属的 swim()方法，Bird 类中可以定义 fly()方法，表示鸟会飞这个行为，Cat 类中的 run()方法表示猫会跑这个行为。

```
class Cat extends Animal{
  @override
  void eat() {
    print('$name 吃猫粮');
  }

  void run() {
    print("$name 开始跑");
  }
}

class Fish extends Animal {
  @override
  void eat() {
    print('$name 吃虾米');
  }

  void swim() {
    print("$name 开始游泳");
  }
}

class Bird extends Animal {
  @override
  void eat() {
    print('$name 吃小米');
  }

  void fly() {
    print("$name 开始飞");
  }
}
```

同时，即使猫、鱼、鸟都有吃东西的行为，但它们吃的东西各不相同，因此在适当的时候我们可以重写父类中的方法来执行该类中特有的一些行为逻辑。上述代码中 Cat 类、Fish 类、Bird 类针对 eat()方法重写了它们具体的逻辑。需要注意的是，子类的方法使用 @override 表示这个方法来自父类。

在 Dart 中，每个类的最终父类都是 Object，因此每个类都拥有一些属性和行为，这使得面向对象的程序变成了一个密封而可操作的整体，这是我们能写出健壮的程序的奥秘所在。

2.3.5 抽象类

抽象类是以一种只能继承而不能直接实例化的类。在 Dart 中，可以使用 abstract 修饰符定义一个抽象类。另外，抽象类中通常有抽象方法，这类方法在抽象类中没有具体实现，而是在子类继承它后实现。

首先，可以将 Animal 修改成一个抽象类，并将它的 eat()修改成一个抽象方法。

```
abstract class Animal {
  String name;
  int age;

  void eat();      // 抽象方法，在抽象类中没有具体实现
}
```

当再次继承 Animal 后，就必须重写它的 eat()方法；否则，就会报错。

```
class Cat extends Animal{

  @override
  void eat() {
    // 重写eat()方法
  }
}
```

2.3.6 构造函数

构造函数是类中用来实例化类对象并且与类名同名的方法。默认情况下，Dart 会为每个类声明一个空构造函数，因此在之前的例子中可以使用 new Cat()来实例化 Cat 类，也可以自定义构造函数。在下面的 Cat 类中，定义的构造函数 Cat()接受两个参数，分别使用它们初始化类中的变量。

```
class Cat {
  String name;
  int age;

  Cat(String name, int age) {
```

```
    this.name = name;
    this.age = age;
  }
}
```

当参数名与属性名冲突时，可以使用 this 关键字指代当前创建的实例，使用 Cat()构造函数创建对象后就会自动将传入的参数赋值给实例对应的属性。下面的代码中使用 Cat()构造函数创建了一个 cat 对象。

```
Cat cat = new Cat('tom', 2);

print(cat.name) // tom
```

声明自己的构造函数后，空构造函数就会失效，因此就不能继续使用 new Cat()来实例化对象了。

由于在构造函数中初始化属性这种形式非常常见，因此 Dart 为构造函数提供了更加简洁的写法。示例代码如下。

```
class Cat {
  String name;
  int age;

  Cat(this.name, this.age);
}

// Cat cat = new cat('tom', 2);
```

这种方式直接在构造函数的参数列表内使用 this 指向对应的属性，传入的参数就会把对应的值赋给实例的属性。这时，我们可以依然可以使用上述的实例化方式。同时，需要注意的是，构造函数不能被子类继承，如果子类中没有直接声明构造函数，那么它依然仅有一个空构造函数。

在 Dart 2 之后，在实例化对象时可以省略 new 关键词。下面这段代码可以成功实例化 Cat 类的一个对象。

```
Cat cat = Cat('tom', 2);
```

1. 命名构造函数

Dart 支持声明一些特殊的构造函数。常用的命名构造函数的声明方式如下。

```
class Cat extends Animal{
  String name;
  int age;

  Cat.born(String name) {
    this.name = name;
```

```
    this.age = 0;
  }

  Cat(String name, int age) {
    this.name = name;
    this.age = age;
  }
}
```

命名构造函数的名称以 ClassName.identifier()格式声明，其中，ClassName 表示类名，identifier 表示这个构造函数的名称。上面的 Cat.born()就表示我们用这个构造函数实例化一只刚出生的小猫，这里我们只需要传入猫名，而年龄默认为 0，使用方法如下。

```
Cat cat = new Cat.born('tom');
```

可以为类定义多个意义不同的命名构造函数。命名构造函数依然不能被子类所继承，如果子类需要与父类名称相同的命名构造函数，必须在子类中手动实现。

2. 工厂构造函数

与默认的构造函数与命名构造函数每次都会生成一个新的实例对象不同，Dart 支持的工厂构造函数通常需要一个返回值，我们可以在构造函数体内返回一个已经生成的实例对象，例如，缓存中的实例或者已经创建的单例对象等。

要创建一个工厂构造函数，只需要使用 factory 关键字修饰普通构造函数。下面这个示例中就使用 factory 修饰 Cat 的默认工厂构造函数。

```
class Cat {
  String name;
  int age;

  static Cat cat;                                    // 单例 cat 的具体实例

  Cat._born(this.name) : age = 0;        // 命名构造函数
  factory Cat() {                                    // 工厂构造函数
    if (cat == null) cat = Cat._born('单例猫');
    return cat;
  }
}
```

当我们使用 new Cat()创建 cat 实例时，就会调用工厂构造函数 factory Cat()，而这个工厂构造函数仅会返回一个已经生成的单例 cat。

```
void main() {
  Cat cat = new Cat();
  print(cat.name);              // 单例 cat
}
```

3. 调用父类构造函数

默认情况下，子类的构造函数会直接触发父类的非命名无参构造函数，例如，下面这段程序。

```
class Animal{
  Animal() {
    print('Animal 无参构造函数');
  }
}

class Cat extends Animal{
  Cat() {
    print('Cat 构造函数');
  }
}

main(){
  Cat cat  = new Cat();                    // 调用 Cat()构造函数
}
```

运行上述程序，输出结果如下。

```
Animal 无参构造函数
Cat 构造函数
```

如果父类中不存在无参构造函数，那么子类必须手动触发父类的其中一个构造函数，可以在子类的构造函数主体之前、冒号之后指定需要调用的构造函数，如下面的 Cat 类所示。

```
class Animal extends Object{

  Animal.fromJson(Map data) {
    print('Animal.fromJson()');
  }
}

class Cat extends Animal{

  Cat.fromJson(Map data) : super.fromJson(data) {
    print('Cat.fromJson()');
  }
}

main() {
  var cat = new Cat.fromJson({});
}
```

这里，在 Cat 的命名构造函数 Cat.fromJson()后使用 super 关键词调用 Animal.fromJson()。运行程序后控制台中的输出结果如下。

```
Animal.fromJson()
Cat.fromJson()
```

4. 初始化列表

除了可以调用父类构造函数外，还可以在构造函数主体运行之前使用初始化列表初始化一些类中的实例变量。例如，在下面这个 Cat.fromJson()构造函数后面我们可以直接为 firstName 和 lastName 变量赋值，这里，赋值语句之间使用逗号分隔。

```
Cat.fromJson(Map<String, String> json)
    : firstName = json['firstName'],
      lastName = json['lastName'] {
  print('Cat.fromJson(): ($fitstName, $lastName)');
}
```

使用初始化列表也可以初始化 final 修饰的变量，方法如下。

```
class Cat extends Animal{

  final String firstName;
  final String lastName;
  final String fullName;

  Cat(String firstName, String lastName)
      : firstName = firstName,
        lastName = lastName,
        fullName = firstName+lastName {
  }
}
```

2.3.7 枚举类

枚举类（通常称为枚举）是一种特殊的类，用来存放一组固定数量的常量值。在代码中，可以使用 enum 关键词来自定义一个枚举类，例如，下面这个 Animals 枚举类。

```
enum Animals { dog, cat, bird }
```

Animals 中存放了 3 个值，可以直接使用 Animals.dog 获得 dog 这个枚举值，并且枚举类中的每个值都有一个索引（从 0 开始），它表示这个枚举值在枚举声明中的位置。 例如，第一个值的索引为 0，第二个值的索引为 1。

```
print(Animals.dog.index);      // 0
print(Animals.cat.index);      // 1
print(Animals.bird.index);     // 2
```

可以使用 Animals 枚举类的 values 属性获取其中所有值的列表。

```
List<Animals> animals = Animal.values;
print(animals); // [Animals.dog, Animals.cat, Animals.bird]
```

还可以将枚举值作为 switch 的 case 条件。

```
var aAnimal = Animals.bird;

switch (aAnimal) {
```

```
  case Animal.dog:
    print('小狗');
    break;
  case Animal.cat:
    print('小猫');
    break;
  default:                          // 若没有这个条件，就会出现一个警告
    print(aAnimal); // Animal.bird
}
// 执行这段代码，最终就会在控制台中输出 Animals.bird
```

需要注意的一点是，此时 case 语句中的条件必须覆盖枚举类 Animal 中的所有值，否则会出现警告。

2.4 小结与心得

学完本章，不知道你有没有为自己又掌握了一门编程语言而激动呢？相信你已经对 Dart 中的函数、变量、运算符、面向对象编程有了一定的理解，但是对 Dart 的学习还远不止于此。在之后的 Flutter 学习旅程中，我们还会将这些概念运用到实际的应用程序中，在实践中体会它们的用法。

同时，你一定还会不断遇到到新的挑战和问题，保持热情，不断学习后面的知识点，体会 Dart 在程序设计方面的优势。从下一章开始，我们就真正踏上 Flutter 学习之旅了。

第 3 章　一切皆为组件

优秀的框架的诞生总会产生一些优秀的理念。在学习 Flutter 的过程中，将会经常提及组件这个概念，它是开发者使用 Flutter 构建用户界面的基础，我们在写代码的大部分时间会与它打交道。官方文档以“一切皆为组件”作为它的口号，所以要想学好 Flutter，组件是最好的起点。

组件的表现形式多种多样，应用程序界面上的文本、图片甚至动画都可以被看作组件。Flutter 官方提供了上百个形态各异的组件，同时其他热心的开发者会开源出自己自定义的组件，通过配置它们的属性，一个个组件的组合就能定义出一个完整的界面了。因此，在学习过程中，我们不能一味学习怎么使用一个组件，而应该触类旁通，通过本章介绍的这几种常用组件学习如何分析其他组件，再深入理解它们的属性及用法。

3.1 有状态组件与无状态组件以及相关函数

3.1.1 有状态组件和无状态组件

有状态组件（StatelessWidget）和无状态组件（StatefulWidget）不特指具体类型的组件，而是两类组件，它们本身不会显示在屏幕当中，而会通过 build()函数构建出一棵由其他组件组成的组件树。这两类组件也将是今后我们最常接触的两类组件。通过在第 1 章中对 Flutter 默认的计数器应用的分析，我们可能已经对这两种组件有了基本的认识，本节再次探究它们具体的含义。

StatelessWidget 类直接继承自 Widget 类，有状态组件非常“单纯”，因为在它的整个生命周期中唯一任务就是把我们需要放在屏幕上的组件展示出来，之后这个组件的状态将一直固定不变，唯一能使其状态改变的方法就是调用 build()函数重建一棵新的组件树，此时，旧的组件树就会被遗弃。

我们可以通过继承 StatelessWidget 类并且重写 build()函数实现自己的无状态组件，如下所示。

```
class CustomButton extends StatelessWidget {
  final String text;

  // 初始化组件中的 text 参数
  CustomButton({this.text});

  Widget build(context) {
    // 返回一个包含文本的按钮
    return Button(
      child: Text(text);
    );
  }
}
```

这里的 SubmitButton 就是自定义的一个无状态组件，因此可以在应用程序中调用 CustomButton()构造函数创建一个 SubmitButton 组件，如下所示。

```
CustomButton("MeandNi");
```

按照之前的描述，SubmitButton 将只负责通过配置的属性直接渲染 build()函数中返回的组件树。这里返回了一个包含文本的按钮组件，并且 text 字符串在从父组件中传递过来之后将无法再改变。我们之后在项目中经常会使用的 Icon、IconButton 和 Text 等组件都是系统内置的无状态组件。

为了满足组件动态变换状态的需求，Flutter 提供了使用 StatefulWidget 类与 State 类的方法。基本方法如下。

```
// 有状态组件
class ActiveButton extends StatefulWidget {
  final String text;

  const ActiveButton({this.text});

  // 创建状态对象
  @override
  _ActiveButtonState createState() => new _ActiveButtonState();
}

class _ActiveButtonState extends State<ActiveButton> {

  String textState;

  // 初始化状态
  @override
```

```
  void initState() {
    textState = widget.text;
  }

  // 更新状态
  void _changeText(String s) {
    setState(() {
      textState = s;
    });
  }

  // 构建组件树
  @override
  Widget build(BuildContext context) {
    return Button(
      child: Text(textState),
      onpress: _changeText('change')
    );
  }
}
```

从代码中我们可以看到，这里依然有一个继承自 StatefulWidget 类的 ActiveButton 类。然而，相较于 CustomButton，实现 ActiveButton 的代码显然更复杂一些，主要因为这里又多了一个继承自 State 类的_ActiveButtonState 类，_ActiveButtonState 类的作用就是管理有状态组件 ActiveButton 的状态，并且总伴随着 ActiveButton 存在。

不同于直接在 CustomButton 类中重写 build()函数，继承自 StatefulWidget 类的 ActiveButton 类需要重写的是 createState()函数，它的作用就是创建和这个有状态组件关联的 State 对象，这里就表示一个_ActiveButtonState 对象。

在_ActiveButtonState 类中我们重写了用于初始化状态的 initState()函数，并在_changeText()函数中调用 setState()更新状态，它们属于状态对象的生命周期函数，我们会在下面的部分详细介绍。另外，可以在_ActiveButtonState 中通过组件属性获得对应的有状态组件 ActiveButton 的实例。上面的 initState()函数中，就通过 widget.text 得到了 ActiveButton 中的 text 属性。

同时，需要注意的是，有状态组件的 build()方法需要在对应的状态类_ActiveButtonState 中重写。这时，我们依然可以像下面这样创建一个 ActiveButton 组件。

```
ActiveButton("Meandni");
```

当创建这个 ActiveButton 组件时，和无状态组件 CustomButton 一样，新创建的组件树会代替已经遗弃的组件树。然而，ActiveButton 对应的 State 对象并不会重新创建，而会一直复用，因此，在 State 对象中可以存放组件自身需要保存的一些状态信息。在上面的_ActiveButtonState 类中，定义了一个字符串变量 textState，它能够在这个 State 对象的生命周期内通过特定的方式改变。

我们今后经常会使用到的 Checkbox、Radio、Form 和 TextField 都属于有状态组件，即 StatefulWidget 的子类。

3.1.2　setState()函数

每个有状态组件对应的 State 对象中都有一些可以控制组件生命周期的函数，这些函数可以用来响应其内部状态的改变，并且大部分由 Flutter 框架层自动调用，如 initState()、build()等。setState()本身也属于这类函数，但是大部分情况下需要主动调用这个函数，它的作用就是触发有状态组件下组件树的重建，并展示组件最新的状态数据。

在计数器应用中，单击右下角的加号按钮调用这个函数后，就会触发页面中数值的改变。在 ActiveButton 中，当单击其中的按钮后，就会调用_changeText('change') 函数，它的代码如下。

```
void _changeText(String s) {
  setState(() {
    // 更新状态值
    textState = s;
  });
}
```

这里在 setState()内部改变了状态对象中字符串 textState 的值，然后，它就会通知当前状态对象对应的有状态组件“状态改变了，你需要立即重建”，有状态组件接收到这个命令后就会重新创建该组件下的组件树，包括显示文本的 Text 组件。这时，重新渲染出来的 Text 显示的就是最新的 textState 值了，如图 3.1 所示。

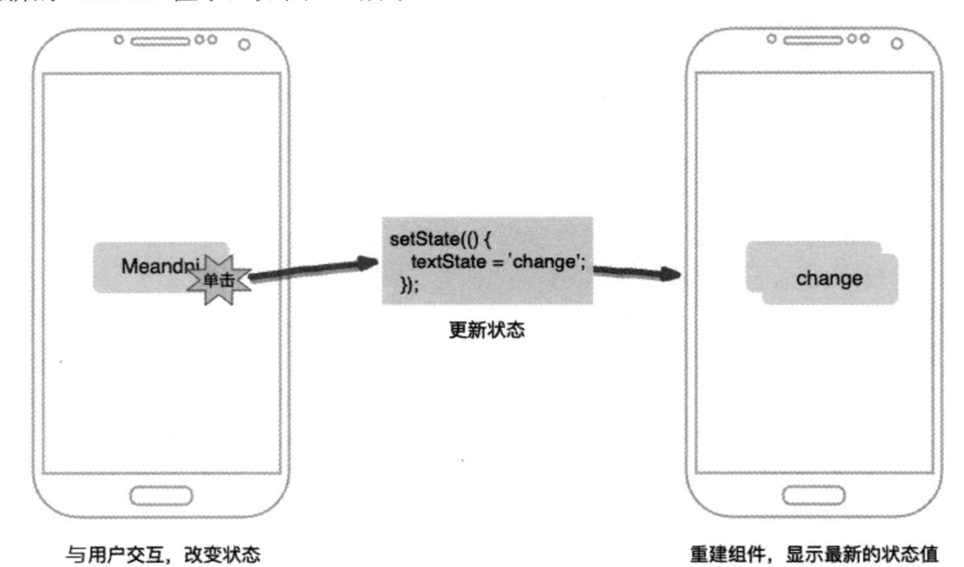

图 3.1　单击并且更新 ActiveButton 中的状态值 textState

3.1.3 initState()函数

initState()函数是 State 对象中必须要掌握的另一个函数，不同于 setState()函数，它是在组件构建后被系统自动调用的第一个函数，我们通常会在其中做一些状态初始化操作（见图 3.2）。在 ActiveButton 中，可以在状态对象中使用下面这段代码为 textState 指定最初的状态值。

```
@override
void initState() {
  super.initState();
  textState = widget.text;
}
```

当使用这类函数时，只需要在状态类中重写并且使用 super 调用父类的 initState()函数即可。这里的 widget 表示该状态对象对应的组件对象，可以通过它获得从父组件传入的字符串值。例如，当在组件树中像下面这样使用 ActiveButton 组件时，这里的 widget.text 就表示字符串“MeandNi”。

```
ActiveButton("MeandNi");
```

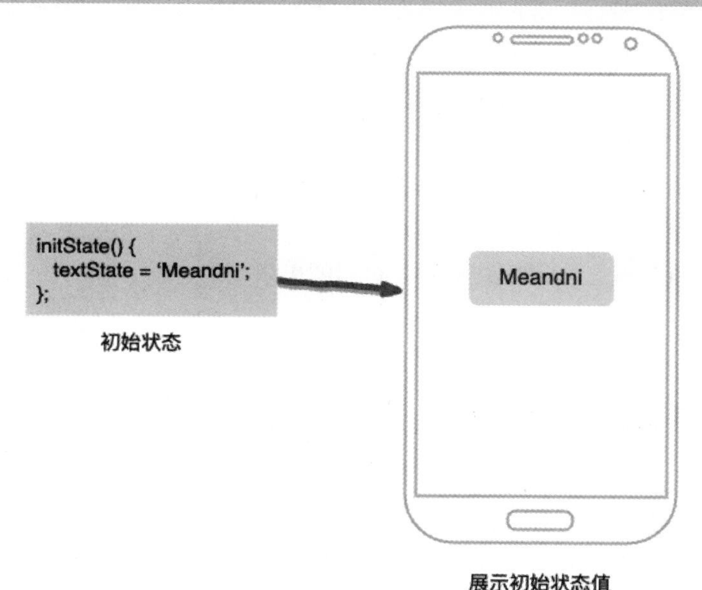

图 3.2 初始化 ActiveButton 中的状态值 textState

3.1.4 dispose()函数

状态对象中还提供了 dispose()函数，与 initState()相对应，这个函数是有状态组件在生命周期内被系统调用的最后一个函数。这个函数的调用标志着这个组件即将会在组件树中移除，因此我们通常会在其中做一些资源释放的操作。当在组件中需要使用控制器、动画时，都需要在 dispose()函数中对它们做释放操作。

除了已经介绍的 setState()、initState()和 dispose()函数之外，状态对象还提供了其他一系列生命周期函数，它们各自都扮演着不同的角色，控制有状态组件从创建到销毁的整个流程，之后的章节会继续深究这个话题。

3.1.5　build()函数

每个组件都会有一个 build()函数，并可以在 StatelessWidget 或者 StatefulWidget 的状态类中重写。build()函数的主要作用就是构建由一个个组件组成的组件树，并返回一个顶部的组件对象。Flutter 会将 build()函数返回的组件树作为有状态组件或者无状态组件的子树放在整个应用的组件树中，屏幕上的各个组件都要经过这个构建过程才能显示出来。图 3.3 就表示在应用中使用 ActiveButton 时的组件树。

同时，每个 build()函数都会接受一个 BuildContext 类型的对象，目前，我们可以把该对象当作每个组件的上下文。Flutter 通过这个对象可以得到组件的一些具体信息，包括组件的位置、它的父子组件以及底层的渲染对象等。当要打开一个新页面或者一个弹窗时，都需要向对应的函数传入该对象，在之后的章节中，我们也会使用这个对象完成很多非常重要的功能。

本章介绍的各个组件都可以作为 build()函数的返回值。每个组件有很多属性，通过对这些属性的配置，我们就可以定制一个个五花八门的组件了。

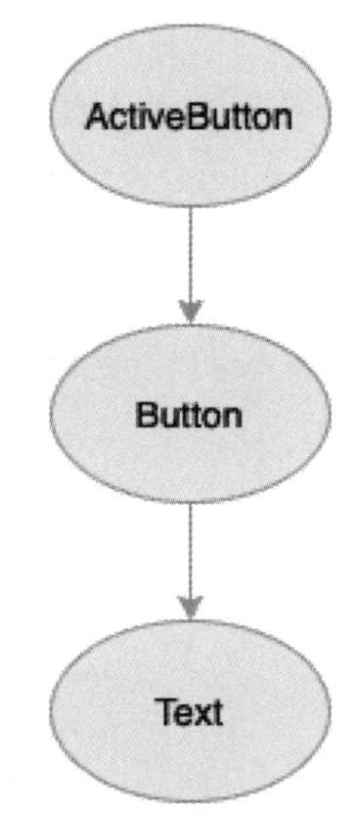

图 3.3　build()函数构建的组件树

3.2　内置的无状态组件

Flutter 中默认提供了许多可以直接使用的内置的无状态组件，它们都继承自 StatelessWidget，都不需要管理自己的状态，学习起来非常简单，我们只需要了解它们的常用的配置属性及特点即可。本节主要介绍如下几种无状态组件：

- Text（文本）组件；
- Image（图片）组件；
- Icon（图标）组件；
- Button（按钮）组件。

3.2.1 Text 组件

Text 组件是我们最常接触的无状态组件。Text 组件用来在屏幕中绘制单个样式的文本字符串，可以通过配置它的相关属性在页面中直接显示一段文本。下面是 Text 组件的基本使用方法。

```
Text(
  'Hello Flutter' * 5, // 必要属性，表示需要显示的字符串的值
  maxLines: 1,          // 指定文本显示的最大行数
  textAlign: TextAlign.center,      // 用于设置文本在 Text 组件中的水平对齐方式
  overflow: TextOverflow.ellipsis, // 超出范围的省略样式
  style: TextStyle(fontWeight: FontWeight.bold), // 文本样式
)
```

当使用 Text 组件时，必须传入一个需要展示的字符串，这里展示了 5 次 Hello Flutter，它的 overflow 属性用来设置超出规定范围的文本样式，可以将它设置为枚举类 TextOverflow 中指定的值。上面的例子中，将 overflow 设置为 TextOverflow.ellipsis 表示超过最大行（maxLines）的文本部分就会以“...”的形式省略，如图 3.4 所示。

Hello FlutterHello FlutterHello...

图 3.4 Text 组件中超出部分的省略样式

如果我们不想使用默认的文本样式，想要自定义文本的颜色、大小，可以指定它的 style 属性。style 属性接受一个 TextStyle 对象，上面的例子中，使用 TextStyle 将展示的文本设置为粗体样式。

TextStyle 的具体用法如下。

```
Text('Meandni' * 8,
  style: TextStyle(
    color: Colors.blue,     // 设置文本显示的颜色
    fontSize: 20.0,         // 字体大小
    height: 5.0,            // 文本高度
    letterSpacing: 4,       // 文字间隔
    fontWeight: FontWeight.bold, // 指定文本的粗细
    fontStyle: FontStyle.italic, // 文本样式，这里将文本设置为斜体
    decoration: TextDecoration.underline, // 装饰文本，添加下划线
    decorationStyle: TextDecorationStyle.dashed // 装饰类型，这里指定为虚线类型的下划线
  ),
)
```

这里，TextStyle 的 height 属性为 5.0，这表示将文本高度设置为字体大小的 5 倍，fontWeight、fontStyle、decoration、decorationStyle 可以分别设置为对应枚举类的值。最终这段文本的样式如图 3.5 所示。

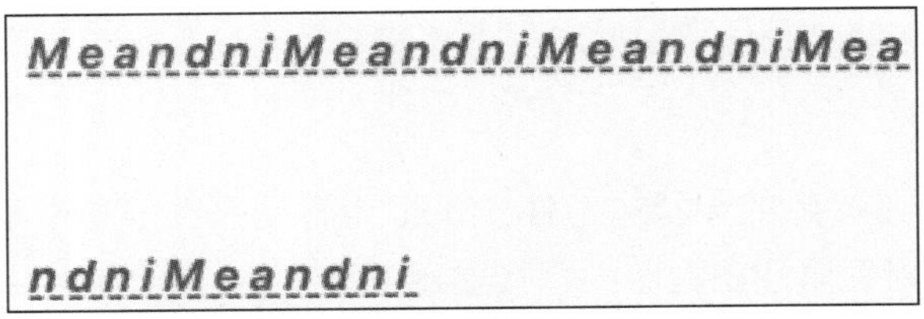

图 3.5　Text 组件的文本样式

如果要在同一段文本中设置多种样式，可以使用 Text 中的命名构造函数 Text.rich，还可以在它内部使用行内文本块组件 Text.rich 显示多段不同样式的行内文本。下面是 Text.rich 的具体使用方法。

```
Text.rich(
  TextSpan(
    text: 'Hello', // 默认样式
    children: <TextSpan>[
      TextSpan(text: ' interesting ', style: TextStyle(fontStyle: FontStyle.italic)),
      TextSpan(text: 'flutter', style: TextStyle(fontWeight: FontWeight.bold)),
    ],
  ),
)
```

上面的代码中，TextSpan 的 children 属性依然接受一组 TextSpan 组件，它们的文本内容都会在一段显示，这里为其中的每一个 TextSpan 设置了特定的样式，Text 组件中展示的多种文本样式如图 3.6 所示。

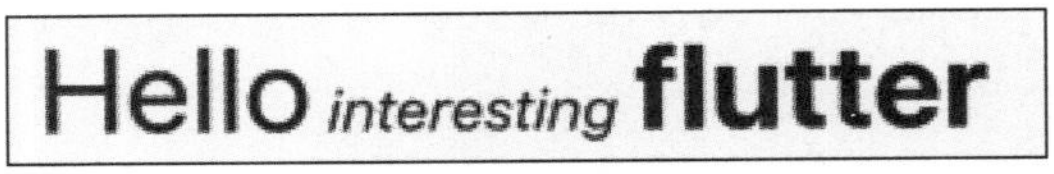

图 3.6　Text 组件中展示的多种文本样式

同样的效果也可以直接使用 RichText 实现。

```
Text.rich(
  TextSpan(
    text: 'Hello',
    children: <TextSpan>[
      TextSpan(text: 'interesting', style: TextStyle(fontSize: 20.0, fontStyle:
      FontStyle.italic)),
      TextSpan(text: 'flutter', style: TextStyle(fontWeight: FontWeight.bold)),
    ],
    style: TextStyle(fontSize: 40.0)
  ),
)
```

另外，Text 中的文本在 Android 平台和 iOS 平台中的默认字体并不相同，使用 TextStyle 的 fontFamily 属性就可以定义文本统一展示的字体。下面这个 TextStyle 中将文本指定为系统内置的 Raleway 字体。

```
TextStyle(fontFamily: 'Raleway');        // 传入字体名称
```

尽管系统已经提供了一套默认的字体格式，但有时我们也需要使用自定义字体或者其他第三方库（如 Google Fonts）中的字体。下面分别介绍如何使用这两种字体。

如果需要使用本地自定义字体，需要先将准备好的字体文件放入项目的资源目录中。这里，可以在项目根目录下创建一个 fonts 文件夹，并将准备好的字体文件放入该目录中，如图 3.7 所示，fonts 文件夹下放入了 3 个字体文件。

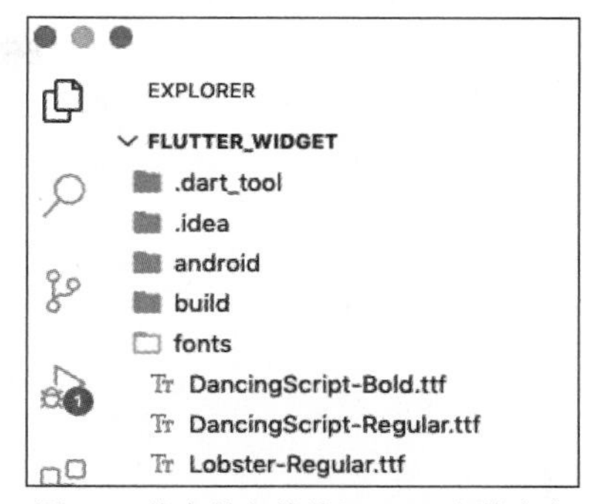

图 3.7　将字体文件放入 fonts 文件夹中

放入资源之后，还需要在配置文件 pubspec.yaml 中声明这些文件，让 Flutter 知道我们需要在项目中使用它们。打开配置文件，并添加如下配置项。

```
flutter:
fonts:
    - family: Lobster
      fonts:
        - asset: fonts/Lobster-Regular.ttf
    - family: DancingScript
      fonts:
        - asset: fonts/DancingScript-Regular.ttf          # 常规样式
        - asset: fonts/DancingScript-Bold.ttf             # 粗体样式
          weight: 900
```

我们从这里可以看到，在 flutter 属性下又加入了 fonts 部分，这就是声明字体文件的部分。这里使用 family 属性定义了 Lobster 和 DancingScript 两种字体，并分别在 fonts 属性下使用 asset 指定了它们各自相对于 pubspec.yaml 文件的路径。

值得注意的是，对于同一种字体，也可以指定多个字体文件，例如，对于以上代码中的 DancingScript，DancingScript-Regular.ttf 和 DancingScript-Bold.ttf 文件分别代表该字体的常规样式和粗体样式，weight 属性和 TextStyle 中的 fontWeight 相对应，这里可以指定为一个介于 100～900 并且是 100 的整数倍的数值。

这时，我们就可以使用这些自定义的字体了。下面就是使用了字体 Lobster 的 Text 组件，文本的效果如图 3.8 所示。

图 3.8　文本的效果

```
Text(
  'Meandni',
  style: TextStyle(fontFamily: 'Lobster', fontSize: 50.0),
)
```

另外，我们还可以直接使用一些优秀的第三方库中的字体，google_fonts 库就是官方为 Flutter 开发者提供的字体库。在项目中依赖这个库后，就可以使用它提供的各式各样的字体了。

要使用 google_fonts，首先需要打开 pubspec.yaml 文件，添加依赖（见图 3.9）。

在 dependencies 下，声明了 google_fonts 库和版本号，通过 flutter packages get 命令安装包后，就可以直接在组件中使用它里面的字体了。具体方式如下。最终效果见图 3.10。

```
import 'package:google_fonts/google_fonts.dart';
Text(
  'Google Fonts',
  // 使用 lato 字体，并自定义文本样式
  style: GoogleFonts.lato(
    textStyle: TextStyle(color: Colors.blue, letterSpacing: .5),
  ),
),

Text(
  'Google Fonts',
  // 使用 lato 字体，并自定义文本样式
  style: GoogleFonts.lato(
    fontSize: 48,
    fontWeight: FontWeight.w700,
    fontStyle: FontStyle.italic,
  ),
)
```

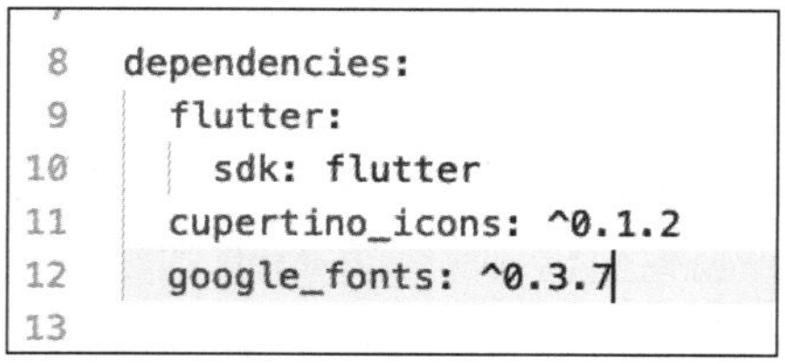

```
8  dependencies:
9    flutter:
10     sdk: flutter
11   cupertino_icons: ^0.1.2
12   google_fonts: ^0.3.7
13
```

图 3.9　在配置文件中添加对 google_fonts 库的依赖

图 3.10　将文本设置为 google_fonts 库中提供的字体

3.2.2　Image 组件

Image 组件用来在屏幕中绘制图片，其中加载的图片资源可以来自本地，也可以来自网络，Image 组件内部提供了多个构造函数来加载各种来源的图片。如果需要显示来自网络的图片，只需要使用 network 构造函数并传入图片资源对应的链接地址即可。

```
Image.network(
"https://meandni.com/a.jpg",
height: 300.0,
  width: 200.0,
  // fit: BoxFit.fill,
)
```

这里使用 width、height 属性设置 Image 组件的宽度与高度。默认情况下，图片会根据自身的宽高比适应 Image 组件中设置的宽度与高度，并保证图片完全显示。上面的例子中，在不改变图片的宽高比的情况下，Flutter 默认就会在 Image 组件上下空出一片区

域，如图 3.11 所示。

我们可以通过 Image 的 fit 属性修改这种默认的显示方式，这个属性接受一个 BoxFit 类型的枚举值。当设置为 BoxFit.fill 时，图片就会忽视自身宽度和高度，通过拉伸来填满组件的宽度和高度（见图 3.12）。

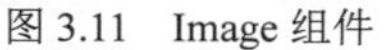

图 3.11 Image 组件

图 3.12 将 Image 组件的 fit 属性设置为 BoxFit.fill 的效果

如果要展示本地的图片，就需要先将图片文件先放入资源目录中。通常情况下，存放图片的资源文件夹被命名为 images，并放在项目根目录中。当将图片放入 images 文件夹下后，还需要在 pubspec.yaml 文件中声明，如下所示。

```
flutter:
  assets:
    - images/flutter.jpg
```

pubspec.yaml 文件中的 assets 部分用来声明资源文件，这里声明了 image 目录下的 flutter.jpg 文件。最后可以使用 Image 的 asset 构造函数在代码中使用这张图片。

```
Image.asset(
  "images/flutter.jpg",  // 图片资源的路径
  height: 180.0,
)
```

3.2.3 Icon 组件

Icon 组件是用来显示图标的组件。在 Flutter 中，只要在 pubspec.yaml 文件中将 uses-material-design 设置为 true 并在文件中导入 Material 库，就可以将所有 Material 字体图标包含在应用中。之后，可以直接使用 Icons 得到这些图标，这大幅度提高了开发效率，因为不需要再像以往那样导入外部库或者从网络上面下载图标了。

在默认的计数器应用当中，FloatingActionButton 便使用一个带“+”号图标的 Icon 组件。

```
import "package:flutter/material.dart";

FloatingActionButton(
    onPressed: _incrementCounter,
    // 子组件为带“+”号图标的 Icon 组件
    child: Icon(Icons.add),
)
```

也可以单独使用 Icon 组件，方法如下。

```
Icon(
  Icons.favorite,
  color: Colors.pink,
  size: 24.0,
),
```

当使用 Icon 时，要传入一个 IconData 对象以指定它需要显示的图标，而 Icons.favorite 就是一个特定图标的 IconData 对象。size 属性用来设置图标大小，color 属性用来设置图标颜色。上面的代码可以在页面中展示图 3.13 所示的爱心图标。

图 3.13　爱心图标

3.2.4　Button 组件

RaisedButton 是 Flutter 提供的一个 Material 类型的按钮组件，它在普通按钮的基础上增加了阴影和单击效果。这类按钮组件通常用来和用户交互，从而处理单击事件。可以使用 onPressed 与 onLongPress 属性来分别指定按钮的单击事件和长按事件的回调函数。具体用法如下所示。

```
RaisedButton(
  onPressed: () { print("hello") },
  textColor: Colors.black, // 设置按钮中显示的文本的颜色，这里使用 Flutter 内置对象 Colors 中的 black
  padding: const EdgeInsets.all(8.0), // 设置内边距
  child: Text('RaisedButton 按钮'), // 定义子组件
)
```

上面的代码中，向 RaisedButton 的 onPressed 属性传入了一个回调函数，当单击这个按钮时就会执行该函数，在控制台中输出了一段字符串。在这个函数中，我们也可以执行其他更复杂的操作，如单击计数器应用中的“+”按钮后会调用_incrementCounter 增加计数值。需要注意的是，当 RaisedButton 的 onPressed 设置为 null 时，Flutter 就会认为该组件处于禁用状态，效果如图 3.14 所示。

上面的例子中还使用了 textColor 和 padding 这些属性来定义按钮的其他样式。同时，也可以使用向 child 属性传入一个子组件。当要在按钮上显示文本时，就可以传入一个文本组件。

Material 库提供了几种与 RaisedButton 类似的按钮组件，包括 FlatButton、DropdownButton、FloatingActionButton、IconButton 和 CupertinoButton。

FlatButton 组件表示没有阴影与边界效果的按钮（见图 3.15）。其用法如下。

```
FlatButton(
  onPressed: () {},
  child: Text(
    "Flat Button",
  ),
)
```

RaisedButton 按钮

RaisedButton 按钮

图 3.14 禁用状态下的 RaisedButton 组件

Flat Button

图 3.15 FlatButton 组件

DropdownButton 组件（见图 3.16）表示显示可供选择的选项的按钮。其用法如下。

```
DropdownButton<String>(
    // value 属性设置下拉列表默认显示的值
    value: 'One',
    // 当用户选择列表项时，触发该回调函数
    onChanged: (String newValue) {},
    // 所含列表项，每项为一个 DropdownMenuItem 组件，使用泛化类型，这里为 String
    items: <String>['One', 'Two', 'Free', 'Four']
        .map<DropdownMenuItem<String>>((String value) {
      return DropdownMenuItem<String>(
        value: value,
        child: Text(value),
      );
    }).toList(),
),
```

FloatingActionButton 组件（见图 3.17）表示圆形悬浮按钮。可以将 FloatingActionButton 传入 Scaffold 的 floatingActionButton 属性作为页面的悬浮按钮，也可以在其他任何地方作为圆形按钮使用它。

```
FloatingActionButton(
    // 设置单击事件的回调函数
    onPressed: _incrementCounter,
    // 设置子组件
    child: Icon(Icons.add),
)
```

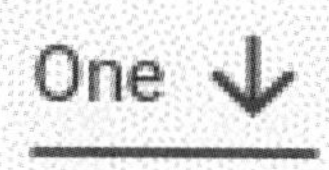

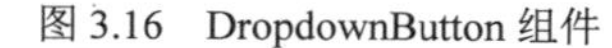

图 3.16 DropdownButton 组件

图 3.17 FloatingActionButton 组件

IconButton 组件（见图 3.18）表示仅包含图标的按钮。其用法如下。

```
IconButton(
  // icon 属性用于显示在按钮内部的图标
  icon: Icon(Icons.favorite),
  // 图标颜色
  color: Colors.red,
  // 按钮单击后执行的回调函数
  onPressed: () {},
)
```

除了 Android 风格的按钮之外，Flutter 中的 Cupertino 库中还提供了 iOS 风格的 Button。CupertinoButton 组件如图 3.19 所示。其使用方法如下。

图 3.18　IconButton 组件

图 3.19　CupertinoButton 组件

```
CupertinoButton(
    color: Colors.blue,
    child: Text("Button"),
    onPressed: () {},
)
```

3.3 内置的有状态组件

学习完一些无状态组件的用法后，相信读者已经期望着接下来的组件学习之旅了。本节将介绍相对于无状态组件更复杂的有状态组件。前面已经介绍了有状态组件的相关概念，这种组件会拥有一个属于自己的 State 对象类，用于管理它的状态属性，State 对象中也有一系列生命周期回调函数，用来控制组件的流程。本节介绍的 TextField、Checkbox 等组件都有自己内部的状态属性，它们是常和用户交互的组件。本节结合示例介绍内置的有状态组件。

3.3.1 TextField 组件

TextField 即文本框组件，是用户最常接触的 Material 类型的组件之一，它允许用户在该组件中输入和编辑内容，大部分应用中的登录、注册页面会使用到它。TextField 组件的使用方法非常简单。

```
TextField()
```

在不使用任何属性的情况下使用 TextField 组件时，原始文本框就会以图 3.20 的形式呈现出来。

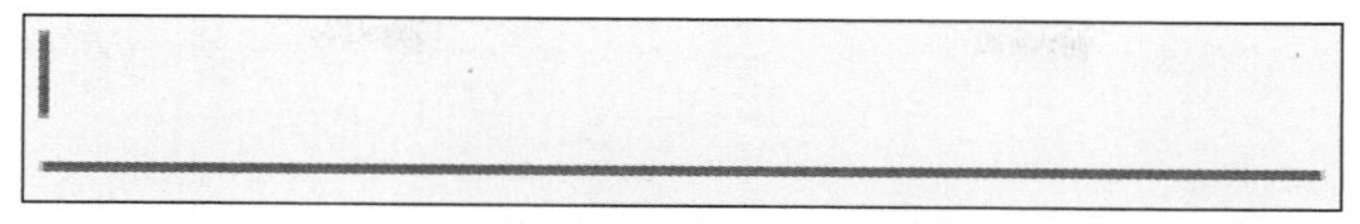

图 3.20　原始文本框

可以使用 decoration 属性自定义文本框样式，该属性接受一个 InputDecoration 对象，具体使用方法如下。

```
TextField(
  obscureText: true,
  decoration: InputDecoration(
    border: OutlineInputBorder(), // 设置文本框边框样式
    prefixIcon: Icon(Icons.airplanemode_active), // 文本框前缀图标
    labelText: '请输入用户名', // 提示文本
  ),
)
```

这里，将 InputDecoration 的 border 设置为 OutlineInputBorder()，这表示在文本框四周使用边框，prefixIcon 接受一个放在文本框前面的图标组件——Icon。这个文本框的最终效果如图 3.21 所示。

图 3.21　使用 InputDecoration 装饰的文本框的效果

此时，可以通过 InputDecoration 对象将文本框装饰为各种各样的样式，但是 TextField 组件还没有起到它该有的作用，上层的组件并不能直接得到在文本框里面输入的字符串。要获取这个可变的状态，有两种方式。

首先，采用第一种方式。可以使用 TextField 对外提供的 onChanged 属性，它接受一个回调函数，每当用户在该文本框中执行输入操作时，都会触发这个函数的调用并传入当前文本框的内容。下面是 onChanged 属性的基本使用方法。

```
TextField(
  onChanged: (v) {
    print(v)
  },
)
```

每当在文本框输入数据后，控制台便会输出相应的内容。可以自定义一个有状态组件，利用这个特性实现一个实时监听文本框的文本组件，代码如下。

```
class TextFieldStateSample extends StatefulWidget {
  @override
  _TextFieldStateSampleState createState() => _TextFieldStateSampleState();
}
```

```
class _TextFieldStateSampleState extends State<TextFieldStateSample> {

  String inputString = '';
  @override
  Widget build(BuildContext context) {
    return Column(
      children: <Widget>[
        Container(
          child: TextField(
            onChanged: (value) {
              setState(() {
                // 更新状态
                inputString = value;
              });
            },
          ),
        ),
        Text(inputString),
      ],
    );
  }
}
```

每次用户输入字符串，便会调用 setState()触发组件的重建，从而更新状态，改变变量 inputString 的值。Text 组件中显示的字符串也会跟着输入的内容而改变，效果如图 3.22 所示。

图 3.22　实时监听文本框，并获得输入文本

另外一种获取 TextField 组件中输入字符串的方法是使用控制器对象。控制器就是能对组件做各种常规操作的对象，也是给我们对组件进行有效控制的对象。Flutter 内置的有状态组件中通常使用控制器来帮助使用者获取组件内部状态，我们之后接触到的动画组件也会使用控制器。

TextField 对应的控制器是 TextEditingController 类的对象。可以使用 TextField 对应的控制器来实现与 onChanged 相同的状态更新功能。

```
class _TextFieldStateSampleState extends State<TextFieldStateSample> {

  TextEditingController _controller;
  String inputString;

  // 初始状态
```

```
    void initState() {
      _controller = new TextEditingController();
      _controller.addListener((){
        setState(() {
          inputString = _controller.text;
        });
      });
    }

    @override
    void dispose() {
      super.dispose();
      _controller.dispose();
    }

    @override
    Widget build(BuildContext context) {
      return Column(
        children: <Widget>[
          Container(
            child: TextField(
              controller: _controller,
            ),
          ),
          Text(inputString),
        ],
      );
    }
  }
```

上面的代码中创建了一个TextEditingController类型的变量_controller并在iniState()函数中初始化它。这里还使用_controller的addListener()函数设置了一个文本监听器，与onChanged属性相同，每当这个控制器对应的文本框的内容改变时，也会通知这个监听器回调函数。_controller的text属性可以得到文本框中的内容，监听器回调函数中依然调用setState()函数更新组件树中的变量值。在TextField组件中，为controller属性指定控制器后，就可以成功实现与onChanged相同的功能。

另外，文本控制器还有设置文本编辑框的初始值、控制编辑框中需要选择的区域的功能。

```
  @override
  void initState() {
   _controller.text="Meandni!";
   _controller.selection=TextSelection(
      baseOffset: 2,
      extentOffset: _Controller.text.length
```

```
    );
    super.initState();
}
```

在 initState()方法中，通过指定_controller 的 text 和 selection 属性完成了上面这两个功能。此时，文本框的默认效果如图 3.23 所示，第二个字符后面的字符串将会被默认选中。

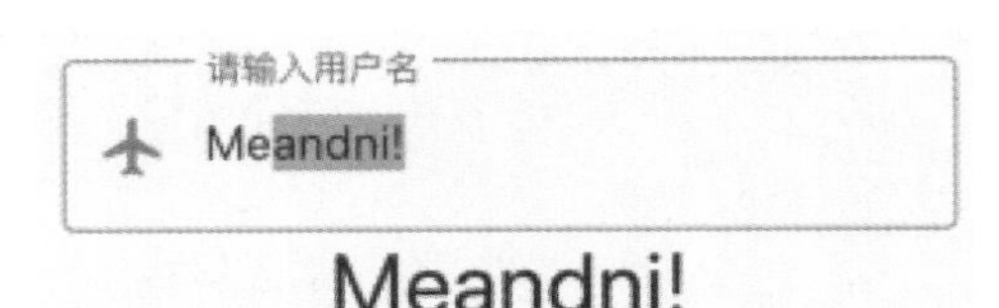

图 3.23 文本框的默认效果

3.3.2 Form 组件

在实际开发场景中，除了单独使用文本框之外，我们通常还需要处理整个输入表单，例如，用户在填写个人信息时可能要清空之前的所有输入值或者对各个文本框做有效值判断等。本节会介绍 Flutter 中提供的一系列与表单相关的组件。

Form 是一个有状态组件，它对应的状态对象为 FormState。Form 组件通常是所有表单组件的父组件并且可以操作整个表单中的状态信息，例如，对各个表单输入组件做有效值检测。From 组件的基本使用方法如下。

```
// 定义一个有状态组件
class MyCustomForm extends StatefulWidget {
  @override
  MyCustomFormState createState() {
    return MyCustomFormState();
  }
}
// 定义对应的对象类型
// 该类用于管理表单中的各个数据
class MyCustomFormState extends State<MyCustomForm> {
  // 创建一个 GlobalKey 对象作为该 Form 组件的唯一标识,
  // 这里，把 GlobalKey 的泛型设置为 Form 组件对应的状态对象 FormState
  final _formKey = GlobalKey<FormState>();

  @override
  Widget build(BuildContext context) {
    // 构建组件树，并以 Form 作为根组件，使用它时需要传入一个 GlobalKey 对象
    return Form(
      key: _formKey,
      child: Column(
        children: <Widget>[
          // 加入表单组件，如 TextFormFields、RaisedButton 等
```

```
            ]
        )
      );
    }
  }
```

上面的代码中，在 MyCustomFormState 的 build 方法中使用有状态组件 MyCustomForm 创建了一个表单的基本结构。其中使用 Form 组件时需要传入一个 GlobalKey 对象，它可以作为 FormState 对象的标识。关于 GlobalKey，之后的章节会具体介绍。另外，Form 组件的子组件必须是 FormField 类型的表单组件。

此时，一个表单便创建完了。接下来，介绍 FormField 类型的表单组件。

1. TextFormField 组件

TextFormField 是一个继承自 FormField 的表单组件，由 material 包提供，可以作为 Form 的子组件，主要用来接受用户在表单中输入的文本。与普通的 TextField 不同，TextFormField 这类表单组件可以使用 validator 参数接受一个校验函数，使用 onSaved 参数接受一个值保存函数。每当表单认为信息有误时，校验函数就会将返回的错误消息显示在页面上。如果校验函数返回 null，则会仍为用户的输入正确，然后调用值保存函数，做其他操作。具体使用方法如下。

```
TextFormField(
  onSaved: (value) => name = value,
  validator: (value) {
    if (value.isEmpty) {
      return "用户名不能为空！";
    }
  },
),
```

如上述代码所示，校验函数和值保存函数都接受一个字符串变量，它们都表示文本框中输入的值。在校验函数中，如果值为空，就返回错误提示信息，表示输入有误；如果值非空，返回 null，表示输入正确。在值保存函数中将输入的值保存在本地变量中。

校验函数和值保存函数都可以由表单组件的 FormState 对象统一调用。可以在表单底部添加一个提交按钮。

```
RaisedButton(
  onPressed: () {
    // 如果表单有效，则返回 true；否则，返回 false
    if (_formKey.currentState.validate()) {
      print("表单验证成功");
      _formKey.currentState.save();
    }
  },
  child: Text('提交'),
)
```

RaisedButton 中，通过唯一标识_formKey 对象中的 currentState 获取表单的状态对象 FormState。此时，我们就可以直接调用 FormState 对象里面的 FormState.validate()函数。这个函数调用后，表单就会遍历其下所有文本框的校验函数。如果校验函数全部验证通过，FormState.validate()就会返回 true；如果某个文本框验证失败，就会在该文本框下显示错误提示并返回 false，表示验证不通过（见图 3.24）。上面的代码中，表单全部验证通过后，又调用 FormState.save()保存表单中输入的值。

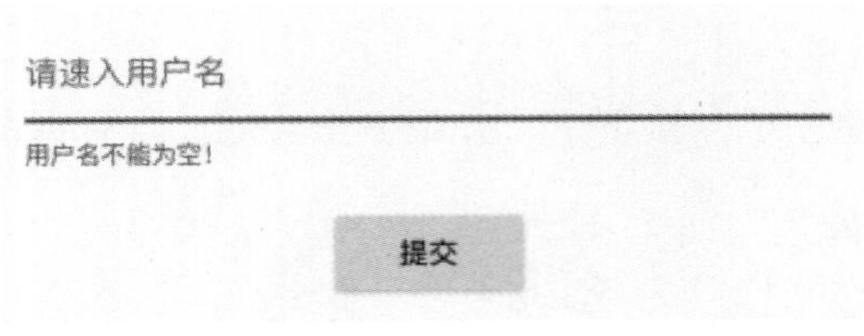

图 3.24　用户名文本框的验证没有通过

另外，TextFormField 组件还接受一个 autoValidate 参数。当该参数设置为 true 时，每次在文本框中输入内容改变，就会调用校验函数立即验证输入的正确性，这个功能可以给用户实时的输入反馈。

```
TextFormField(
  autoValidate: true,
  // ...
);
```

2. DropdownButtonFormField 组件

DropdownButtonFormField 是 Flutter 提供的另一个 Material 类型的表单组件，可以使用它在表单中加入下拉选择框。DropdownButtonFormField 的具体使用方法如下。

```
static const SEX = ["男", "女"];
DropdownButtonFormField<String>(
  isExpanded: true,
  // 装饰该表单组件
  decoration: InputDecoration(
    border: OutlineInputBorder(),
    labelText: "Sex",
  ),
  // 设置默认值
  value: "男",
  // 用户选择子项后，回调该函数
  onChanged: (String newSelection) {
    setState((){});
  },
  // 传入可选项
  items: SEX.map((String sex) {
```

```
      return DropdownMenuItem(value: sex, child: Text(country.name));
    }).toList(),
  )
```

DropdownButtonFormField 同样可以接受校验函数和值保存函数。上面的代码展示了 DropdownButtonFormField 与 TextFormField 不同的部分。DropdownButtonFormField 接受一个泛型类，作为它各个子项的数据对象，这里使用 String 对象将这个下拉框设置为性别选择框，items 属性接受 DropdownMenuItem 组件列表，用来展示可选项。最终效果如图 3.25（a）与（b）所示。

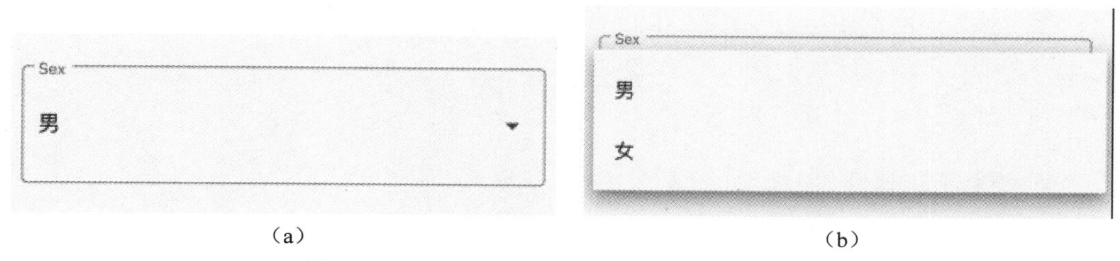

（a）　　　　（b）

图 3.25　DropdownButtonFormField 组件最终的效果

3.3.3　Switch 组件、Checkbox 组件和 Radio 组件

本节介绍另外 Flutter 提供的 3 种有状态组件——Switch（开关）组件、Checkbox（复选框）组件、Radio（单选）组件。它们都属于 Material 库并且使用起来很简单。

1. Switch 组件

Switch 常常被用作仅有两种状态的选择按钮，例如，某个功能的开启与关闭，下面是它的使用方法。

```
bool _value = false;
Switch(
  value: _value,                          // 默认值
  activeColor: Colors.lightBlue,          // 开关打开的状态下的颜色
  activeTrackColor: Colors.redAccent,     // 开关滑块的颜色
  onChanged: (value) {
    setState(() {
      _value = value;
    });
  }
);
```

value 属性用来传入状态默认值，若该属性为 true 则表示开启状态；反之，表示关闭状态。每次用户单击这个按钮便会触发 onChanged 属性表示的回调函数的调用，可以在里面调用 setState()函数对状态值做更改。Switch 组件的默认样式如图 3.26 所示。

如果项使用 iOS 风格的开关，可以使用 Cupertino 库中的 CupertinoSwitch 组件（其默认样式见图 3.27）。

图 3.26　Switch 组件的默认样式

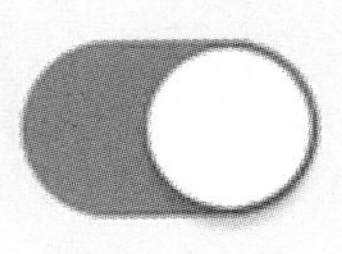

图 3.27　CupertinoSwitch 组件的默认样式

2. Checkbox 组件

Checkbox 组件用来展示复选框，其使用方法与 Switch 相同。

```
bool _value = false;
Checkbox(
  value: _value,
  onChanged: (value) {
    setState(() {
      _value = value;
    });
  },
  activeColor: Colors.red,
)
```

这段代码就可以实现图 3.28 所示的 Checkbox 组件。

图 3.28　Checkbox 组件

3. Radio 组件

Radio 组件与 Checkbox 组件有略微的差别，因为通常情况下在同一类别下单选按钮只能选择一项，所以在 Radio 组件中还需要传入 groupValue 参数。下面是 Radio 组件的具体使用方法。

```
enum Sex { boy, girl }
Sex _radioValue = Sex.boy;

Row(
  children: <Widget>[
    Radio(
      value: Sex.boy,
      groupValue: _radioValue,
      onChanged: (value) {
        print("value = $value");
        setState(() {
          _radioValue = value;
        });
      },
    ),
    Radio(
      value: Sex.girl,
      groupValue: _radioValue,
```

```
          onChanged: (value) {
            setState(() {
              _radioValue = value;
            });
          },
        )
      ],
    );
```

上看的代码中使用单选按钮实现性别选择的功能。首先，创建了一个枚举类 Sex，放入了两个分别表示男和女的值，_radioValue 表示默认选择的单选按钮。在每个 Radio 组件中，value 属性表示该单选按钮的选项名称，groupValue 表示当前用户选择的单选按钮。如果 value 属性与 groupValue 属性相同，则表示当前的 Radio 组件选中；否则，不选中。此时，两个单选按钮将只有一个会被选中，效果如图 3.29 所示。

每选中一个单选按钮，就会调用它的 onChanged 属性表示的回调函数，可以在里面修改当前选中的_radioValue 值，并更新状态。

图 3.29 选中其中一个单选按钮的效果

4. 在表单中使用 Checkbox 组件

默认情况下，Switch、Radio、Checkbox 这 3 类组件不能应用在表单中，因为 Form 组件仅接受继承自 FormField 的表单组件。如果要在表单中使用这 3 类组件时，就需要使用 FormField 作为它们的父组件。FormField 提供了与其他表单组件相同的校验函数和值保存函数，使这类组件也能被表单管理。下面是在表单中使用 Checkbox 组件的方法。

```
class MyCustomForm extends StatefulWidget {
  @override
  MyCustomFormState createState() {
    return MyCustomFormState();
  }
}

class MyCustomFormState extends State<MyCustomForm> {
  // Form 组件上的 Key 对象
  final _formKey = GlobalKey<FormState>();
  // FormField 组件上的 Key 对象
  final _checkedFormKey = GlobalKey<FormFieldState>();

  // 用来存放被选中的多个选项的集合
  Set<String> hobbys = <String>{};

  // 判断多个选项是否被选中（是否在集合中）
  bool get _footballChecked => hobbys.contains('football');
  bool get _basketballChecked => hobbys.contains('basketball');

  @override
```

```
Widget build(BuildContext context) {
  return Form(
    key: _formKey,
    // Column 可以在垂直方向排列传入 children 属性的子组件
    child: Column(
        children: <Widget>[
          // 因为不能直接使用 Checkbox 组件，所以使用 FormField 包裹
          // 这里还需要使用泛型指定表单组件中校验函数与值保存函数中的值类型
          FormField<Set<String>>(
            key: _checkedFormKey,
            initialValue: hobbys,          // 初始值，空集合表示默认不选中
            onSaved: (val) => print(val), // 值保存函数
            validator: (value) {          // 校验函数
              if (value.isEmpty) return '爱好为空！';
              return null;
            },
            builder: (context) {
              // Row 可以在水平方向上排列传入 children 属性的子组件
              return Row(
                children: <Widget>[
                  Text("爱好："),
                  Checkbox(
                    value: _footballChecked,
                    onChanged: (val) {
          // 根据 val 值确定 football 加入集合或从集合中移除，并更新状态
                      setState(() {
                        if (val) {
                          hobbys.add('football');
                        } else {
                      hobbys.removeWhere((item) => item == 'football');
                        }
                      });
                    },
                  ),
                  Text("足球"),
                  Checkbox(
                    value: _basketballChecked,
                    onChanged: (val) {
                      setState(() {
                        if (val) {
                          hobbys.add('basketball');
                        } else {
                          hobbys
                          .removeWhere((item) => item == 'basketball');
                        }
                      });
                    },
                  ),
```

```
                        Text("篮球"),
                        Padding(
                          padding: const EdgeInsets.only(left: 10.0),
                        // 通过_checkedFormKey 得到 FormField 对应的状态对象
                          // errorText 表示校验函数返回的错误提示信息
                          child: Text(
                            _checkedFormKey.currentState.errorText ?? '',
                            style: TextStyle(color: Colors.redAccent),
                          ),
                        )
                      ],
                    );
                  },
                ),
                Padding(
                  child: RaisedButton(
                    onPressed: () {
                      // 如果表单有效，返回 true；否则，返回 false
                      if (_formKey.currentState.validate()) {
                        print("表单验证成功");
                        // 通过 save()函数调用整个表单中组件的值保存函数
                        _formKey.currentState.save();
                      }
                    },
                    child: Text('提交'),
                  ),
                ),
              ]));
    }
  }
```

上面的代码中，除了为 FormField 传入校验函数和值保存函数之外，还将表单初始值指定为空集合 hobbys，表示默认不选中任何选项。key 对象_checkedFormKey 用来帮助我们接收 FormFieldState 对象中的错误消息，当校验函数的返回值不为空时，错误消息就会在 Text 组件中展示出来。MyCustomForm 在屏幕中的效果如图 3.30 所示。

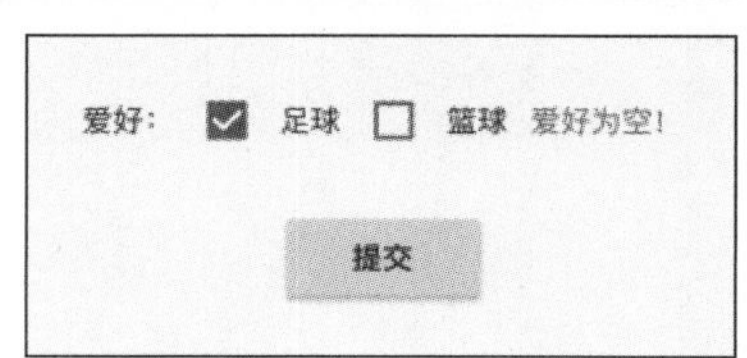

图 3.30　MyCustom 在屏幕上的效果

3.4 常用容器组件

容器组件指那些可以在其内部放入子组件的组件。在应用程序中，各个组件通常不会单独存在，大部分时候，根据特定的需求把它们放置在一个容器当中。本节详细介绍一下这些常用的容器组件。

3.4.1　Container 组件

Container 是一种可以有效容纳一个子组件并且可以自定义样式的容器组件。Container 组件的一般用法如下。

```
Container(
  height: 200.0, // 容器高度
  width: 200.0,  // 容器宽度
  color: Colors.green, // 容器颜色
  margin: EdgeInsets.all(5.0),      // 容器外边距
  padding: EdgeInsets.all(5.0),     // 容器内边距
  alignment: Alignment.center,      // 子组件对齐方式
  child: Text('Hello'),
)
```

上述代码中，将 Text 组件传入了 Container 组件的 child 属性，作为 Container 组件的子组件，并且通过 margin、padding 两个属性设置了 Container 组件的外边距和内边距。这里的 EdgeInsets.all(5.0) 表示将上下左右的内外边距都设置为 5.0，也可以传入 EdgeInsets.only(top: 5.0, left: 5.0, bottom: 5.0, right: 5.0)，为上下左右分别设置不同的内外边距。设置内外边距之后，Container 组件的效果如图 3.31 所示。

可以使用 alignment 用来设置容器内子组件的对齐方式。如果不指定容器的宽度与高度，容器将会通过展开填充它的父组件并按照相应的对齐方式摆放子组件。例如，下面这个 Container 组件的效果如图 3.32 所示。

```
Container(
  color: Colors.green, //组件的颜色
  alignment: Alignment.topRight,  // 子组件的对齐方式
  child: Text('Hello'),
)
```

图 3.31　设置内外边距之后 Container 组件的效果

图 3.32　设置子组件的对齐方式后 Container 组件的效果

可以为 Container 组件的 decoration 属性传入 BoxDecoration，自定义更复杂的容器样式，具体用法如下。

```
Container(
```

```
  decoration: decoration: BoxDecoration(
      // shape: BoxShape.circle,    // 圆形容器
    borderRadius: new BorderRadius.circular(20.0), // 圆角弧度
    color: Colors.green, // 容器颜色
    gradient: LinearGradient(
      begin: Alignment.topLeft,
      end: Alignment(0.8, 0.0),
      colors: [const Color(0xFFFFFFEE), const Color(0xFF999999)],
      tileMode:   TileMode.repeated, // 在 end 后重复展示渐变效果
    ),
  ),
  child: Text('Hello', style: TextStyle(fontSize: 40.0),),
)
```

BoxDecoration 接受多个设置样式的属性。borderRadius 属性用来设置容器边框的圆角弧度，这里将圆角弧度设置为 20.0。如果我们希望直接显示一个圆形容器，可以把 BoxDecoration 的 shape 属性设置为 BoxShape.circle。默认情况下，如果把这个属性设置为 BoxShape.rectangle，就展示长方形的容器。

BoxDecoration 的 gradient 属性用来设置背景颜色的渐变效果，这里使用 LinearGradient 将它定义为从红色到橙色的线性渐变效果。LinearGradient 中，begin 与 end 属性用来设置容器背景渐变的起始点和结束点；colors 属性接受一个 Color 对象数组，用来定义渐变的颜色；tileMode 属性设置起始点和结束点之后的渐变效果，这里设置为重复展示。最终这个 Container 组件的效果如图 3.33 所示。

BoxDecoration 还可以使用 boxShadow 属性设置容器的阴影效果，这个属性接受一个由阴影对象 BoxShadow 组成的数组，具体使用方法如下。

```
Container(
  decoration: BoxDecoration(
    // ...
    boxShadow: [
      new BoxShadow(
        color: Color(0xFF999999),
       // 在横轴偏移 20 像素，在纵轴偏移 10 像素
       offset: new Offset(20.0, 10.0),       )
    ],
  ),
  child: Text('Hello', style: TextStyle(fontSize: 40.0),),
)
```

这里设置了一个阴影对象，其中，color 属性表示阴影颜色，offset 属性表示阴影偏移量。最终这段代码就可以创建出图 3.34 所示的 Container 组件。

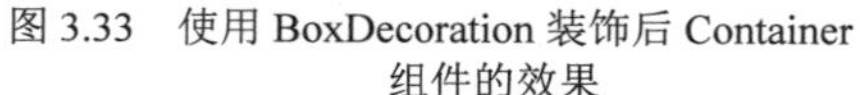
图 3.33 使用 BoxDecoration 装饰后 Container 组件的效果

图 3.34 使用 BoxDecoration 的 boxShadow 属性添加阴影后 Container 组件的效果

另外，BoxDecoration 的 color 属性同样可以设置容器的背景颜色，和 Container 组件的 color 属性的作用冲突，因此我们使用容器的 decoration 属性时就不能使用 Container 组件的 color 属性。

3.4.2 Padding 组件和 Align 组件

本节介绍的 Padding 组件和 Align 组件分别可以用来设置子组件的内边距与对齐方式。这两种效果也可以使用 Container 组件的 Padding 和 Alignment 属性来实现，但是这两种组件的功能更加单一。当仅需要实现单个效果时，可以考虑使用 Container 组件的 padding 和 alignment 属性。值得一提的是，Container 组件本身实现这两种效果的原理就是组合使用 Padding 和 Align 两种组件来包裹自己的子组件。从这个角度思考，我们可以发现 Flutter 组件中一个非常重要的思想——一个组件通常由其他组件组合而成，这是 Flutter 与其他 UI 框架的不同之处。

Padding 组件的基本使用方法如下。

```
Padding(
  padding: EdgeInsets.fromLTRB(30, 30, 35, 40) ,
  child: Container(
    color: Colors.cyanAccent,
))
```

上面的代码中，使用 Padding 组件作为 Container 组件的父组件，并使用 Padding 组件的 padding 属性设置了四周的内边距。此时，Padding 组件内部的 Container 组件如图 3.35 所示。

Align 组件的使用方法很简单。

```
Align(
  alignment: Alignment.center,
  child: Container(
    padding: const EdgeInsets.all(0.0),
```

```
    color: Colors.cyanAccent,
    width: 80.0,
    height: 80.0,
))
```

这里，使用 Align 组件的 alignment 属性将 Container 组件摆放在右上角位置（见图 3.36）。

图 3.35　Padding 组件内部的 Container 组件

图 3.36　Align 组件中的 Container 组件

如果要将子组件直接摆放在容器的中间位置，除了将 Align 组件的 alignment 属性设置为 Alignment.center 之外，还可以直接使用继承自 Align 组件的 Center 组件，具体使用方法如下。

```
Center(
  child: Container(
    padding: const EdgeInsets.all(0.0),
    color: Colors.cyanAccent,
    width: 80.0,
    height: 80.0,
))
```

这样，传入子组件后，Center 组件便会直接将内部的 Container 组件放置在中心（见图 3.37）。

图 3.37　Center 组件中的 Container 组件

3.5　可滚动组件

移动设备具有便携性，其性能较低，尺寸也较小，例如，手机屏幕的尺寸就是有限的。为了能在有限的屏幕上查阅更多的内容，便有了可滚动组件，它的主要特性就是可以通过在屏幕上滑动在观感上滚动显示组件内的内容，本节介绍两个常用的可滚动组件——

ListView 与 GridView。

3.5.1　ListView 组件

ListView 组件用来将一组组件线性地摆放在一起并使它们拥有可滚动性。下面是 ListView 组件的基本使用方法。

```
ListView(
  scrollDirection: Axis.vertical,// 滚动方向
  padding: const EdgeInsets.all(8), // 内边距
  itemExtent: 100.0,
  children: <Widget>[
    Container(
      height: 50,
      color: Colors.green,
      child: const Center(child: Text('A')),
    ),
    Container(
      height: 50,
      color: Colors.red,
      child: const Center(child: Text('B')),
    ),
    Container(
      height: 50,
      color: Colors.lightBlue,
      child: const Center(child: Text('C')),
    ),
  ],
)
```

ListView 组件的 children 属性以一个组件列表作为它的子组件。在这种情况下，可以按次序添加任意类型的子组件，还可以配置它的 scrollDirection 属性来指定子组件滚动的方向。默认情况下，子组件将会沿垂直方向下滚动。itemExtent 属性用来设置 ListView 在滚动方向上的长度。如果子组件的长度大于指定的值，那么将会压缩之后再显示。默认情况下，ListView 会在滚动方向上会铺满整个屏幕。上面的例子中，在 ListView 内部放置了 3 个背景颜色不同的 Container 组件，它们会在屏幕中垂直展示，如图 3.38 所示。

除了直接将子组件传入 ListView 的 children 属性之外，列表组件还经常用来展示一组统一的列表项，例如，常见的联系人列表、商品列表等。此时，列表项的内容便可以无限扩展。要实现这种功能，需要使用 ListView 的 builder()函数，具体使用方法如下。

```
final List<String> items = <String>['Text', 'Button', 'Image', 'Icon', 'TextField',
'Form', 'TextFormField', 'DropdownButtonFormField', 'Switch', 'CheckBox', 'Radio',
'Container', 'Padding', 'Align'];

ListView.builder(
```

```
      padding: const EdgeInsets.all(8),
      itemCount: items.length,
      itemBuilder: (BuildContext context, int index) {
        return ListTile(title: Text(items[index]));
      }
    )
```

如上面的代码所示，这个列表组件用来展示 items 数组中的每一项。除了以上已经介绍过的 scrollDirection 等属性外，ListView.builder 构造函数还提供了 itemCount 属性，用来指定需要展示的列表项数，itemBuilder 属性接受一个构建子组件的回调函数。这个函数接受两个参数——context 与 index，context 表示当前上下文对象，index 表示当前列表项的索引值（一般从 0 开始）。itemBuilder 属性表示的函数返回的就是在列表中展示的子组件。

上述代码中，列表中每一项展示的 ListTile 组件用来展示固定高度的单行内容，它是一个结构化组件，可以使用它轻松构建出一个简单的列表项。最终会构建出图 3.39 所示的列表组件。

图 3.38　ListView 中的 3 个 Container 组件

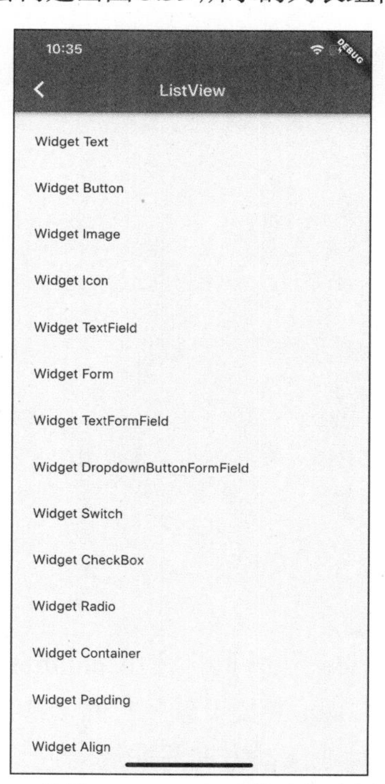

图 3.39　使用 ListView.builder 构建的列表组件

在今后的组件学习中，我们可能会遇到像 ListView.builder 中 itemBuilder 这样接受一个构建组件的 builder 函数的场景。和无状态组件中的 StatelessWidget.build 与状态类中的 State.build() 函数一样，itemBuilder 通常需要接受一个 BuildContext 类型的对象，主要作用就是帮助父组件构建和重建它的子组件。

3.5.2　GridView 组件

GridView 组件是另一个在开发中经常会用到的可滚动组件。不同于对子组件的线性排列，GridView 组件支持将它的子组件以网格的形式展示出来，可以使用它的 count 构造函数来指定每行显示的子组件数。下面是 GridView 组件的具体使用方法。

```
final List<String> items = <String>['Text', 'Button', 'Image', 'Icon', 'TextField',
'Form', 'TextFormField', 'DropdownButtonFormField', 'Switch', 'CheckBox', 'Radio',
'Container', 'Padding', 'Align'];

GridView.count(
  padding: const EdgeInsets.all(20),
  crossAxisSpacing: 10,     // 非滚动方向上子组件的间隔
  mainAxisSpacing: 10,      // 滚动方向上子组件的间隔
  crossAxisCount: 2,        // 每行显示的子组件数
  children: <Widget>[
    Container(
      padding: const EdgeInsets.all(8),
      child: Center(child: const Text('Item A')),
      color: Colors.teal,
    ),
    Container(
      padding: const EdgeInsets.all(8),
      child: Center(child: const Text('Item B')),
      color: Colors.teal,
    ),
    // ...
    Container(
      padding: const EdgeInsets.all(8),
      child: Center(child: const Text('更多')),
      color: Colors.teal,
    ),
  ],
)
```

GridView 组件同样使用 children 参数接受子组件列表。在 count 构造函数中，通过指定 crossAxisCount 参数设置每行显示的子组件数，mainAxisSpacing 和 crossAxisSpacing 属性用来设置子组件在滚动方向与非滚动方向上的间隔。运行上述代码后，GridView 组件中的子组件如图 3.40 所示。

和 ListView 组件一样，GridView 组件同样支持使用 builder 函数显示一组数据，使用方法如下。

```
final List<String> items = <String>['Text', 'Button', 'Image', 'Icon', 'TextField',
'Form', 'TextFormField', 'DropdownButtonFormField', 'Switch', 'CheckBox', 'Radio',
'Container', 'Padding', 'Align'];

GridView.builder(
```

```
      padding: const EdgeInsets.all(20),
      gridDelegate: SliverGridDelegateWithFixedCrossAxisCount(
          crossAxisSpacing: 10, // 滚动方向上子组件的间隔
          mainAxisSpacing: 10,   // 非滚动方向上子组件的间隔
          crossAxisCount: 2, // 每一行子组件的个数
          childAspectRatio: 1.0 // 显示区域的宽度与高度相等
      ),
      itemCount: items.length,
      itemBuilder: (context, index) {
        return Container(
          padding: const EdgeInsets.all(8),
          child: Center(child: Text('Widget ${items[index]}')),
          color: Colors.teal,
        );
      }
  )
```

在使用 GridView.builder 时，必须传入 gridDelegate 参数，这个参数接受一个 SliverGridDelegate 类对象，它可以帮助 GridView 按照规定的格式在网格中显示子组件。SliverGridDelegateWithFixedCrossAxisCount 是 SliverGridDelegate 的一个子类，可以用来直接指定网格布局中每一行子组件的个数。这里，itemBuilder 参数和 ListView.builder 中的 itemBuilder 参数相同，将网格中的每一项设置为一个 Container 组件。最终的网格列表如图 3.41 所示。

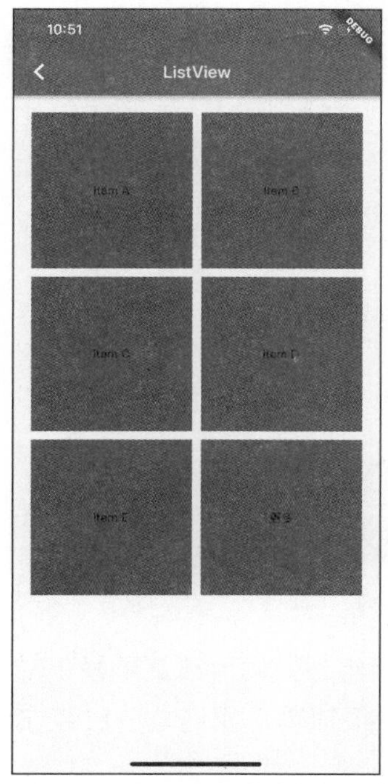

图 3.40　GridView 组件中的子组件

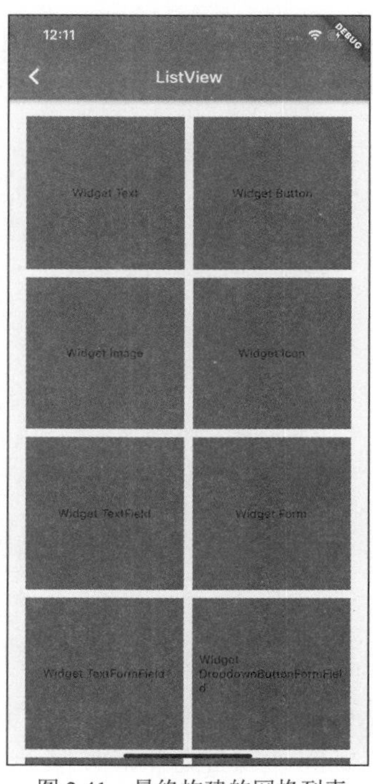

图 3.41　最终构建的网格列表

3.6 结构化组件

为了让开发者方便地使用各个组件构建出完整的页面，Flutter 还提供了多个功能强大的结构化组件。使用它们，我们能够轻松地实现一些具有固定模板的组件，如抽屉菜单、顶部导航栏等。本节主要会介绍如下几种结构化组件：

- Scaffold；
- AppBar；
- Drawer。

3.6.1 Scaffold 组件

Scaffold 组件是 Material 库提供的一个非常实用的结构化组件，可以用它构建出像图 3.42 一样结构鲜明的页面骨架。通常使用 Scaffold 组件作为每个页面的根组件。

图 3.42　Scaffold 组件的结构

如图 3.42 所示，Scaffold 组件用于组合使用一些常用组件，如顶部菜单栏、左右抽屉侧边栏、底部导航栏、悬浮按钮等。Scaffold 组件的使用方法很简单，我们之前已经在计数器应用中使用过该组件。下面是一个类似于计数器的简单示例。

```
Scaffold(
  // 顶部菜单栏
  appBar: AppBar(
    title: Text('AppBar Title'),
  ),
  // Scaffold中的主体布局
  body: Center(
    child: Text('You have pressed the button $_counter times.'),
  ),
  // 主体部分背景颜色
  backgroundColor: Colors.green,
  // 底部导航栏
  bottomNavigationBar: BottomAppBar(
    color: Colors.grey,
    shape: const CircularNotchedRectangle(),
    child: Container(height: 50.0,),
  ),
  // 悬浮按钮
  floatingActionButton: FloatingActionButton(
    onPressed: _incrementCounter,
    tooltip: 'Increment Counter',
    child: Icon(Icons.add),
  ),
  // 指定悬浮按钮的位置
  floatingActionButtonLocation: FloatingActionButtonLocation.centerDocked,
)
```

Scaffold组件的appBar属性用来设置顶部菜单栏，可以传入一个AppBar组件，使用AppBar组件配置页面标题、导航图标、菜单项等。body 属性是 Scaffold 组件的主体，它接受任何一个可展示的组件对象。这里，放入了一个居中的布局容器。bottomNavigationBar 用来设置展示在页面底部的组件 BottomAppBar。floatingActionButton 属性接受一个 FloatingActionButton 组件，用来展示页面中的悬浮按钮。floatingActionButtonLocation 属性用来指定悬浮按钮的位置，这里的 centerDocked 表示将按钮以“打洞”效果水平放置在中间位置。Scaffold 组件最终的效果如图 3.43 所示。

我们还可以向 Scaffold 组件的 bottomNavigationBar 属性传入 BottomNavigationBar 组件，在底部实现图 3.44 所示的可选导航栏。

图 3.43　Scaffold 组件最终的效果

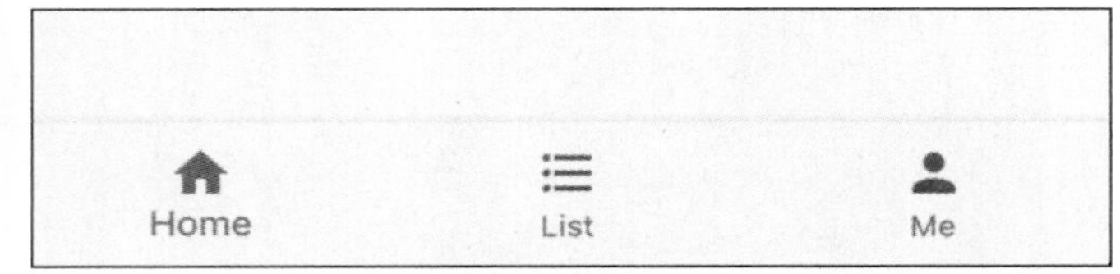

图 3.44　可选导航栏

实现方法如下。

```
class _ScaffoldSampleState extends State<ScaffoldSample> {
  int _selectedIndex = 0;

  void _onItemTapped(int index) {
    setState(() {
      _selectedIndex = index;
    });
  }

  @override
  Widget build(BuildContext context) {
    return Scaffold(
      // ...
      bottomNavigationBar: BottomNavigationBar( // 底部导航栏
        items: <BottomNavigationBarItem>[
          BottomNavigationBarItem(icon: Icon(Icons.home), title: Text('Home')),
          BottomNavigationBarItem(icon: Icon(Icons.format_list_bulleted), title:
          Text('List')),
          BottomNavigationBarItem(icon: Icon(Icons.person), title: Text('Me')),
```

```
        ],
        currentIndex: _selectedIndex,
        fixedColor: Colors.blue,
        onTap: _onItemTapped,
      ),
    );
  }
}
```

如上面的代码所示，将 bottomNavigationBar 属性指定为 BottomNavigationBar 组件后，需要向它的 items 属性传入一个 BottomNavigationBarItem 对象列表。该列表就包括展示在底部的每一个菜单项，可以为它们分别指定名称和对应的图标。

BottomNavigationBar 的 currentIndex 属性表示当前选中的菜单项，这里指定为 0，表示默认选择 items 列表中的第一项。fixedColor 用于指定被选菜单项的高亮颜色。onTap 属性接受一个回调函数，每当用户单击底部菜单栏时就调用这个函数，它接受一个整型变量，表示用户单击的菜单项索引，我们可以在这里更新状态值_selectedIndex，这样，底部导航栏就可以根据用户的选择改变选中的菜单项了。

另外，在使用 BottomNavigationBar 组件时应当注意的一点是，当 items 接受的 BottomNavigationBarItem 组件数大于 3 时，BottomNavigationBar 会默认显示不可见的白色背景（见图 3.45）。

图 3.45　当底部导航栏中可选数量大于 3 时，默认背景为白色

这时，可以通过指定它的 type 属性为 BottomNavigationBarType.fixed 改变这种默认行为。

Flutter 还在 Cupertino 库中为我们提供了与 Scaffold、BottomNavigationBar 等组件对应的 iOS 风格的组件。

- CupertinoPageScaffold 组件（见图 3.46）：不含底部导航栏的页面骨架。

图 3.46　CupertinoPageScaffold 组件

- CupertinoTabScaffold 组件（见图 3.47）：包含底部导航栏的页面骨架。

图 3.47　CupertinoTabScaffold 组件

- CupertinoTabBar 组件（见图 3.48）：底部菜单栏。

图 3.48　CupertinoTabBar 组件

- CupertinoNavigationBar 组件（见图 3.49）：顶部导航栏。

图 3.49　CupertinoNavigationBar 组件

3.6.2　AppBar 组件与 Drawer 组件

上一节介绍了 Scaffold 组件的大致结构，其中 appbar 属性可以指定为 AppBar 组件，以配置页面的顶部菜单栏。除了显示标题外，还可以根据需求定制更复杂的顶部菜单栏。图 3.50 展示了 AppBar 组件的结构。

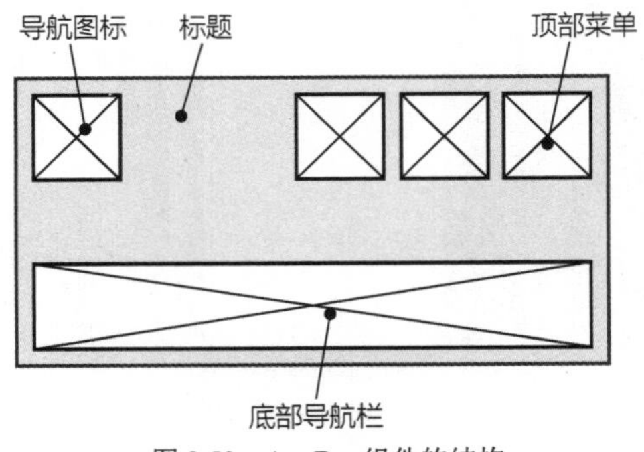

图 3.50　AppBar 组件的结构

可以在使用 AppBar 组件中对应的属性自定义顶部菜单栏中的各部分内容。

```
AppBar(
  leading: Icon(Icons.home),    // 导航图标
  title: Text('AppBar Title'), // 页面标题
  actions: <Widget>[            // 顶部菜单
    IconButton(
   onPressed: () {},
      icon: Icon(Icons.build),
    ),
    IconButton(
      onPressed: () {},
      icon: Icon(Icons.add),
    )
  ],
)
```

上面的代码中，向 leading 属性传入了一个图标组件，向 title 属性传入了一个文本组件，actions 属性接受一组组件，这里传入了多个可以单击的图标按钮组件。这个菜单栏的实际效果如图 3.51 所示。

图 3.51 菜单栏的实际效果

1. 切换选项卡

在 AppBar 组件的 bottom 属性下使用 TabBar 组件，在顶部菜单栏添加可切换选项卡，使用方法如下。

```
// 混入 SingleTickerProviderStateMixin
class _AppBarSampleState extends State<AppBarSample>
    with SingleTickerProviderStateMixin {

  // 存放各个可选项的数组
  List<Item> items = const <Item>[
    const Item(title: 'Item1', icon: Icons.directions_car),
    const Item(title: 'Item2', icon: Icons.directions_bike),
    const Item(title: 'Item3', icon: Icons.directions_boat),
    const Item(title: 'Item4', icon: Icons.directions_walk),
  ];

  // 创建切换控制器
  TabController _tabController;

  @override
```

```
  void initState() {
    super.initState();
    // 初始化控制器
    _tabController = TabController(length: items.length, vsync: this);
  }

  @override
  void dispose() {
    // 释放资源
    _tabController.dispose();
    super.dispose();
  }

  @override
  Widget build(BuildContext context) {
    return Scaffold(
      // 顶部菜单栏
      appBar: AppBar(
          // ...
          bottom: TabBar(
            // 选项可滚动
              isScrollable: true,
            // 为 TabBar 配置控制器
            controller: _tabController,
            tabs: items.map((Item item) {
              // 根据数据返回 Tab 组件
              return Tab(
                text: item.title,
                icon: Icon(item.icon),
              );
            }).toList(),
          )
      ),
        body: Center(
          child: Text('body'),
        ),
    );
  }
}
```

上面的代码中，向 AppBar 的 bottom 属性传入了 TabBar 组件，它的 tabs 属性接受一个 Tab 组件列表。这里，通过 items 数据的 map 方法循环遍历其中的每一项，并根据每一项创建 Tab 组件，最终可以通过 toList()构建一组 Tab 组件。Item 类的代码如下所示，title 与 icon 属性分别用来存放需要在选项卡中使用的标题和图标。

```
class Item {
  const Item({this.title, this.icon});
```

```
  final String title;
  final IconData icon;
}
```

另外，要使用 TabBar，还必须指定对应的切换控制器 TabController 对象。TabController 对象可以监听选项卡切换的各种操作，在 initState()函数中初始化它。initState()函数接受两个参数，分别是选项卡数量和 TickerProvider 对象。这里我们在状态类中使用 with 关键词混入 SingleTickerProviderStateMixin，使这个状态对象成为 TickerProvider 的实现类，从而帮助选项卡实现切换的动画效果。关于混入和动画的知识点将在之后的章节详细介绍。完成这些操作后，可切换选项卡就大功告成了，效果如图 3.52 所示。

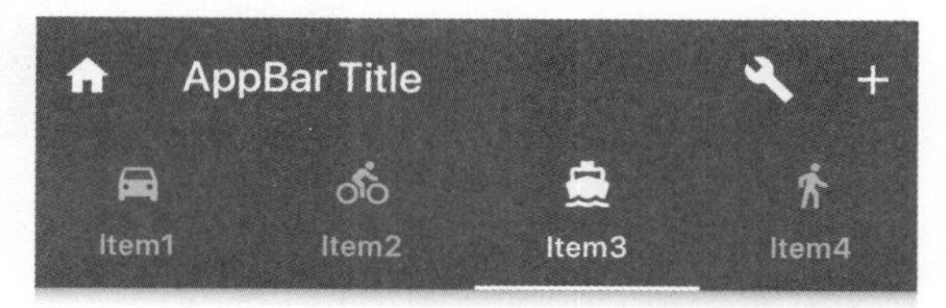

图 3.52 使用 AppBar 的 bottom 属性设置可切换选项卡

为了能使 Scaffold 组件的主体内容和 TabBar 组件中的各个选项卡相对应，还需要在 body 属性中使用 TabBarView 组件。TabBarView 组件就是与各个选项卡所关联的主体视图（与 TabBar 组件中的 tabs 属性相对应），它的 children 属性同样接受一组组件来展示与每个选项卡对应的主体内容。下面就是 TabBarView 组件的具体使用方法。

```
Scaffold(
  // 顶部菜单栏
  appBar: AppBar(
    // ...
    bottom: TabBar(
      controller: _tabController,
      tabs: items.map((Item item) {
        return Tab(
          text: item.title,
          icon: Icon(item.icon),
        );
      }).toList(),
    )),
  // Scaffold 中的主体布局
  body: TabBarView(
    // 为 TabBarView 配置与 TabBar 相同的控制器
    controller: _tabController,
    children: items.map((Item item) {
      // 返回选中相应选项时主体中显示的组件
      return Center(
        child: Text(item.title, style: TextStyle(fontSize: 20.0),),
      );
    }).toList(),
  ),
)
```

这里我们将 TabBarView 应用在了 Scaffold 组件的 body 属性上。要使 TabBar 组件中的可切换选项与主体页面中 TabBarView 显示的内容一一对应并且有页面滑动的效果，还需要一个 TabController 对象。在 TabBarView 和 TabBar 的 controller 属性下传入了一个共同的 TabController 对象_tabController，这时，页面顶部的选项卡便会与主体页面中显示的相对应。页面最终的效果如图 3.53 所示。另外，还可以通过 controller 对象的 index 属性获取当前显示的列表索引。

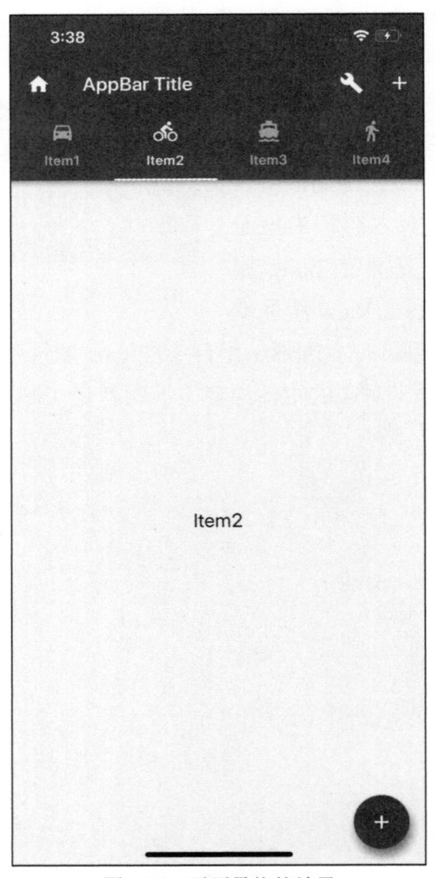

图 3.53　页面最终的效果

2. 抽屉菜单

抽屉菜单是手机端应用程序中常用的界面效果之一，Scaffold 组件的 drawer 和 endDrawer 属性可以帮助我们分别添加页面左右两边的滑动菜单栏。这里以 drawer 为例实现一个左边的抽屉菜单。

```
class _DrawerSampleState extends State<DrawerSample> {

  @override
  Widget build(BuildContext context) {
    return Scaffold(
```

```
      appBar: AppBar(
        title: const Text('Drawer Demo'),
      ),
      drawer: MyDrawer(),
    );
  }
}
```

drawer 属性接受一个需要在抽屉栏中显示的抽屉组件，MyDrawer 是自定义的无状态组件。MyDrawer 的具体实现如下。

```
class MyDrawer extends StatelessWidget {
  @override
  Widget build(BuildContext context) {
    return Drawer(
      child: ListView(
        padding: EdgeInsets.zero,
        children: const <Widget>[
          DrawerHeader(
            decoration: BoxDecoration(
              color: Colors.blue,
            ),
            child: Text(
              '菜单头部',
              style: TextStyle(
                color: Colors.white,
                fontSize: 24,
              ),
            ),
          ),
          ListTile(
            leading: Icon(Icons.message),
            title: Text('消息'),
          ),
          ListTile(
            leading: Icon(Icons.account_circle),
            title: Text('我的'),
          ),
          ListTile(
            leading: Icon(Icons.settings),
            title: Text('设置'),
          ),
        ],
      ),
    );
  }
}
```

通常使用 Drawer 组件作为菜单栏的根组件，它可以帮助我们实现 Material 风格的抽屉菜单。这里使用滚动列表组件 ListView 作为 Drawer 组件的子组件。列表中第一个子组件是 DrawerHeader，它是一个具有默认高度的结构化组件，可以用它在菜单头部展示用户的基本信息。这里还用 ListTile 组件作为菜单栏中的每一个可选项，它也是一个结构化组件，基本结构如图 3.54 所示。

这里为每一个菜单项的 ListTile 组件指定了 leading 和 title 属性。最终，抽屉菜单的效果如图 3.55 所示。

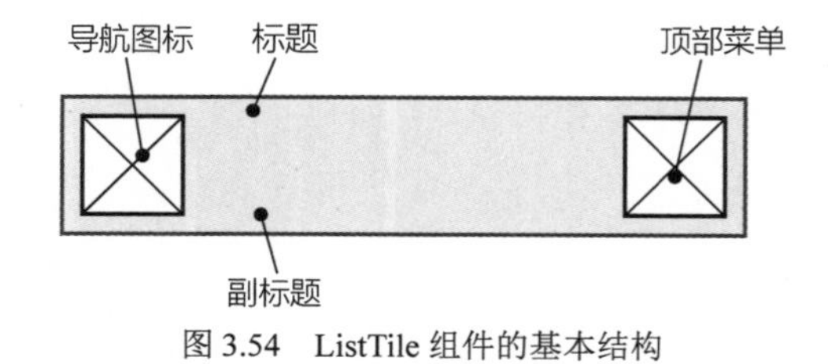

图 3.54　ListTile 组件的基本结构

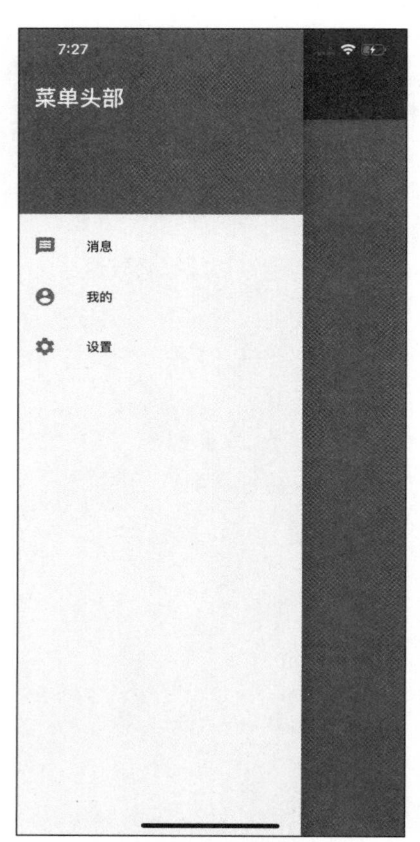

图 3.55　抽屉菜单的效果

另外，为 Scaffold 组件指定 drawer 属性后，AppBar 就会自动生成一个“汉堡”式导航图标，如图 3.56 所示，单击这个图标后抽屉栏就会弹出。

图 3.56　AppBar 中默认展示的“汉堡”式导航图标

要改变这种默认行为也很简单，或者自定义 AppBar 的 leading 属性为其他图标，或者将它的 automaticallyImplyLeading 属性设置为 false。

```
Scaffold(
  appBar: AppBar(
    automaticallyImplyLeading: false,
    title: const Text('Drawer Demo'),
  ),
  drawer: MyDrawer(),
)
```

此时，AppBar 组件中自动设置的导航图标就会消失。

3.7 根组件——WidgetsApp

Android 和 iOS 是两个不相关的手机操作系统，无论在表现形式还是内部原理上，二者都存在或多或少的区别。在开发中，我们最直观的感受就是为了适应这两个平台需要选择不同的组件，比如，在 Android 平台上，我们通常会使用 Material 类型的 Button 组件；在 iOS 平台上，我们就需要使用与它对应的 Cupertino 风格的 CupertinoButton。对于上一节介绍的 Material 类型的结构化组件（如 Scaffold、AppBar），都能找到与它们对应 Cupertino 风格的 CupertinoPageScaffold 和 CupertinoNavigationBar。在使用中，可以依据组件名称区别它们对应适应的系统。

除了各个组件之外，如页面转换的动画、导航形式、用户交互习惯等需要在应用程序中进一步细化。Flutter 提供了两个分别适应于 Android 和 iOS 平台的组件——MaterialApp 和 CupertinoApp，它们在内部通过对 WidgetsApp 对象进行不同的配置，分别适应这两个平台不同的行为，从而解决了开发者在这一方面的问题。因此，在给 runapp 传递应用程序根组件时，都会选择使用这两个组件，例如，在 Android 平台下，我们会使用下面这样的结构作为应用程序运行的入口。

```
void main() {
  // 传入根组件
runApp(MyApp());
}

class MyApp extends StatelessWidget {
  @override
  Widget build(BuildContext context) {
    // 以 MaterialApp 作为应用程序的根组件
    return MaterialApp(
      title: 'Flutter App',
      theme: ThemeData(
        primarySwatch: Colors.blue,
      ),
      home: MyHomePage(title: 'Home Page'),
    );
  }
}
```

按照这样的形式运行的应用程序将会使用 MaterialApp 针对 Android 平台完成相应的配置。当然，为了满足框架的可扩展性，Flutter 支持自定义 WidgetsApp，但这将会比我们想象中麻烦得多。

同时，借助 MaterialApp 的 theme 属性，可以为应用程序管理全局主题。theme 属性接受一个 ThemeData 对象，在 ThemeData 对象中，可以通过配置各个属性来确定各个主题值。

```
final theme = ThemeData(
  fontFamily: "Cabin",      // 全局字体
  primaryColor: AppColor.midnightSky, // 全局主色调
  accentColor: AppColor.midnightCloud,// 次色调
  // textTheme 包括标题、body 等样式
  textTheme: Theme.of(context).textTheme.apply(
        bodyColor: AppColor.textColorDark,
        displayColor: AppColor.textColorDark,
      ),
);

MaterialApp(
  theme: theme,
  ...
)
```

当在 MaterialApp 中使用上面的 ThemeData 对象时，应用程序中下各个页面的导航栏颜色、字体颜色都将会自动适应这个 ThemeData 对象。在各个子组件中可以通过 Theme.of(context) 获得主体对象中配置的颜色和字体等数据。也就是说，ThemeData 天生具有将这些属性遗传给子组件的功能，这部分内容将会在本书之后的章节中详细介绍。

3.8 元素树

第 1 章已经简要描述 Flutter 中的 3 棵树。然而，为了让读者对本章介绍的组件有更深刻的理解，本节介绍组件的分工与内部原理。

3.8.1 不变的组件

Flutter 是一套跨平台的优秀 UI 库。学习完本章介绍的各类组件之后，我们便对此深信不疑。使用这些组件，我们自己完全能够构建出漂亮并且功能齐全的页面，因此在官方文档中多次提及“一切皆为组件”。

然而，实际上，我们在屏幕上能接触到的各个组件并不是真正的组件，组件的不可变性使它随时都能重建，因此 Flutter 仅将组件作为开发人员用于展现元素的配置文件，我们可以在上面配置多个属性来定义元素的展现形式，例如，配置 Text 组件需要显示的字符串，配置 Image 需要展示的图片等。Flutter 中元素树的任务就是悄悄地记录这些配置信息，然后用某种方式按它们各自的规格真正渲染在屏幕上。

元素的出现是我们得以修改页面状态属性的关键。前端领域中有“虚拟 DOM”这个概念，Flutter 的组件树与这个概念不谋而合，我们也可以把组件树称为“虚拟组件树”。当组件中的状态属性改变时，Flutter 会立即重建一个新的组件，这并不会对应用程序的性能有多么大的影响，因为组件树仅仅是一棵虚拟树，真正渲染在屏幕上的是它对应的元素树，元素会持有其对应组件的引用，如果元素对应的组件属性发生改变，它就会被标记为脏元素。于是，下一次更新视图时，元素只需要告诉屏幕改变该状态，最新的内容自然就会呈现出来。这是 Flutter 建立元素树的意义所在，也是元素提升渲染性能的方式之一，因为 Flutter 每次只需要修改几个状态被修改的 Element 实例。

下面逐步分析元素树形成的过程。当应用程序运行并调用 runapp()方法后，就会将传入的组件放入组件树的根部。为了能够把组件渲染出来，Flutter 就会调用组件的 createElement()创建对应的 Element 对象并放在元素树的根部，此时的元素会持有对应组件的引用（见图 3.57）。

组件有子组件。这时，子组件也会创建它们的相应元素并放在元素树上。组件树与元素树的生成过程如图 3.58（a）与（b）所示。

组件的不变性就体现在当需要重建组件树中的组件时，会创建新的组件树来代替原有的组件树，如图 3.59 所示。

组件树　　　　元素树

根组件 ←- - - - 元素

图 3.57　组件生成元素后，元素只持有对应组件的引用

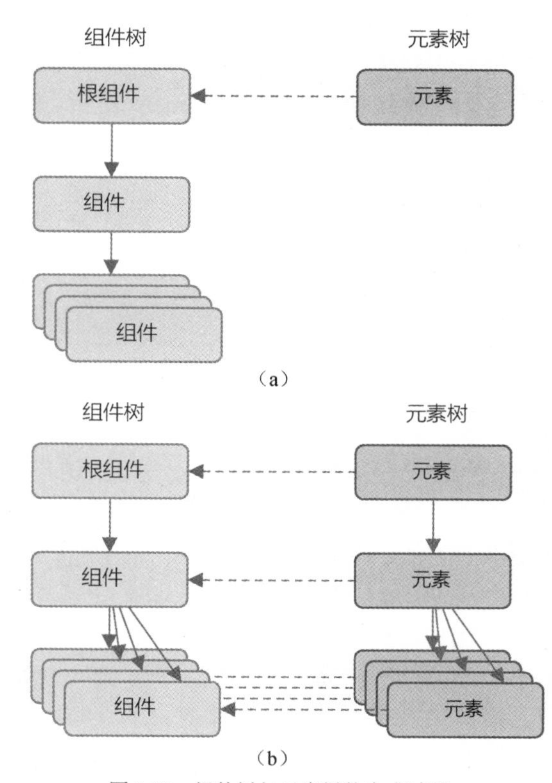

图 3.58　组件树与元素树的生成过程

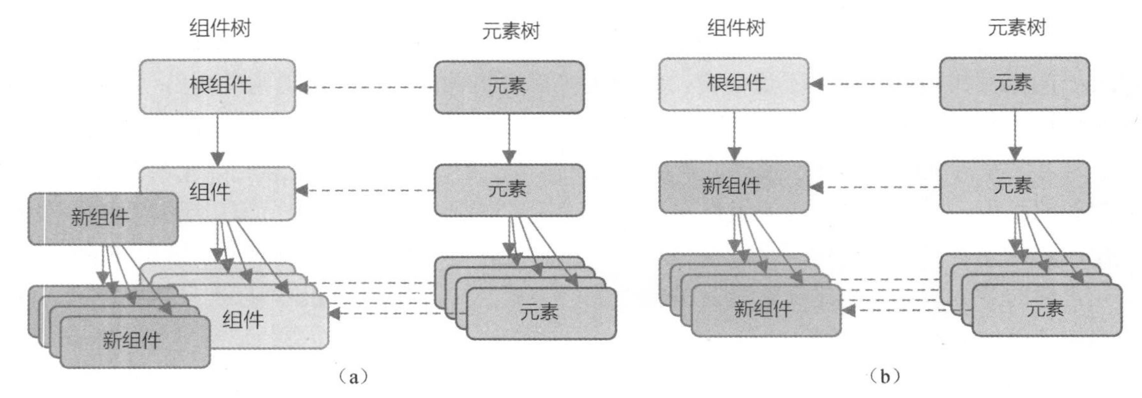

图 3.59　组件树的重建

3.8.2　可变的元素

既然组件具有不可变性，元素的可变性就变得非常重要，因为元素的可变性是我们更新页面状态的基础。如前所述，如果元素被标记为脏元素，就表示它有需要更新的状态。另外，应当格外注意的是，组件的不可变性不仅针对 StatelessWidget，还针对 StatefulWidget，因为有状态组件能够改变的 State 对象其实由元素管理，如图 3.60 所示。

每当需要改变 StatefulWidget 中的状态值时，都会调用 setState()重建新的组件树。此时，如果新的组件还使用之前的 Element 实例，那么对应的元素就能够复用，如图 3.61 所示，Flutter 的性能也因此得到了极大的优化。

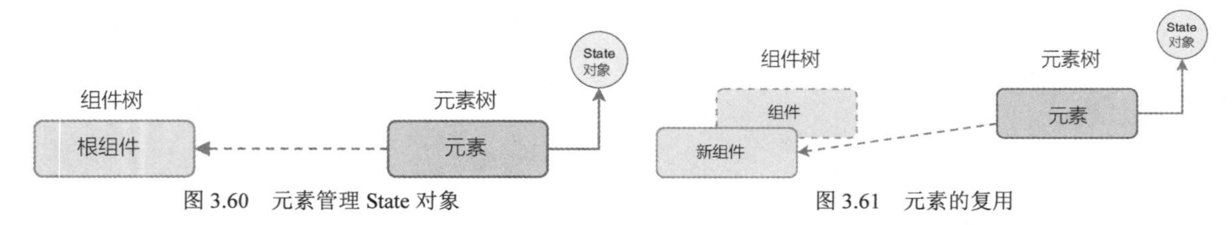

图 3.60　元素管理 State 对象　　　　图 3.61　元素的复用

组件中的 canUpdate()方法用来帮助元素判新的组件能否被之前的元素复用。下面是 canUpdate()方法的具体代码。

```
static bool canUpdate(Widget oldWidget, Widget newWidget) {
  return oldWidget.runtimeType == newWidget.runtimeType
        && oldWidget.key == newWidget.key;
}
```

从代码中，我们可以清晰地看到这个方法通过比较 oldWidget 与 newWidget 的两个属性来确定是否能复用，这两个属性分别是 runtimeType 和 key（如果有，则比较）。

组件类型指的就是新旧组件是否是同一个类型的组件。key 是每个组件的唯一标识，每个组件都有 key 属性，我们可以在使用组件时选择性地使用这个属性。如果新旧组件的这两个属性值都相同，就可以依然使用之前的 Element 实例，只需要更新组件的引用。最后元素会提醒内部 renderObject 渲染新配置的属性。通过上面这种方式，Flutter 就在不改变 Element 实例的情况下将一个不可变的组件替换为另一个不可变的组件。

根据上述内容，我们能够清楚地知道有状态组件如何管理它的 State 对象，组件重建的过程当中并没有涉及 State 对象当中的任何状态，重建后的任务仅仅是将组件所对应的 State 对象中的状态再次呈现出来而已，因此，当状态改变时便自然而然地更新了界面的状态。

3.8.3 组件的 Key 对象

从前面的介绍中，我们已经对 Key 对象有了大致的理解，Flutter 天生识别组件的方式仅通过它的运行类型和 Key 对象。也就是说，在没有设置组件 Key 对象的情况下，两个同样类型的 Button 组件在 Flutter 看来其实并没有区别。可以通过以下代码自定义一个组件，以验证这一观点。

```
class ColorfulContainer extends StatefulWidget {
  @override
  _ColorfulContainerState createState() => _ColorfulContainerState();
}

class _ColorfulContainerState extends State<ColorfulContainer> {
  Color myColor;

  @override
  void initState() {
    super.initState();
    // 指定一个随机的颜色值
    myColor = UniqueColorGenerator.getColor();
  }

  @override
  Widget build(BuildContext context) {
    return Container(
        color: myColor,
        child: Padding(
          padding: EdgeInsets.all(70.0),
        ));
  }
}
```

这里的 ColorfulContainer 就是自定义的一个有状态组件，它的作用就是展示一个具有随机颜色的容器。_ColorfulContainerState 中维护一个颜色状态 myColor。在 initState 函数中将 myColor 变量值指定为一个随机的颜色值。UniqueColorGenerator 中 getColor()的实现如下。

```
class UniqueColorGenerator {
  static Random random = new Random();
  static Color getColor() {
    // 返回随机颜色值
```

```
    return Color.fromARGB(
        255, random.nextInt(255), random.nextInt(255), random.nextInt(255));
  }
}
```

此时，就可以在其他组件中使用 ColorfulContainer 了，如下所示。

```
List<Widget> containers = [
  ColorfulContainer(),
  ColorfulContainer(),
];

@override
Widget build(BuildContext context) {
  return Scaffold(
    appBar: AppBar(title: Text("Key Sample"),),
    // 将两个 ColorfulContainer 组件横向排列
    body: Row(children: containers),
    floatingActionButton: FloatingActionButton(
        child: Icon(Icons.swap_horiz), onPressed: swapContainers),
  );
}
```

这里使用一个 containers 列表存放两个相同类型的 ColorfulContainer 组件，并将它们传入可以将子组件横向排列的布局组件 Row 中，效果如图 3.62 所示。Scaffold 是页面的骨架，可以通过其 floatingActionButton 属性在页面中设置一个悬浮按钮，这样每次单击该悬浮按钮就会调用这里的 swapContainers()方法。

swapContainers()方法的实现如下。

```
swapContainers() {
  setState(() {
  // 删除索引 0 处的 ColorfulContainer 组件，并将它插入 containers 的
  //索引 1 处
    containers.insert(1, containers.removeAt(0));
  });
}
```

这里使用 Containers.insert()方法可以交换 containers 中两个 ColorfulContainer 组件的顺序，如图 3.63 所示。单击屏幕右下角的悬浮按钮，containers 中两个组件的顺序就会交换。

但令人意想不到的是，此时屏幕上的两个容器并没有发生任何变化，两个组件的顺序依然不变，造成这种现象的原因就是 Flutter 并不能区分二者。

图 3.64 展示了交换组件顺序前的组件树和元素树。单击屏幕右下角的悬浮按钮，ColorfulContainer1 和 ColorfulContainer2 就会交换顺序。这时，由于触发了 setState()函数的执行，因此每个 Element 都会核实自己对应的组件是否改变以适应状态的改变。然而，因为 ColorfulContainer1 和 ColorfulContainer2 并没有设置 Key 对象，并且它们的组件类型相同，所以 Element 会认为此时组件并没有改变，于是会继续复用当前的 Element 实例和它持有的状态

对象。最终，从我们的角度来看，组件就不会发生变化。

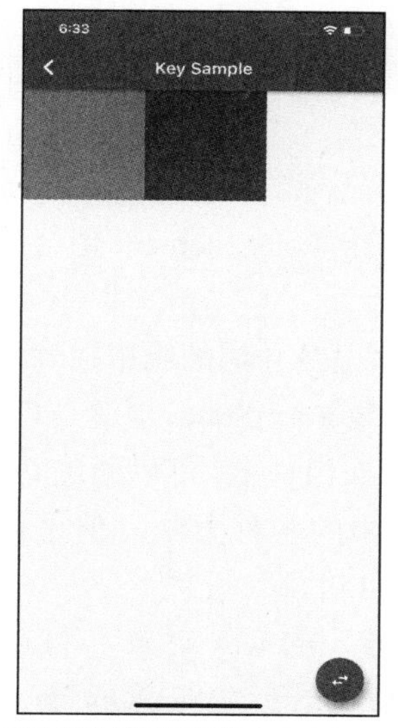

图 3.62　两个颜色各不相同的 ColorfulContainer 组件

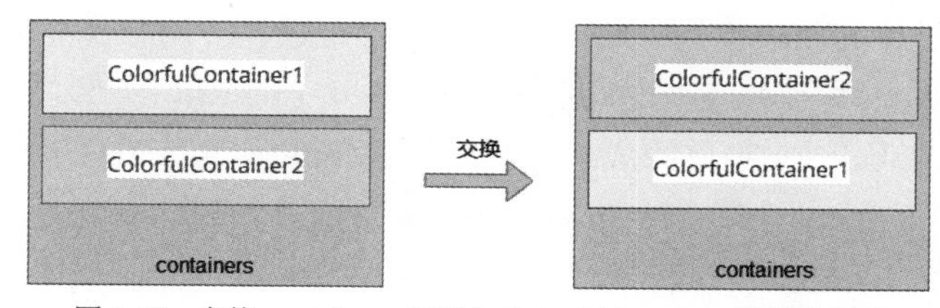

图 3.63　交换 containers 中两个 ColorfulContainer 组件的顺序

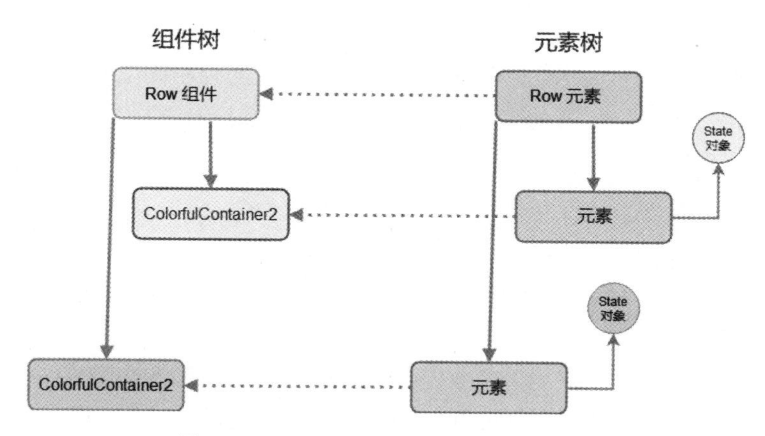

图 3.64　组件顺序交换前的组件树和元素树

解决这个问题的方法是为每个 ColorfulContainer 设置 Key 对象。首先，在 ColorfulContainer 中声明一个接受 Key 对象的构造函数，如下所示。

```
class ColorfulContainer extends StatefulWidget {
  ColorfulContainer({Key key}) : super(key: key);

  @override
  _ColorfulContainerState createState() => _ColorfulContainerState();
}
// ...
```

然后，在使用时传入一个 UniqueKey 对象即可。

```
List<Widget> containers = [
  ColorfulContainer(key: UniqueKey()),
  ColorfulContainer(key: UniqueKey()),
];
```

这时，containers 中的每个 ColorfulContainer 便成为一个独一无二的个体。单击屏幕右下角的悬浮按钮，交换两个 ColorfulContainer 组件的顺序时，它们对应的 Element 便会感知到两个组件的改变，从而在屏幕上展示交换后的组件。

在其他场景中，Key 对象也有非常重要的作用，比如，前面已经介绍的表单控件中就使用了全局 GlobalKey 对象，使用它可以获取表单组件对应的状态对象 FormState。这就是 GlobalKey 对象的基本作用，在实例化后它便在整个应用程序中独一无二。在组件上，可以通过 GlobalKey 对象找到对应的 Widget、State 和 Element 实例，并执行其中的各种方法。但是由于使用 GlobalKey 对象的成本较高，因此 Flutter 官方并不推荐经常使用它。

除了全局唯一的 GlobalKey 对象外，Flutter 还提供了局部唯一的 Key 对象——LocalKey，它可用在具有同一个父组件的组件下，作为它们之间的局部唯一标识。LocalKey 是一个抽象类，Flutter 为它提供了几种不同的实现子类，如 UniqueKey、ValueKey、ObjectKey、PageStorageKey 等。

如上面的例子所示，UniqueKey 可以直接应用在两个拥有相同父组件的 ColorfulContainer 中作为它们的标识。ValueKey 主要用来区分类型相同但都拥有不同属性值的组件。在上面的例子中，可以使用下面这种方式将 UniqueKey 替换为 ValueKey。

```
List<Widget> containers = [
  ColorfulContainer(key: ValueKey("colorfulcontainer1")),
  ColorfulContainer(key: ValueKey("colorfulcontainer2")),
];
```

这时，Element 依然会区分 containers 中的两个 ColorfulContainer 组件，因为 ValueKey 对象所持有的属性值各不相同，分别是 colorfulcontainer1 和 colorfulcontainer2。如果将这两个组件的 key 参数都设置为 ValueKey("colorfulcontainer1")，应用程序就会报错，因为 Flutter 不允许同一个父组件下拥有两个属性值相同的 ValueKey 对象的子组件。

ObjectKey 主要应用在组件类型相同、属性值也可能相同的情况下。这时，可以使用 ObjectKey 组合使用多个属性作为它们的唯一标识。如下所示，key1 和 key2 都是 ObjectKey 的对象，可以传入一个 Map 对象作为它们各自的标识，这样，即使 type 一样，Flutter 也可以根据 color 区分它们。

```
Key key1 = ObjectKey({
    "type": "colorfulcontainer",
    "color": "red"
})
```

```
Key key2 = ObjectKey({
    "type": "colorfulcontainer",
    "color": "green"
})

List<Widget> containers = [
   ColorfulContainer(key: key1),
   ColorfulContainer(key: key2),
];
```

PageStorageKey 主要用来保存页面信息，如可滚动组件的位置等。当 TabBar 组件对应的 TabBarView 中的每个页面都使用 ListView 或者其他可以滚动的组件时，为了在组件重建后恢复每个列表的位置，通常会把它们的 key 属性设置为 PageStorageKey 对象，如下所示。

```
ListView.builder(
  key: PageStorageKey(key),
  itemBuilder: (context, index) => ListTile(title: Text("list ${index}")),
)
```

3.9 小结与心得

本章的内容着实不少，但是始终都围绕着各种组件展开讨论。如果你还没有透彻理解有状态组件和无状态组件的区别，可以尝试结合附录 A 的代码动手实践一下。本章介绍了很多常用的组件，但这些知识还远远不够开发一个完整的应用。我们应该学会触类旁通，学习这些组件无非就是了解它们显示在屏幕上的效果和各个属性的配置，我们可以尝试阅读官方文档了解更多有用的组件。

除组件之外，本章还讲述了很多 Flutter 开发中通用的概念，如在 TextField、TabBar 的使用过程中都用控制器来操作组件。这种使用方法在 Flutter 中非常常见，我们应当学会总结在组件下使用控制器的一些共性。另外，Flutter 相较于其他 UI 框架还有一个非常特别的地方，就是对组件的自定义永远遵循“组合大于自绘”这个理念。也就是说，大部分情况下，我们完全可以使用已有的组件组合成一个全新的有状态组件和一个全新的无状态组件来满足我们的需求。例如，要为组件设置内边距，可以使用 Padding 组件；要定义一个悬浮按钮，可以使用 RaisedButton 组件与 Text 组件组合。

最后，本章还深入介绍了元素树。元素树是 Flutter 框架层的核心概念之一，虽然日常开发中我们很少会直接接触到它，但是理解它的概念对我们之后的学习非常有帮助，在布局管理、状态管理中都可以看到它的身影。如果你已经做好充足的准备，就向前迈一步，学习下一章吧。

第4章　布局管理

“渲染”是 UI 框架的基石。在 Flutter 的渲染过程中，布局（layout）总优先于绘制（paint）。也就是说，各个组件在知道自己位于屏幕哪个位置后才做具体的绘制工作。在平时的应用开发过程中，每个组件始终要依托布局才能摆放在屏幕中的正确位置上。Flutter 如何确定各个组件的位置？开发者应该使用哪种方式让一个个组件按次序排列到一起？这些就是本章将要讨论的话题。

4.1 布局约束

Flutter 中，每个组件在渲染之前的布局过程具体可分为两个线性过程。首先从组件顶部向下传递布局约束，然后从底部向上传递布局信息，如图 4.1 所示。

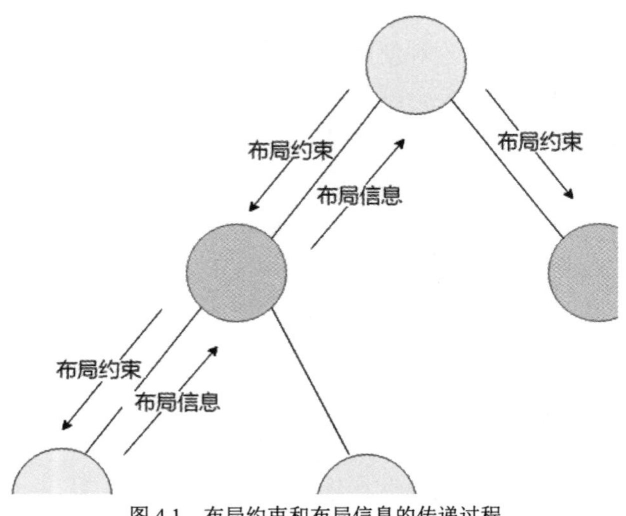

图 4.1　布局约束和布局信息的传递过程

我们可以把第一个线性过程中的布局约束理解为父子点传递给每个子节点的布局规则，Flutter 中主要有盒子协议（box protocol）和滑动协议（sliver protocol）两种布局约束。盒子协议会规定子节点最大、最小的宽度和高度。这种约束会一直向下延伸，子组件也会产生约束，再传递给它下面的子组件，这个过程一直延续到组件树最下面的叶子节点。

第二个线性过程由下而上传递具体的布局信息。当子节点接受到来自父节点的约束后，由于子节点已经没有子组件了，因此会根据这个约束产生自己具体的布局信息。例如，如果父节点规定它的最小宽度为 200 像素，最大宽度是 500 像素，那么子节点就需要按照这个规则选择合适的宽度，确定子节点的宽度与高度，并将这些信息告诉父节点，父节点会继续确定自己的布局信息，再向上传递，一直到组件的最顶部。

值得一提的是，这两个线性过程会在元素树所引用的 RenderObject 树中完成，并且最终的布局信息将保存在 RenderObject 中。因此，当重新构建组件时，如果元素和 RenderObject 能够复用，那么同样可以使用和上次一样的布局信息。这种单向传递和保存信息的方式是 Flutter 布局性能优于其他框架的重要原因之一。下面我们来具体探究组件间的两种布局约束。

4.1.1 盒子协议

在盒子协议中，父节点传递给其子节点的约束是一个 BoxConstraints 对象。这种约束对象内部有 4 个属性，分别用来规定每个子节点的最大和最小宽度与高度。如图 4.2 所示，父节点传入了 MinWidth=150 像素，MaxWidth=350 像素，MinHeight=100 像素，MaxHeight=double.infinity（尽可能大）的 BoxConstraints 对象。

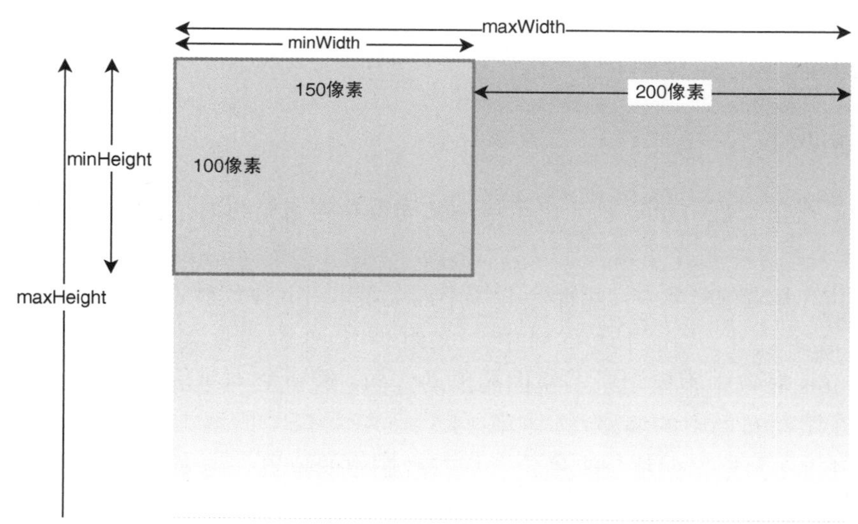

图 4.2　父节点传入的约束，150 像素≤宽度≤350 像素, 100 像素≤高度≤infinity（无限大）

子组件接收到这个约束后，便会根据 BoxConstraints 对象取得上图中指定范围内的值，即宽度介于 150～350 像素，高度大于或等于 100 像素。当取得具体的值之后，就会将值向上传递给父组件，父组件会根据这些信息确定子组件的位置，再对它做具体的布局操作，这样就达到了父子组件间的布局通信。

Flutter 中提供了 ConstrainedBox 组件，帮助我们向子组件传递自定义的盒子布局约束对象，使用方式如下。

```
ConstrainedBox(
  constraints: BoxConstraints(
    maxWidth: 150.0,   // 最大宽度
    maxHeight: 70.0,   // 最大高度
  ),
  child: Container(
    color: Colors.lightBlue,
  ),
)
```

这里，我们就传递给了子组件 Container 一个最大宽度为 150.0 像素、最大高度为 70.0 像素的盒子约束。由于 Container 在没有子组件的情况下会根据布局约束尽可能大扩展宽度和高度，因此 Container 的宽度会自动设置为 150 像素，高度会自动设置为 70 像素，如图 4.3 所示。

按照这个特性，各个组件在接收到布局约束后，就会分 3 种情况设置宽度和高度。第一种情况下，尽可能大地扩展宽度和高度，即总是取布局约束的最大值，前面已经介绍过的 Center、ListView 组件就属于这类组件。第二种情况下，组件会尽量选择最小值并与它的子组件（如 Opacity）的最大宽度、高度相等。第三种情况下，像 Text、Image 这类属于叶子节点的组件会以固定尺寸渲染。

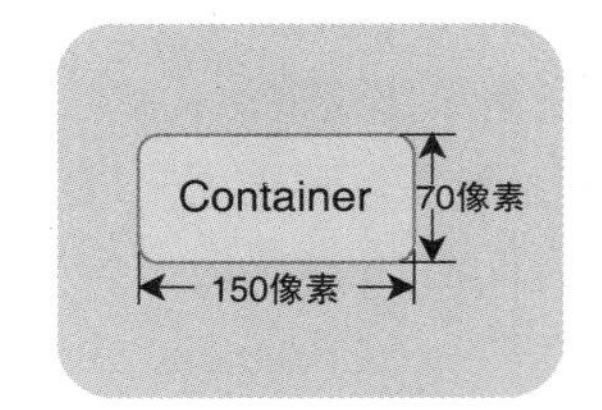

图 4.3　子组件约束自己的宽度和高度

4.1.2　滑动协议

滑动协议是能够使 Flutter 构建出可滚动布局组件的布局约束。在每个滚动列表的布局组件中，Flutter 会将其中每个子组件定义为 Sliver，如图 4.4 所示。Sliver 是一个组件，只不过这种组件只应用在滚动布局当中，后面会介绍不同类型的 Sliver 组件。

不同于盒子约束，在滑动布局中，父组件传递的约束对象为 SliverConstraints，SliverConstraints 对象中不仅记录了视图的滚动方向、遗留空间等信息，还为每个 Sliver 组件提供了它们在滚动布局中的偏移量。如图 4.5（a）～（c）所示，对于浅灰色的目标 Sliver 组件来说，Flutter 会根据偏移量来确定它们在视图中的位置。当偏移量为 0 像素时，表示将这个 Sliver 组件在滚动布局边缘完全展示出来。

按照这个特性，滚动布局中的组件分为 3 种。第一种是当前显示在布局中的组件，第二种是已经滚动出屏幕的组件，第三种是还未滚动到屏幕下方的组件。

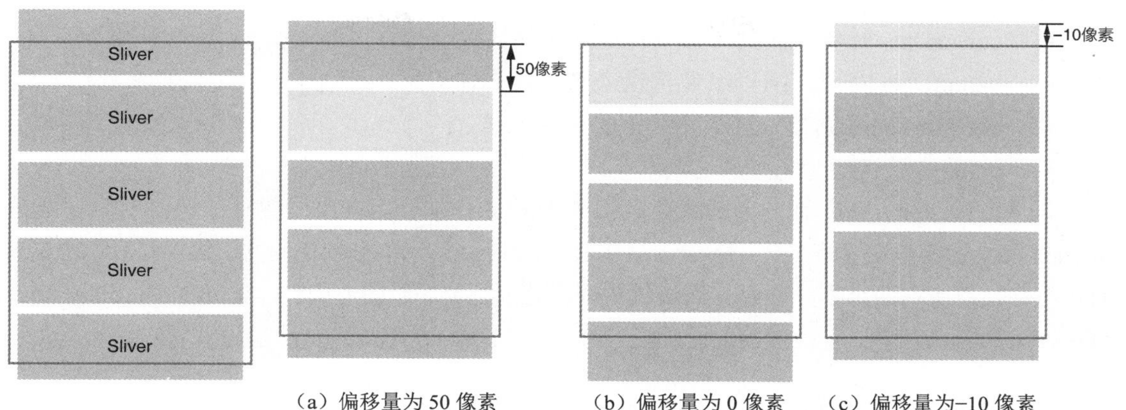

（a）偏移量为 50 像素　（b）偏移量为 0 像素　（c）偏移量为-10 像素

图 4.4　滑动协议下的滚动组件

图 4.5　滑动协议中的偏移量

4.2 RenderObject 树

前面的章节已经讲解了 Flutter 中 3 棵树的作用以及元素树的工作原理，本节将重点介绍 RenderObject 树（也称为渲染树），它是在组件布局过程中涉及的主要树。

RenderObject 树由一个个 RenderObject 组合而成。当 Element 实例挂载到元素树上后，就会调用组件的 createRenderObject()方法生成对应的 RenderObject。由于 RenderObject 树被元素树引用，并且主要任务就是帮助 Element 实例做具体的渲染工作，因此 RenderObject 树也常称为元素树的子树。图 4.6 展示了组件树、元素树和 RenderObject 树的大致关系。

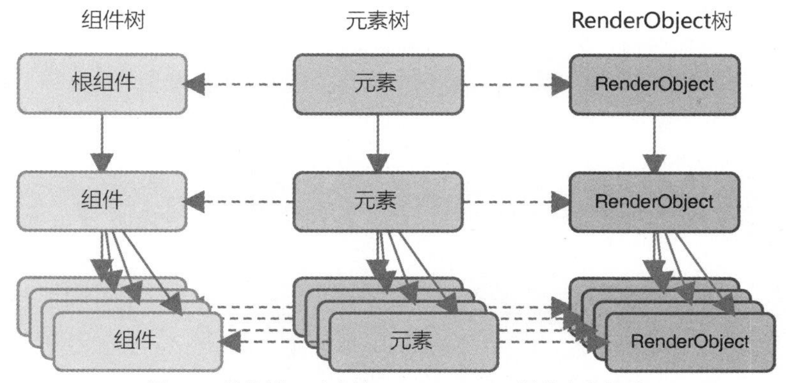

图 4.6　组件树、元素树、RenderObject 树的大致关系

每个 RenderObject 会被元素持有，并且在组件重建后会尽量复用，每当元素中的状态发生改变时，就会调用组件的 updateRenderObject()方法更新渲染对象，屏幕上的值最终得以更新。

RenderObject 类中提供了很多与布局密切相关的对象和方法，如下所示。

- constraints 对象，从父组件中传递过来的约束对象。
- parentData 对象，从子组件传递来的具体布局信息。
- performLayout()方法，负责具体的布局逻辑。
- paint 方法，绘制组件和它的子组件。

同时，RenderObject 是一个抽象类，每种 Element 都会指向不同类型的渲染对象，继承自 RenderOject 的两个主要的类是 RenderBox 和 RenderSliver，它们分别使用盒子协议和滑动协议来做布局工作。基于这两个类，Flutter 还提供了许多处理特定场景的渲染类，如 RenderShiftedBox 和 RenderStack 等。

4.3 布局约束实践

布局约束与渲染树的概念是我们理解 Flutter 布局原理的基础，本节介绍如何在实际的代码中使用这些概念自定义一些特定功能的布局组件，包括只拥有单个子组件的布局组件以及拥有多个子组件的布局组件和滚动组件。

4.3.1 单个子组件的布局

我们首先会自定义一个拥有单个子组件的布局组件，因此它需要像其他内置组件一样拥有一个 child 属性，以接受它的子组件，并且为了展现具体的布局逻辑，我们会让子组件居中显示，子组件的功能与 Center 组件类似，所以我们将子组件命名为 CustomCenter。子组件和其他组件一样能够放在组件树当中，使用方法如下。

```
Container(
  color: Colors.blue,
  constraints: BoxConstraints(      // 向子组件传递 BoxConstraints 对象
      maxWidth: double.infinity,
      minWidth: 200.0,
      maxHeight: double.infinity,
      minHeight: 200.0),
  child: CustomCenter(
    child: Container(
      width: 100.0,
      height: 100.0,
      color: Colors.red,
    ),
  ),
)
```

代码中，通过 Container 的 constraints 属性传递给了 CustomCenter 一个 BoxConstraints 对象，规定了 BoxConstraints 的最小宽度与最小高度，这和直接使用 ConstrainedBox 传递盒子约

束类似。下面就是 CustomCenter 组件的具体实现。

```
class CustomCenter extends SingleChildRenderObjectWidget {
  CustomCenter({Widget child}) : super(child: child);

  @override
  RenderObject createRenderObject(BuildContext context) {
    return RenderCustomCenter();
  }
}
```

上述代码中使用的 SingleChildRenderObjectWidget 是 RenderObjectWidget 的子类。SingleChildRenderObjectWidget 允许直接重写 createRenderObject()方法，返回只有单个子组件的 RenderObject。这里我们可以看出 RenderCustomCenter 就是我们实现具体布局逻辑的 RenderObject，它的代码如下。

```
class RenderCustomCenter extends RenderShiftedBox {
  RenderCustomCenter() : super(null);

  // 重写 paint 方法
  @override
  void paint(PaintingContext context, Offset offset) {
    super.paint(context, offset);
  }

  // 重写自定义布局逻辑的方法
  @override
  void performLayout() {
    // 判断子组件是否为空
    if (child != null) {
      // 若存在子组件，继续向下传递布局约束
      child.layout(
        BoxConstraints(
          minWidth: 0.0,
          maxWidth: constraints.maxWidth,
          minHeight: 0.0,
          maxHeight: constraints.maxHeight,
        ),
        parentUsesSize: true, // 布局组件需要根据子组件的大小做相关调整
      );

      // 根据布局约束定义布局组件 CustomCenter 的大小
      size = Size(
          constraints.maxWidth,
        constraints.maxHeight);
      // 若存在子组件，则布局子组件
      centerChild();
```

```
    } else {
      size = Size(
          constraints.maxWidth,
          constraints.maxHeight);
    }
  }

  // ...
}
```

RenderCustomCenter 继承自 RenderShiftedBox，RenderShiftedBox 又继承自 RenderBox 抽象类，它是专门用来渲染拥有单个子组件的渲染对象，我们可以重写 RenderCustomCenter 的 performLayout()方法自定义自己的布局逻辑。

在 performLayout()方法中，首先判断布局中的子组件是否为空。如果为空，表示 CustomCenter 中没有传入子组件，这里将 size 设置为约束的最大值，表示 RenderCustomCenter 渲染对象的实际大小。如果子组件不为空，可以将布局子组件的过程分解为 3 个步骤。

（1）调用 child.layout()继续向子组件传递布局约束。

（2）设置 size 变量，定义布局组件的大小。

（3）根据子组件的大小设置偏移量，将它放置在合适的位置（居中）。

代码中，constraints 表示父组件传递过来的布局约束对象。根据这个对象设置了传递给子组件的布局约束，这里，我们将最小高度和最小宽度都设置为 0.0，表示子组件可以在（0，constraints.maxWidth）范围内取自己的宽度。child.layout()方法还接受一个 parentUsesSize 参数，表示父组件是否关心子组件的具体大小，这里设置为 true，表示当子组件的大小改变时，布局组件应该针对子组件的大小重新布局。

Size 对象拥有 width 和 height 两个属性，主要用来存储组件的宽度和高度。这里将组件的的宽度和高度默认设置为布局约束的最大值，也可以使用 child 的 size 属性根据子组件的大小来调整组件的宽度和高度。

设置子组件偏移量的具体过程在 centerChild 方法中实现，该方法的具体代码如下。

```
void centerChild() {
  final double centerX = (size.width - child.size.width) / 2.0;
  final double centerY = (size.height - child.size.height) / 2.0;

  // 指定子组件的偏移量
  final BoxParentData childParentData = child.parentData;
  childParentData.offset = Offset(centerX, centerY);
}
```

在这个方法中，size 表示布局组件自身的大小，child.size 表示布局组件内单个子组件的大小，通过这两个值就可以计算出让子组件居中显示在布局中的偏移量，centerX 表示子组件向右的偏移量，centerY 表示向下的偏移量，child.parentData 就是布局子组件的数据对象，我们将它的 offset 属性设置为 Offset(centerX, centerY) 后就完成了布局子组件的全部工作。最终的运行结果如图 4.7 所示。

图 4.7　运行结果

4.3.2　多个子组件的布局

上一节中，我们通过继承 SingleChildRenderObjectWidget 类完成了一个自定义的居中布局组件，它的特点是仅能承载单个子组件。如果要自定义一个可以拥有多个子组件的布局组件，就需要使用到 MultiChildRenderObjectWidget 类。

与前一节不同，本节中，我们不会直接使用 MultiChildRenderObjectWidget 类，而使用一个继承自它的 CustomMultiChildLayout 类。CustomMultiChildLayout 类是 Flutter 官方为了使开发者更方便定义多个子组件的布局而封装的一个类，它在内部维护一个代理（delegate）对象，用于帮助它实现子组件的布局逻辑。因此，当自定义自己的布局组件时，可以专注于布局逻辑本身。CustomMultiChildLayout 的使用方法如下。

```
Container(
  child: CustomMultiChildLayout(
    delegate: new _CircularLayoutDelegate(
      // ...
    ),
    children: beverages,
  ),
)
```

在使用 CustomMultiChildLayout 时，为 delegate 参数传入的 MultiChildLayoutDelegate 对象就是自定义布局组件的代理对象，它的作用就是控制 children 属性中子组件的布局位置。也就是说，子组件如何布局完全取决于 MultiChildLayoutDelegate 对象，它里面也有一个 performLayout()方法，可以通过继承实现这个方法来自定义自己的布局逻辑。

另外，不同于单个子组件的布局，在多个子组件的布局中，为了能够让代理对象识别各个子组件，每个子组件必须被一个名为 LayoutId 的组件包裹。LayoutId 的作用就是为每个子组件指定唯一的标识，具体使用方法如下。

```
Widget _buildChild(Widget item, String idString) {
  return new LayoutId(
    id: idString,
    child: item,
  );
}
```

为了方便使用，编写了一个_buildChild()函数，用来将每个传递过来的子组件都包裹进 LayoutId 并返回，这里只需要传递给 LayoutId 唯一的 id 字符串即可。

接下来，可以定义自己的 delegate 对象。自定义一个使多个子组件围成一个圆的布局组件，如图 4.8 所示。

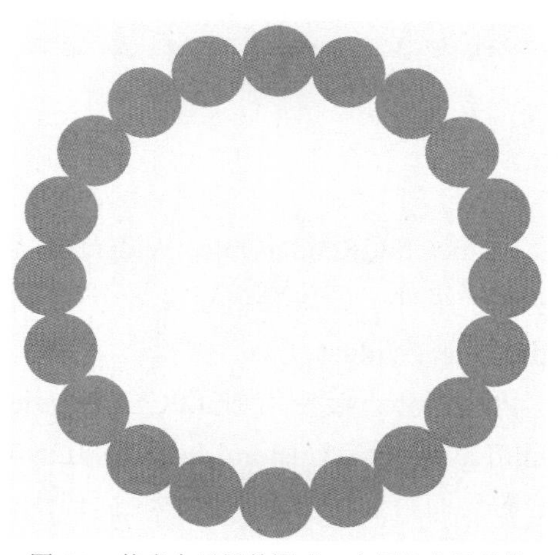

图 4.8　使多个子组件围成一个圆的布局组件

下面就是定义的_CircularLayoutDelegate 类。

```
const double _radiansPerDegree = Math.pi / 180;

class _CircularLayoutDelegate extends MultiChildLayoutDelegate {
  static const String actionChild = 'CHILD';

  final double _startAngle = -90.0 * _radiansPerDegree;

  // 子组件数量
  final int itemCount;
  // 圆的半径
  final double radius;

  _CircularLayoutDelegate({
    @required this.itemCount,
    @required this.radius,
  });

  Offset center;

  double _calculateItemAngle(int index) {
    double _itemSpacing = 360.0 / itemCount;
    return _startAngle + index * _itemSpacing * _radiansPerDegree;
  }

  @override
  void performLayout(Size size) {
    center = new Offset(size.width / 2, size.height / 2);
    for (int i = 0; i < itemCount; i++) {
      final String layoutId = '$actionChild$i';

      // 判断是否存在对应 layoutId 的子组件
      if (hasChild(layoutId)) {
        final Size childSize =
        layoutChild(layoutId, new BoxConstraints.loose(size));

        // 计算子组件的偏移角度
        final double itemAngle = _calculateItemAngle(i);

        // 放置子组件
        positionChild(
          layoutId,
          new Offset(
            (center.dx - childSize.width / 2) + (radius) * Math.cos(itemAngle),
            (center.dy - childSize.height / 2) +
                (radius) * Math.sin(itemAngle),
```

```
            ),
          );
        }
      }
    }

    @override
    bool shouldRelayout(_CircularLayoutDelegate oldDelegate) =>
        itemCount != oldDelegate.itemCount ||
            radius != oldDelegate.radius ;
}
```

_CircularLayoutDelegate 类继承自 MultiChildLayoutDelegate，我们依然需要重写其中的 performLayout()方法。在这个方法中，首先根据表示布局组件大小的 Size 对象确定圆心的位置 center，然后遍历每个子布局。在循环中，使用之前 LayoutId 中的字符串 id 找到需要操作的子组件，其中涉及 3 个主要的方法。

- hasChild()，传入 LayoutId 后会判断该子组件是否存在，如果存在，则继续实现布局逻辑。
- layoutChild()，与之前介绍的布局约束的概念一致，这里使用这个方法给子组件传递布局约束，并得到一个具体的布局信息 size。
- positionChild()，这个方法依然需要 LayoutId，并且还需要用一个 Offset 对象来决定当前子组件的放置位置。上面的代码中，使用圆的半径和偏移角度确定子组件的偏移量。

自定义的_calculateItemAngle 会根据子组件的数量和当前子组件的索引计算偏移角度。另外，还在这里重写了 shouldRelayout()方法，它用来判断组件重建后是否需要重新布局子组件。如果 shouldRelayout()返回 true， 表示会重新布局。shouldRelayout()方法接受的 oldDelegate 参数表示的是重建后旧的 delegate 对象，通过比较它们的 itemCount 和 radius 属性，确定 shouldRelayout()方法的返回值，这样，我们就完成了代理类。最后，可以在组件树中以下面这种方式使用它。

```
Container(
  child: new CustomMultiChildLayout(
    delegate: new _CircularLayoutDelegate(
      itemCount: counts,
      radius: radius,
    ),
    children: childs,
  ),
)
```

4.3.3 可滚动的布局

通过前两节的实践，我们初步认识了 Flutter 中布局组件的自定义过程，它们使用的都是盒子协议并且仅能实现固定子组件的布局，本节将介绍如何使用布局约束中的滑动协议来实现自定义的滚动布局。其中涉及的一个主要组件就是 CustomScrollView。在之前，我们已经学习了两个内置的可滚动组件 ListView 和 GridView，它们都有一个神奇的特性——无论在里面要展示的数据量有多大、数据列表项有多少，都能表现出良好的滚动性能。这都要归功于 Flutter 提出的 Sliver 概念。按照官方的解释，可以认为 Sliver 是滚动布局中的一部分，我们可以使用它对各个组件实现一些想要的滚动效果。其实，简单来说，Sliver 本身仍然是一个组件并且这个组件对象的渲染对象都继承自 RenderSliver。当把 Sliver 组件放置在 CustomScrollView 中时，它便有了一种懒加载的特性——只有当它在屏幕中可见时才会构建。

在代码中，可以使用下面这种方式使用 CustomScrollView。

```
Widget build(BuildContext context) {
  return CustomScrollView(
    slivers: _buildSlivers(),
  );
}
```

其中传入 slivers 的参数就是一组 Sliver 组件，这些组件将会被 CustomScrollView 组合在一起并且表现出滚动的效果。接下来，介绍一些常用的内置 Sliver 组件。

1. SliverAppBar 组件

SliverAppBar 组件是可以用在 CustomScrollView 中的 Sliver 类型的 AppBar 组件，它拥有 AppBar 组件的所有属性和功能，并且在滚动过程中会随滚动幅度和方向实现各种伸缩效果。下面是 SliverAppBar 组件的基本使用方法。

```
SliverAppBar(
  // pinned: true,
  floating: true,
  expandedHeight: 120.0,
  flexibleSpace: FlexibleSpaceBar(
    background: Image.asset(
      'assets/xxx.jpg',
      fit: BoxFit.cover,
    ),
    title: Text('Basic Slivers'),
  ),
)
```

当使用 SliverAppBar 组件（见图 4.9）时，通常会设置 expandedHeight 和 flexibleSpace 两个属性。expandedHeight 属性用于设置 SliverAppBar 可伸缩的最大高度值，flexibleSpace 属性用来设置 SliverAppBar 处于最大高度值时背后可伸缩的具体组件，这里通常使用 FlexibleSpaceBar 组件，我们可以在里面设置背景和标题等组件，FlexibleSpaceBar 中的标题会显示在可伸缩区域并随着滚动置顶。默认情况下，SliverAppBar 组件会在滚动到一定偏移位置后从屏幕中移除。当设置 pinned

属性为 true 时，在列表的滚动过程中，SliverAppBar 组件就会一直保持在屏幕顶部，并且标题栏的高度将会根据滚动幅度对可伸缩组件播放展开和收缩的动画，滚动效果如图 4.10（a）～（c）所示。

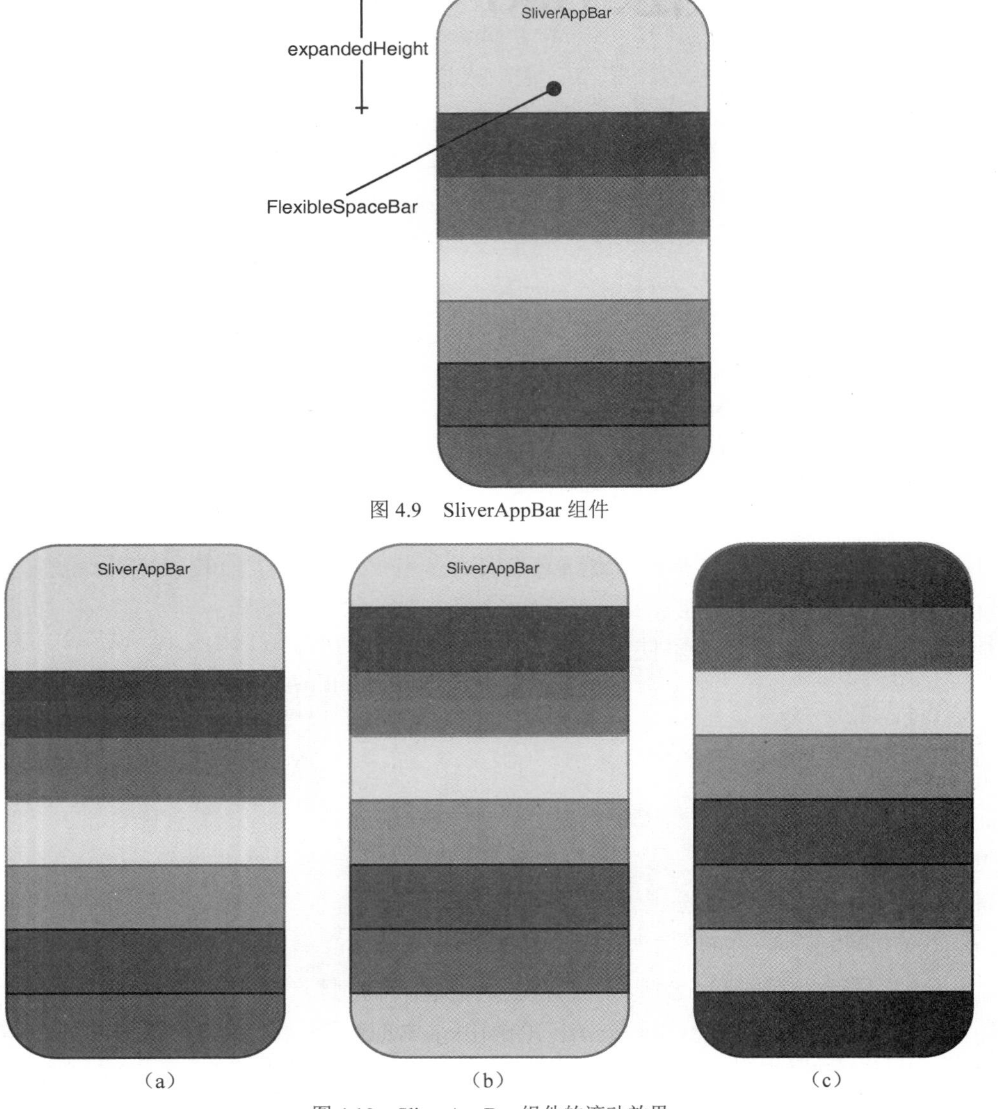

图 4.9　SliverAppBar 组件

（a）　（b）　（c）

图 4.10　SliverAppBar 组件的滚动效果

如果设置 SliverAppBar 组件的 floating 属性为 true，那么在标题栏滚动到屏幕之外后，即使没有到达列表顶部，向下滚动之后标题栏也会浮现出来，到达顶部时，flexibleSpace 也会随之展开。

2. SliverList 组件

对于 Sliver 组件，通常可以找到与之对应的普通组件，本节将要介绍的 SliverList 组件就对应 ListView 组件。Sliver 组件使用起来非常简单，只需要设置其中的 delegate 参数并且提供需要展示的列表项即可。和 ListView 组件一样，Sliver 组件有如下两种构建列表的方法。

```
// 方法一，直接传入各列表项，因为已经确定数量，所以这里没有做内部优化
SliverList(
    delegate: SliverChildListDelegate(
      [
        Container(color: Colors.red, height: 150.0),
        Container(color: Colors.purple, height: 150.0),
        Container(color: Colors.green, height: 150.0),
      ],
    ),
);

// 方法二，通过构建函数可以设置一个可以无限滚动的列表
SliverList(
    delegate: SliverChildBuilderDelegate((BuildContext context,
int index) {
        // 如果取消注释该行，将只显示 3 行列表项
        // if (index > 2) return null;

        // 直接返回显示的组件，即可无限滚动该组件
        return Container(
          height: 50,
          alignment: Alignment.center,
          color: Colors.orange[100 * (index % 9)],
          child: Text('orange $index'),
        );
    },
    // 或者直接指定列表项数量
    // childCount: 3,
  ),
);
```

通常情况下，需要向 SliverList 组件的 delegate 属性传入一个 SliverChildBuilderDelegate 对象，该对象专门用来为 Sliver 组件构建子组件，上面的代码展示了两种构建方式。第一种构建列表的方式是直接给定各个列表项。这种方式下 Flutter 不能完成列表的加载优化。第二种构建列表的方式是通过构建函数返回列表项。这种方式下，我们可以通过返回 null 对象告诉列表渲染结束，从而确定渲染列表数量。当然，也可以通过直接指定 SliverChildBuilderDelegate 对象的 childCount 值来指定列表项数量。特殊情况下，如果没有指定列表项数量，这个列表项会呈现无限滚动的状态。

3. SliverGrid 组件

SliverGrid 组件对应 GridView，用来展示 Sliver 类型的网格布局。和 SliverList 相似，要展示各个列表项，同样需要两种方式。一种是直接指定，另一种是需要通过构建函数返回。与 SliverList 不同的是，这里还需要指定一个 gridDelegate 参数。这个参数主要用来设置网格布局中的其他属性，例如每行的项数，各项之间的空隙等。下面是 SliverGrid 组件具体的使用方法。

```
SliverGrid(
  delegate: SliverChildBuilderDelegate(
    (context, index) {
      return Container(
        alignment: Alignment.center,
        color: Colors.teal[100 * (index % 9)],
        child: Text('grid item $index'),
      );
    },
    childCount: 30,
  ),
  // gridDelegate: SliverGridDelegateWithMaxCrossAxisExtent(
  //   maxCrossAxisExtent: 200.0,
  //   mainAxisSpacing: 10.0,
  //   crossAxisSpacing: 10.0,
  //   childAspectRatio: 4.0,
  // ),
  gridDelegate: SliverGridDelegateWithFixedCrossAxisCount(
    crossAxisCount: 3,
    mainAxisSpacing: 15,
    crossAxisSpacing: 15,
    childAspectRatio: 2.0,
  ),
)
```

在 gridDelegate 中通常可以传入两种对象：SliverGridDelegateWithMaxCrossAxisExtent 主要通过指定子项最大宽度，让 SliverGrid 内部动态决定每行放置多少子项，这种特性在不知道每一项宽度的情况下非常有效；SliverGridDelegateWithFixedCrossAxisCount 主要用来指定每行显示的项数和其他属性。

为了方便开发者使用，SliverGrid 还提供了一些更简单的构造函数，例如，可以直接使用 SliverGrid.count(children: scrollItems, crossAxisCount: 4)构建一个子项数量固定的 SliverGrid，也可以通过 SliverGrid.extent(children: scrollItems, maxCrossAxisExtent: 100.0)指定构建的网格布局中各项的最大宽度为 100 像素。

4. SliverPersistentHeader 组件

为了能够进一步使用前几章介绍的 Sliver 组件，本节介绍一种功能型的 Sliver 组件——

SliverPersistentHeader。把这个 Sliver 组件放置在 CustomScrollView 中后，用户滚动到它之前，将会以正常的 Sliver 组件展示。然而，一旦 SliverPersistentHeader 组件被滚动到页面顶部，这个组件将会一直固定在页面顶部，这和之前介绍的把 SliverAppBar 组件的 pinned 设置为 true 非常相似，而在 SliverAppBar 内部就使用 SliverPersistentHeader 来实现这个功能。

我们将使用 SliverPersistentHeader 实现一个折叠式列表，如图 4.11 所示。

图 4.11　使用 SliverPersistentHeader 实现一个折叠式列表

从图 4.11 中可以看出每次滑动到 SliverPersistentHeader 组件，它就会固定在页面顶部。下面就是实现这种效果的部分代码。

```
@override
Widget build(BuildContext context) {
  return CustomScrollView(
    slivers: <Widget>[
      makeHeader('Header Section 1'),
      SliverGrid.count(
        crossAxisCount: 3,
```

```
          children: [
            Container(color: Colors.red, height: 150.0),
          ],
        ),
        makeHeader('Header Section 3'),
        SliverGrid(
          gridDelegate:
              new SliverGridDelegateWithMaxCrossAxisExtent(
            maxCrossAxisExtent: 200.0,
            mainAxisSpacing: 10.0,
            crossAxisSpacing: 10.0,
            childAspectRatio: 4.0,
          ),
          delegate: new SliverChildBuilderDelegate(
            (BuildContext context, int index) {
              return new Container(
                alignment: Alignment.center,
                color: Colors.teal[100 * (index % 9)],
                child: new Text('grid item $index'),
              );
            },
            childCount: 20,
          ),
        ),
        makeHeader('Header Section 4'),
        SliverList(
          delegate: SliverChildListDelegate(
            [
              Container(color: Colors.pink, height: 150.0),
              Container(color: Colors.cyan, height: 150.0),
              Container(color: Colors.indigo, height: 150.0),
              Container(color: Colors.blue, height: 150.0),
            ],
          ),
        ),
      ],
    );
}
```

上面的代码中，在 CustomScrollView 中使用了 SliverGrid、SliverList。在 makeHeader 方法，为每一个列表构建了一个能够固定在页面顶部的组件，代码如下。

```
SliverPersistentHeader makeHeader(String headerText) {
  return SliverPersistentHeader(
    pinned: true,
    delegate: _SliverAppBarDelegate(
      minHeight: 60.0,
      maxHeight: 200.0,
```

```
        child: Container(
            color: Colors.lightBlue, child: Center(child:
                Text(headerText))),
      ),
    );
  }
```

makeHeader()方法返回一个 SliverPersistentHeader 对象，这里指定它的 pinned 属性为 true，表示它可以固定在顶部。要构建 SliverPersistentHeader，依然需要一个代理（delegate）对象，代理对象的主要作用就是构建这个头部组件要显示的内容。下面是具体的代码。

```
class _SliverAppBarDelegate extends SliverPersistentHeaderDelegate {
  _SliverAppBarDelegate({
    @required this.minHeight,
    @required this.maxHeight,
    @required this.child,
  });
  final double minHeight;
  final double maxHeight;
  final Widget child;

  @override
  double get minExtent => minHeight;

  @override
  double get maxExtent => math.max(maxHeight, minHeight);

  @override
  Widget build(
      BuildContext context,
      double shrinkOffset,
      bool overlapsContent)
  {
    return new SizedBox.expand(child: child);
  }
  @override
  bool shouldRebuild(_SliverAppBarDelegate oldDelegate) {
    return maxHeight != oldDelegate.maxHeight ||
        minHeight != oldDelegate.minHeight ||
        child != oldDelegate.child;
  }
}
```

代理类_SliverAppBarDelegate 继承自 SliverPersistentHeaderDelegate，后者是专门用来配置 SliverPersistentHeader 的代理对象。可以通过继承使用_SliverAppBarDelegate 的 minHeight 和 maxHeight 属性使这个头部对象根据滚动幅度在指定范围内播放伸缩动画。build()方法用来构建顶部组件的具体视图，shouldRebuild 用来确定需要重新构建的条件。

4.4 内置布局组件

通过本章前面的介绍，我们已经深入了解了 Flutter 布局的内部原理。当理解布局约束这些概念后，我们就可以自定义更多功能强大的布局组件，然而，在很多情况下，我们并不需要关心布局逻辑和布局约束，因为 Flutter 已经为我们封装了很多实用的布局组件。本节将具体探讨这些组件的使用方法来提升我们的开发效率。

4.4.1　线性布局组件

在众多布局组件中，我们最常接触到的就是 Row、Column 这两种线性布局组件。它们都继承自 Flex 组件并且可容纳多个子组件，用来实现多个子组件的横向和纵向排列。

Row 布局组件的使用方法如下。

```
Row(
  children: <Widget>[
    buildItem("Row11", Colors.redAccent),
    buildItem("Row12", Colors.orangeAccent),
    buildItem("Row13", Colors.yellowAccent),
    buildItem("Row14", Colors.greenAccent),
  ],
)
```

这里，buildItem()是用来构建拥有不同背景颜色并展示不同文本的容器的函数，其代码如下。

```
buildItem(String content, Color backgroundColor) {
  return Container(
    width: 100,
    height: 100.0,
    alignment: Alignment.center,
    color: backgroundColor,
    child: Text(content),
  );
}
```

因此，上面的 Row 组件有 4 个子组件，在屏幕中会呈现出图 4.12 这样的效果，子组件在水平方向依次排列。

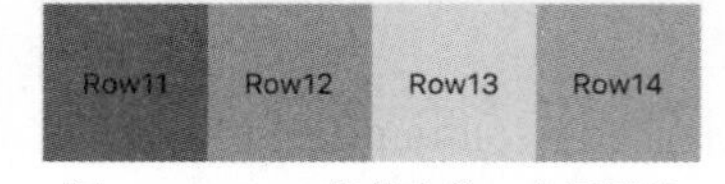

图 4.12　Row 组件中的 4 个子组件在屏幕上的效果

与 Row 组件类似，Column 组件的使用方法如下，组件中的 4 个子组件在屏幕上的效果如图 4.13 所示。

```
Column(
  children: <Widget>[
    buildItem("Column11", Colors.redAccent),
    buildItem("Column21", Colors.orangeAccent),
    buildItem("Column31", Colors.yellowAccent),
```

```
      buildItem("Column41", Colors.greenAccent),
    ],
  )
```

我们也可以嵌套使用 Row 与 Column 这两种组件来实现图 4.14 中这种相对复杂的效果。这里，只要在一个 Row 组件中放置了 3 个 Column 组件，代码如下。

```
  Row(
    mainAxisAlignment: MainAxisAlignment.center,
    children: <Widget>[
      Column(
        children: <Widget>[
          buildItem("Row11", Colors.redAccent),
          buildItem("Row21", Colors.orangeAccent),
          buildItem("Row31", Colors.yellowAccent),
          buildItem("Row41", Colors.greenAccent),
        ],
      ),
      Column(
        children: <Widget>[
          buildItem("Row12", Colors.redAccent),
          buildItem("Row22", Colors.orangeAccent),
          buildItem("Row32", Colors.yellowAccent),
          buildItem("Row42", Colors.greenAccent),
        ],
      ),
      Column(
        children: <Widget>[
          buildItem("Row13", Colors.redAccent),
          buildItem("Row23", Colors.orangeAccent),
          buildItem("Row33", Colors.yellowAccent),
          buildItem("Row43", Colors.greenAccent),
        ],
      ),
    ],
  )
```

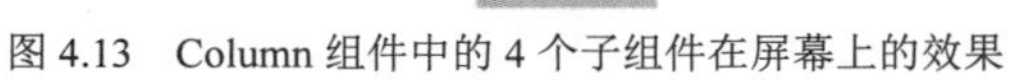
图 4.13　Column 组件中的 4 个子组件在屏幕上的效果

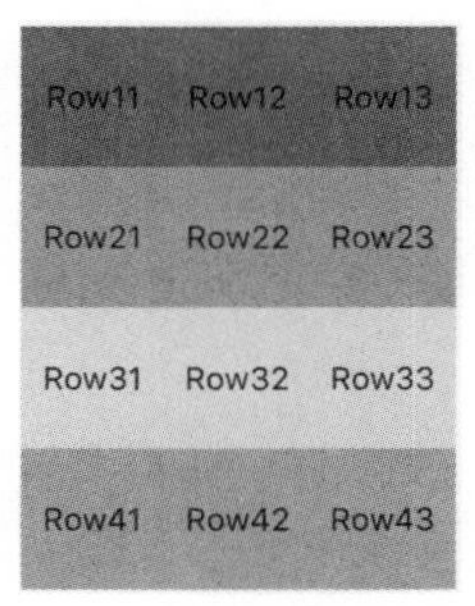

图 4.14　Column、Row 组件的嵌套使用

主轴与副轴

通过上一节的学习，我们已经知道了 Row 组件在水平方向上会将它的子组件从左到右排列。其实，我们也可以通过它的 textDirection 属性改变子组件的排列方向。正如有些语言中文字从左至右排版，而有些语言中文字从右至左排版，textDirection 属性的默认值就是本地环境下的文字方向。在国内，textDirection 表示从左到右排版。textDirection 属性可以设置为 TextDirection 的枚举值——rtl（从右至左）或 ltr（从左至右）。下面这段代码就会将一个 Row 组件的子组件设置为从右到左排列（效果见图 4.15）。

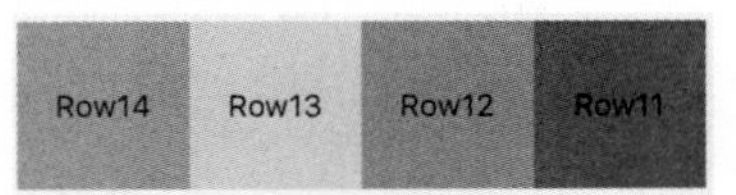

图 4.15　将 Row 组件中的子组件从右到左排列

```
Row(
  textDirection: TextDirection.rtl,
  children: <Widget>[
    buildItem("Row11", Colors.redAccent),
    buildItem("Row12", Colors.orangeAccent),
    buildItem("Row13", Colors.yellowAccent),
    buildItem("Row14", Colors.greenAccent),
  ],
),
```

同样，可以通过 verticalDirection 属性设置 Column 组件的子组件在垂直方向的排列顺序。verticalDirection 属性的值可以设置为 VerticalDirection 的枚举值——down（从上至下）或 up（从下至上），默认值为 down。可以使用 verticalDirection 属性将 Column 组件中子组件的排列顺序设置为从下到上，图 4.16 展示了 Column 组件从下到上排列的效果。

另外，Flutter 的线性布局中还有非常重要的主轴与副轴的概念。如果使用 Row 组件，那么主轴就为横轴，副轴为纵轴如图 4.17 所示；如果使用 Column 组件，则主轴为纵轴，副轴为横轴。上面介绍的 textDirection、verticalDirection 两个属性都是用来设置主轴上子组件的排列顺序的。

图 4.16　Column 组件从下到上排列的效果

Row组件
主轴
副轴

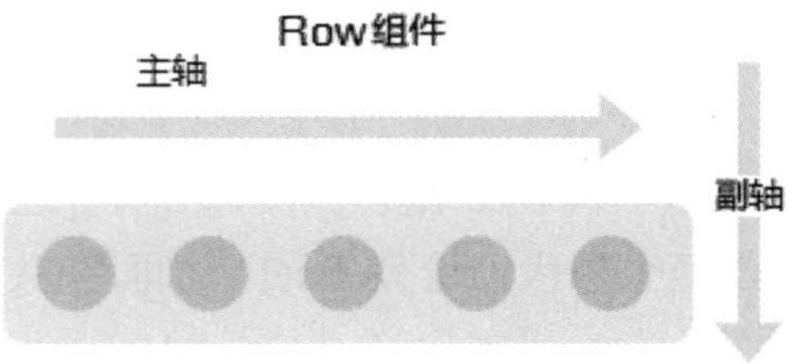

图 4.17　Row 组件的主轴与副轴

可以通过 mainAxisAlignment 与 crossAxisAlignment 这两个属性分别设置子组件在布局组

件的主轴和副轴上的对齐方式，示例如下。

```
Row(
  mainAxisAlignment: MainAxisAlignment.center,
  crossAxisAlignment: CrossAxisAlignment.center,
  children: <Widget>[
    buildItem("Row11", Colors.redAccent),
    buildItem("Row21", Colors.orangeAccent),
    buildItem("Row31", Colors.yellowAccent),
    buildItem("Row41", Colors.greenAccent),
  ],
)
```

这里将 Row 组件中子组件在主轴和副轴上的对齐方式都设置为居中，效果如图 4.18 所示，它们在 Row 组件的范围内在两个方向上都居中展示。

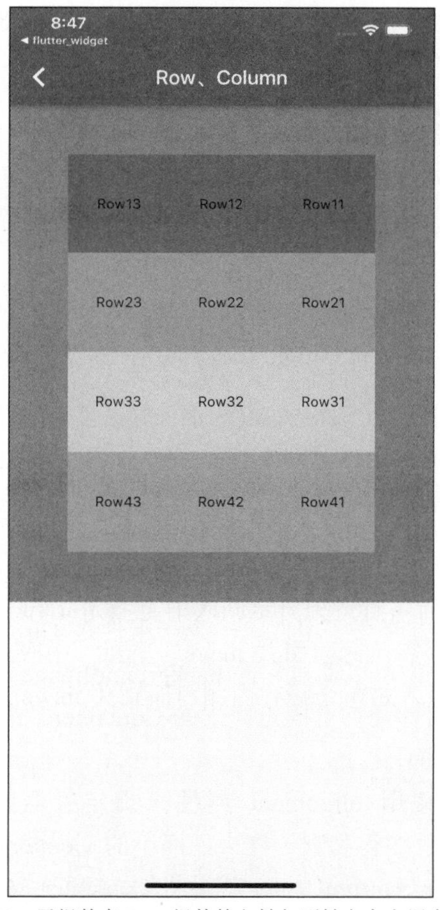

图 4.18　子组件在 Row 组件的主轴与副轴方向上居中显示

4.4.2 Stack 布局组件

Stack（栈）布局组件是可以使多个子组件堆叠展示的布局组件。Stack 布局组件在屏幕上的效果是后面的子组件会覆盖在前面的子组件之上。Stack 布局组件的基本用法如下。

```
Stack(
  alignment: Alignment.bottomCenter,
  children: [
    CircleAvatar(
      backgroundImage: AssetImage('images/pic.jpg'),
      radius: 100,
    ),
    Container(
      decoration: BoxDecoration(
      color: Colors.black45,
      ),
      child: Text(
        'Meandni',
         style: TextStyle(
         fontSize: 20,
         fontWeight: FontWeight.bold,
         color: Colors.white,
        ),
      ),
    ),
  ],
)
```

代码中，使用 Stack 布局组件在 CircleAvatar 表面又覆盖了一层 Container（具有半透明的黑色背景，显示子组件 Text)。Stack 布局组件可以使用 alignment 属性和 Alignments 对象来确定 Container 的摆放位置。我们可以想象 CircleAvatar 将 Stack 布局组件撑大为和它同样的大小，Container 会覆盖在 Stack 布局组件的表面，由于这里 alignment 属性设置为 Alignment.bottomCenter，因此 Container 将会放置在 Stack 布局组件底部中心的位置。

这里，Stack 布局组件中有两个子组件。一个子组件是 CircleAvatar，CircleAvatar 是一个用来展示圆形图片的组件，我们可以通过它的 backgroundImage 和 radius 属性传入本地图片并且设置圆形弧度。另一个子组件是拥有固定样式的 Container。最后，实现了图 4.19 所示的效果，Container 覆盖在了圆形图片之上。

Stack 布局组件还可以使用 alignment 属性来指定容器的对齐方式。我们可以想象 CircleAvatar 将 Stack 布局组件撑得和它一样大，而小的 Container 组件会覆盖在 CircleAvatar 的表面，这时设置的`Alignment.bottomCenter 就会将 Container 放置在 Stack 布局组件中底部中心的位置。如果将 Container 设置的比 CircleAvatar 大，alignment 属性控制的就是 CircleAvatar 子组件的对齐方式，如图 4.20 所示。

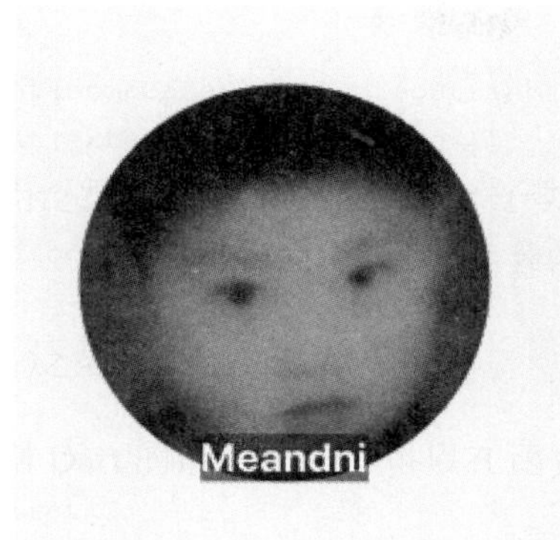

图 4.19　Container 覆盖在图形图片上的效果

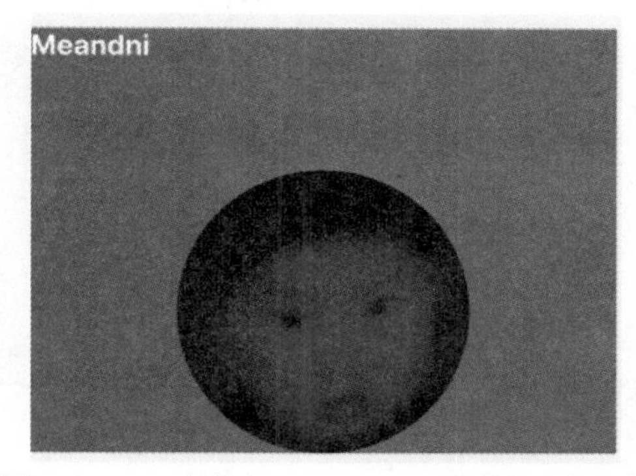

图 4.20　Stack 组件中 CircleAvatar 子组件的对齐方式

另外，在 Stack 布局组件内部的子组件还可以为两类——已定位组件与未定位组件。其中，alignment 属性仅对未定位组件有效，已定位的组件不受 alignment 属性的影响。已定位组件指的是那些被 Positioned 包裹的子组件。看下面这段代码。

```
Stack(
  alignment: Alignment.bottomCenter,
  children: [
    // ...
    Positioned(
      top: 20.0,
      left: 20.0,
      child: Container(
        decoration: BoxDecoration(
          color: Colors.amber,
        ),
        child: Text(
          'VIP',
          style: TextStyle(
            fontSize: 20,
            fontWeight: FontWeight.bold,
            color: Colors.white,
          ),
        ),
      ),
    ),
  ],
);
```

这里，Container 被 Positioned 组件包裹后，就不会受 Stack 布局组件的 alignment 属性影响。Positioned 组件的 left、top、right、bottom 属性可以直接指定它离 Stack 布局组件左边、上边、右边、下边的距离，这里将 Positioned 组件设置为离 Stack 布局组件上边、左边各 20 像素，效果如图 4.21 所示。覆盖在圆形图片上方的 VIP 没有放置在底部中央，而出现在左上角。

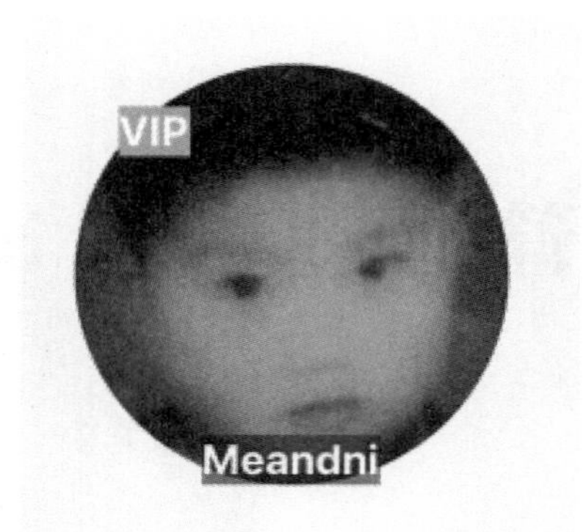

图 4.21　Stack 布局组件中的 Positioned 组件

4.4.3　Expanded 布局组件

前面介绍了 Row 和 Column 两种线性布局组件，它们可实现对子组件的线性排列，本节介绍另一种同样继承自 Flex 的 Expanded（弹性）布局组件。

Expanded 布局组件具有填充空白空间的功能。当使用 Row 组件时，如果在主轴上填不满整个屏幕，可以使用 Expanded 布局组件填充该部分。下面给出一段示例代码。

```
Row(
  mainAxisAlignment: MainAxisAlignment.center,
  children: <Widget>[
    buildItem("Row11", Colors.redAccent),
    buildItem("Row12", Colors.orangeAccent),
    buildItem("Row13", Colors.yellowAccent),
    Expanded(
      child: buildItem(
        "Expanded 1",
        Colors.blueAccent,
      ),
    )
  ],
)
```

上面的 Row 组件会呈现出图 4.22 这样的效果，剩余的部分被 Expanded 布局组件填满。

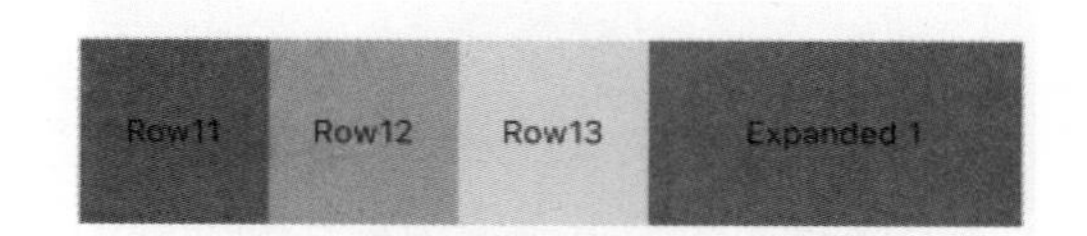

图 4.22　在 Row 组件中使用 Expanded 布局组件的效果

如果存在多个 Expanded 布局组件，会怎么样呢？在 Expanded 布局组件中可以使用 flex 属性设置填充的比例，看下面这段代码。

```
Row(
  mainAxisAlignment: MainAxisAlignment.center,
  children: <Widget>[
    buildItem("Row11", Colors.redAccent),
    Expanded(
      flex: 1,
      child: buildItem("Expanded 1", Colors.greenAccent)),
    Expanded(
      flex: 2,
      child: buildItem("Expanded 2", Colors.blueAccent))
  ],
)
```

这里在 Row 组件中使用了两个 Expanded 组件，并分别将 Expanded 1 与 Expanded 2 的 flex 属性设置为 1 和 2。最终，这两个 Expanded 布局组件就会以 1：2 的比例占用空白区域，效果如图 4.23 所示。

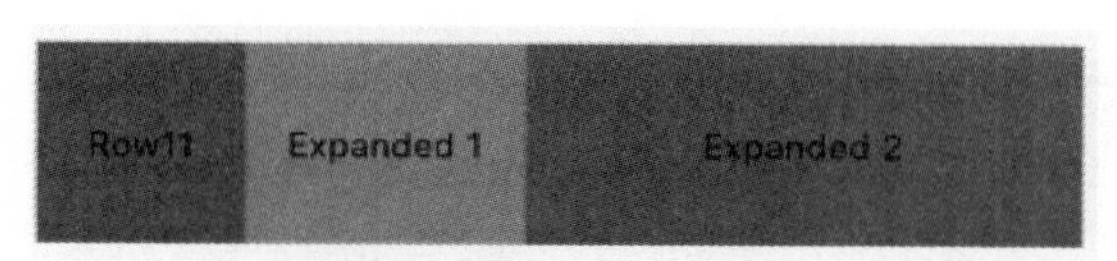

图 4.23 Expanded 布局组件以 1：2 的比例占用空白区域

4.4.4 Table 布局组件

有时候，我们还希望组件在屏幕中以表格的形式呈现出来，Table 布局组件就可以帮助我们实现这种效果。Table 布局组件的使用方法如下。

```
Table(
  defaultVerticalAlignment: TableCellVerticalAlignment.middle,    // 单元格默认对齐方式
  defaultColumnWidth: FixedColumnWidth(80.0),                     // 表格中每列的默认宽度
  children: [
    TableRow(children: [
      buildItem("Row11", Colors.redAccent),
      buildItem("Row12", Colors.orangeAccent),
      buildItem("Row13", Colors.yellowAccent),
      buildItem("Row14", Colors.greenAccent),
    ]),
    TableRow(children: [
      buildItem("Row21", Colors.redAccent),
      buildItem("Row22", Colors.orangeAccent),
      buildItem("Row23", Colors.yellowAccent),
      buildItem("Row24", Colors.greenAccent),
    ])
  ],
),
```

上面这个 Table 布局组件会像图 4.24 这样布局它的子组件。

通过 Table 布局组件，我们轻松实现了类似行列布局的效果。相对于线性布局，表格布局更适合复杂的场景。如果仅需要显示一行或者一列组件，使用 Row 和 Column 组件显然更加方便。

上述代码中，使用 Table 布局组件的 defaultColumnWidth 属性设置了默认列宽。如果要使每一列拥有不同的宽度，可以使用 Table 布局组件的 columnWidths 属性。

```
Table(
  columnWidths: {
    0: FixedColumnWidth(100.0),
    2: FixedColumnWidth(50.0),
  },
  defaultColumnWidth: FixedColumnWidth(80.0),
  // ...
)
```

columnWidths 属性接受一个键值对，键为列的索引值，值为列的宽度值，表格中第一列的索引为 0，因此，上面的代码中分别指定了第 1 列和第 3 列单元格的宽度分别为 100.0 与 50.0，其余列依然是 defaultColumnWidth 属性设置的默认宽度，如图 4.25 所示。

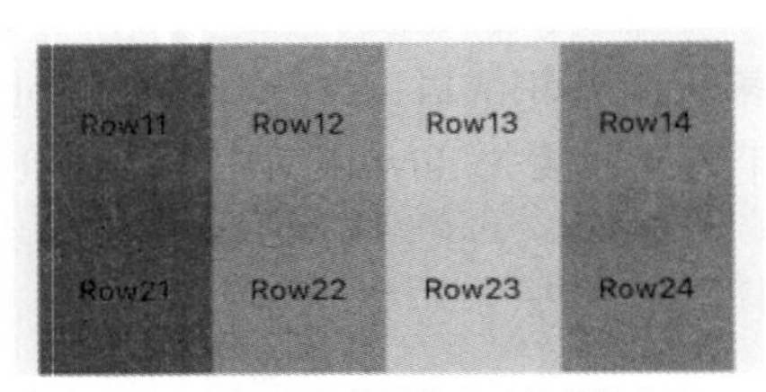

图 4.24　Table 布局组件中子组件的布局

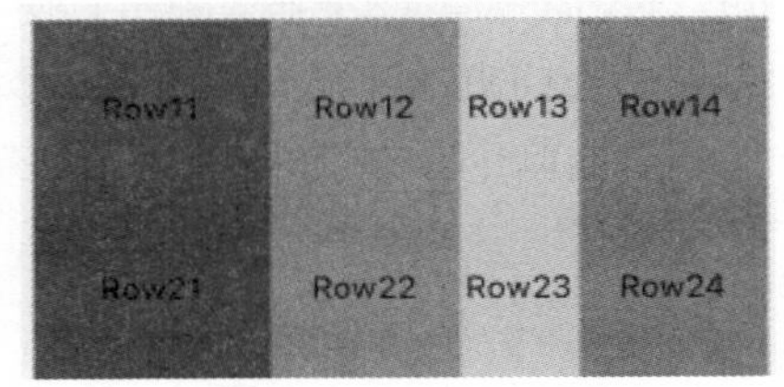

图 4.25　设置第 1 列单元格的宽度为 100 像素，第 3 列单元格的宽度为 50 像素

defaultVerticalAlignment 可以可以指定表格中每一项在垂直方向上的默认对齐方式，那么如何指定每个单元格中子组件的对齐方式呢？通过观察上面的代码，我们发现，Table 组件中的子组件都由 TableRow 组件管理。事实上，Table 组件的 children 属性仅接受 TableRow 类型的组件。

TableRow 组件就是表格中的一组水平单元格，Table 组件要求其中的每个 TableRow 类型的子组件数必须相同，否则就会报错。为了单独指定一个子组件的垂直对齐方式，需要使用 TableCell 来包裹对应的子组件，如下所示。

```
Table(
  // ...
  children: [
    TableRow(children: [
      buildItem("Row11", Colors.redAccent),
      buildItem("Row12", Colors.orangeAccent),
      buildItem("Row13", Colors.yellowAccent),
      TableCell(
        verticalAlignment: TableCellVerticalAlignment.bottom,
        child: Container(
```

```
          height: 50.0,
          color: Colors.greenAccent,
          alignment: Alignment.center,
          child: Text(
            "Row14",
          ),
        ),
      )
    ]),
    // ...
  ],
)
```

上面的代码中，使用 TableCell 包裹了标记为 Row14 的 Container 组件并将 verticalAlignment 属性设置为 TableCellVerticalAlignment.bottom。这时，Row14 的垂直对齐方式为居底，效果如图 4.26 所示。

另外，还可以通过 border 设置图 4.27 所示表格的边框样式，代码如下。

```
Table(
  // ...
  border: TableBorder.all(width: 2.0, color: Colors.blue),
),
```

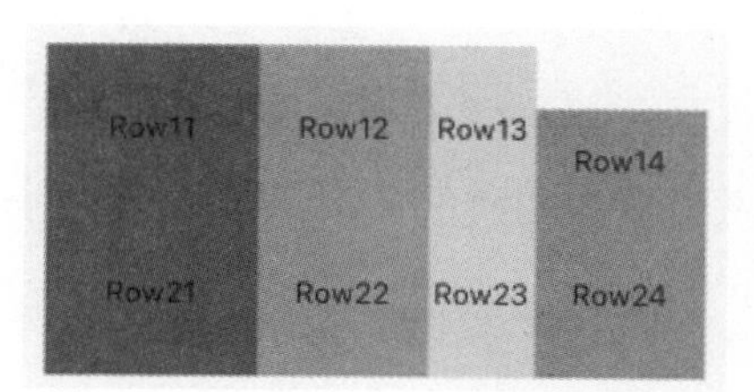

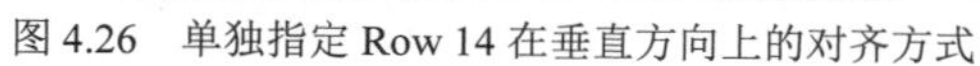
图 4.26　单独指定 Row 14 在垂直方向上的对齐方式

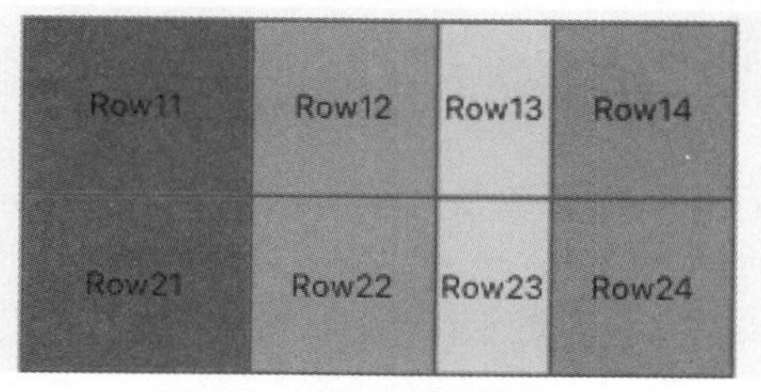

图 4.27　表格的边框样式

4.5 小结与心得

本章先解释了 Flutter 中与布局相关的原理，其中涉及布局约束、RenderObject 树这些底层概念，虽然我们有时并不需要直接接触它们，但这些内容对我们解决实际开发时中遇到的问题有非常重要的意义。在实践的部分，我们应用这些概念手动实现了一些自定义的布局组件，最后我们才开始学习 Flutter 内置的一些组件。对于初学者来说，这是深入学习一门技术的最佳方案之一。当我们能够实现自己的 Center 组件后，我们应该能够体会如何使用它一定不会成为难倒我们的绊脚石。

深入理解本章的内容后，读者完全可以尝试阅读 Row、Column 这些内置布局组件的源代码来学习 Flutter 框架层的实现，这是我们成为高级开发者的一盏指路明灯。

第5章　Dart进阶

随着对Flutter技术的深入了解，我们需要进一步学习Dart。本章会介绍Dart中的几个重难点，探索一些更高级的特性和用法，包括其他语言没有的混入（mixin）以及Dart的异步编程。

5.1 混入

之前的章节介绍了如何在Dart中使用extends关键词声明类的父类，以实现类的继承。如下面的代码所示，Cat类表示Animal类的子类。

```
class Cat extends Animal{

}
```

这里，Cat类就会直接继承Animal类中的各种属性和方法。然而，和其他大部分面向对象语言一样，Dart中类的继承机制通常为单继承。也就是说，Cat类继承了Animal类后就不能再继承其他的类了，带来的结果就是每个类只能继承一个父类的代码，有时候程序中的代码就不能得到充分的复用。混入就是Dart中为开发者提供的一种可以使一个类同时复用其他多个类的代码的机制。这种机制使我们更加容易实现类之间的代码复用。

在动物世界中，部分动物的行为通常是相同的。Animal类中的行为如图5.1所示，青蛙和袋鼠都有跳跃（jump）这种行为。当定义Frog类时，在继承Animal类得到动物的多个共有属性之后，还可以在Frog类中实现青蛙特有的行为——游泳和跳跃。如果要再创建一个继承自Animal类的Kangaroo（袋鼠）类，由于Animal类中并没有跳跃这个行为，因此就必须在Kangaroo类中重写jump()方法。

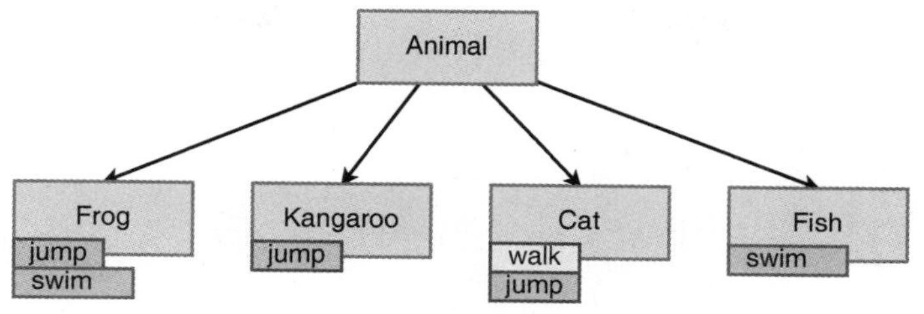

图 5.1 Animal 类中的行为

这种在 Frog 类和 Kangaroo 类中写上重复代码的方式固然可行，但长此以往，代码将变得非常臃肿。混入的多继承特性可帮助我们解决这个问题，在定义各个动物类之前，先将它们的行为抽象出来形成单独的类。

```
class Jumper {
  void jump() {
    print("跳跃...");
  }
}

class Swimmer {
  void swim() {
    print("游泳...")
  }
}
```

上面定义了 Jumper 和 Swimmer 这两个类，因此可以使用下面这种混入的形式定义 Frog 类。

```
class Frog extends Animal with Jumper, Swimmer {

}
```

在定义类名和父类后，通过 with 关键字混入 Jumper、Swimmer 两个类，Frog 便同时拥有了 Swimmer 类和 Jumper 类中的所有属性与方法，因此我们可以正常调用里面的方法。

```
Frog frog = Frog();
frog.jump(); // 跳跃...
frog.swim(); // 游泳...
```

这时，Frog 类就犹如将 Jumper 类和 Swimmer 类中的代码隐式地复制到了自己的类主体中。Kangaroo 类中可以只混入 Jumper 类。

```
class Kangaroo extends Animal with Jumper {

}
```

我们依然可以调用混入的 jump()方法。

```
Kangaroo kangaroo = Kangaroo();
kangaroo.jump(); // 跳跃...
```

这样我们就完美地复用了多个类中的代码。另外，如果要使 Jumper 和 Swimmer 这样的类仅用于混入而不能被实例化，可以直接使用 mixin 声明它们，下面是具体的实现代码。

```
mixin Jumper {
  void jump() {
    print("跳跃...");
  }
}

mixin Swimmer {
  void swim() {
    print("游泳...");
  }
}
```

混入中的方法覆盖

在使用混入的过程当中，我们还应该考虑一些可能会遇到的问题。其中一个问题就是，当一个类中混入的多个类中有重复的方法或者属性时，这个类最终会以哪种方式呈现。其中涉及了混入的方法覆盖问题。这里以下面的代码为例来详细介绍这个特性。

```
class A {
   void printMsg() => print('A');
}
mixin B {
    void printMsg() => print('B');
}
mixin C {
    void printMsg() => print('C');
}

class BC extends A with B, C {}
class CB extends A with C, B {}

main() {
    var bc = BC();
    bc.printMsg();

    var cb = CB();
    cb.printMsg();
}
```

上面的代码中，定义了 A 类以及 B、C 两个混入类型，其中，A、B、C 中都有相同的方法 printMsg()。BC 和 CB 类都同时继承自 A 并混入了 B、C，它们唯一的不同是混入的顺序不同，BC 类使用的是 with B, C，而 CB 类使用的是 with C, B。运行这段代码，输出结果如下。

```
C
B
```

这里，我们可以看出即使混入相同的类，BC 类实现的是 C 类中的方法，而 CB 类实现的是 B 类中的方法，而 A 类中的 printMsg()没有执行。造成这个结果的原因其实就是在混入机制中，先混入的类中的方法和属性会被后混入的类覆盖。当在 BC 类来中以 extends A with B, C 方式混入时，A 类则会被 B 类覆盖，B 类又会被 C 类覆盖。混入类中的方法覆盖如图 5.2 所示。因此，最终 BC 类的输出结果为 C。

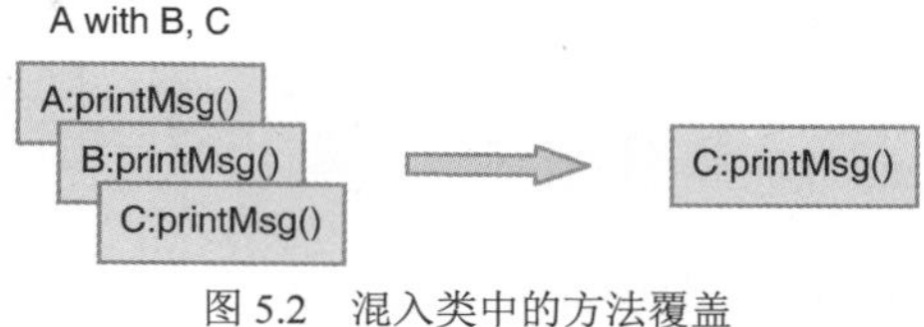

图 5.2　混入类中的方法覆盖

5.2 异步编程

在学习异步编程之前，我们应当首先清楚地认识到 Dart 是一种单线程模型的语言。也就是说，在主程序开始运行之后，每一行代码执行的任务开始后永远不会被其他线程打断，直到这个任务结束才会执行下一个任务。为了在实际代码中模拟这个执行任务的过程，我们尝试在程序入口处运行两个函数。

```
void firstTask() {
  for (int i=0; i<100000; i++) {
    doSomethings();
  }
  print("任务一执行结束");
}

void secondTask() {
  doAnotherthings();
  print("任务二执行结束");
}

void main() {
  firstTask();
  secondTask();
}
```

main()函数中调用的第一个函数 firstTask()中完成了数次循环，运行这段代码需要消耗一定时间。因为这个过程不能被打断，所以 secondTask()必须要等 firstTask()结束后才能执行。最终，这段程序的输出结果如下。

```
任务一执行结束
任务二执行结束
```

我们可以想象，尽管这种运行方式符合我们的预期并且能够按部就班地完成需要执行的每个任务，但 Flutter 通常不会按照默认的方式顺序调用每一个任务。因为在这种情况下，当程序遇到一个像 firstTask()一样耗时的任务时，接下来的每一个任务都必须一直等待，直到

firstTask()结束，才能运行，非常影响程序的性能。因此 Dart 和 JavaScript 这类单线程语言内部通常会有异步编程机制，做法就是将程序中耗时的任务尽量放在运行后期执行，以达到其他任务快速得到反馈的效果，在 Dart 中，这种概念基于**事件循环**。

5.2.1　事件循环

Dart 中事件循环（event loop）的实现主要依靠两个异步队列，分别是事件队列（event queue）和微任务队列（microtask queue）。Dart 规定每当遇到耗时任务时，都会将它们放入异步队列中，等到其他任务执行完后，事件循环就会循环获取两个队列中的异步任务来执行。事件循环机制可用图 5.3 表示。

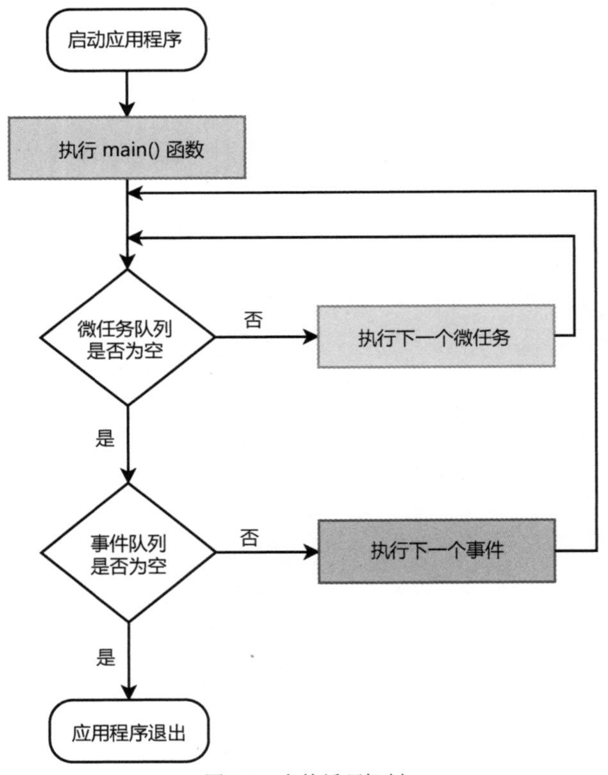

图 5.3　事件循环机制

从图 5.3 可以看出，应用程序启动后首先会执行 main()函数，执行的过程中会将碰到的耗时的任务放入异步队列中，等到 main()函数执行完毕，就会依次执行微任务队列和事件队列中的任务。从这里我们也可以看出，即使同是异步事件，也会有先后顺序之分，这就是我们要清楚事件循环内部机制的原因。在应用程序退出之前，事件循环就像一台一直在工作的驱动器，每当有异步事件到来时，就会把它放入队列中并执行（见图 5.4）。

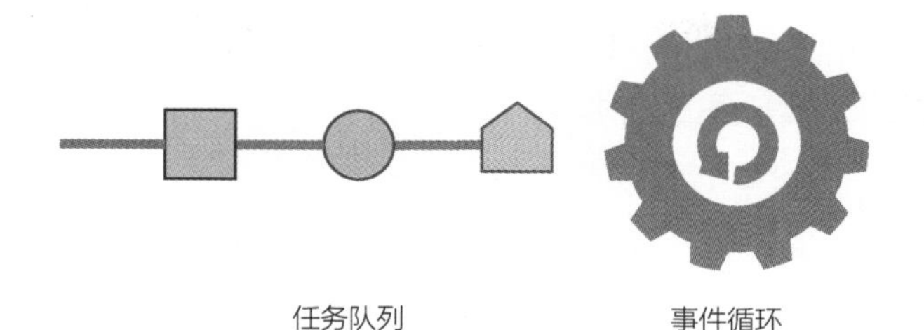

图 5.4 异步任务的执行

最后，当两个异步队列都为空并且不会再有其他异步事件时，应用程序就会自动退出。

5.2.2 微任务队列

微任务队列用来放入一些耗时相对较短的异步任务。事件循环会在同步任务结束后、事件队列中的任务执行前执行微任务队列中的任务。在下面的代码中，通过调用 async 包下的 scheduleMicrotask()方法就可以将 firstTask()函数表示的任务放入微任务队列中。

```
import 'dart:async';

void firstTask() {
  for (int i=0; i<100000; i++) {
    doSomethings();
  }
  print("任务一执行结束");
}

void main() {
  scheduleMicrotask(firstTask);
  secondTask();
}
```

这里，我们将之前的 firstTask()函数传入 scheduleMicrotask()函数中之后，Dart 会认为 firstTask()是一个异步任务，并将它放到微任务队列的尾部。运行程序后，firstTask()就会在 secondTask()函数执行结束后执行。最终，输出结果如下。

```
任务二开始执行
任务一执行结束
```

由于任务二是同步任务，因此它比任务一先执行。我们还可以从图 5.3 中看出，微任务队列总是优先于事件队列。也就是说，当微任务队列不为空时，事件队列中的任务将一直不会执行，所以为了保持程序的流畅，通常不会向微任务队列放过多的任务。在 Flutter 源代码中，微任务队列通常用于资源释放等需要立即执行的操作，而在应用开发中我们应当尽量不使用微任务队列，而使用事件队列作为异步任务的载体。

5.2.3 事件队列

Dart 中的大部分耗时任务放在事件队列中，包括所有的外部任务（如键盘事件、手势事件、渲染事件、计时器等)。也就是说，应用程序运行后，如果用户单击屏幕上的某个按钮，这个手势事件也会被放入事件队列中。当微任务为空时，事件循环就会依次执行事件队列中的事件，如图 5.5 所示，即响应触摸事件。

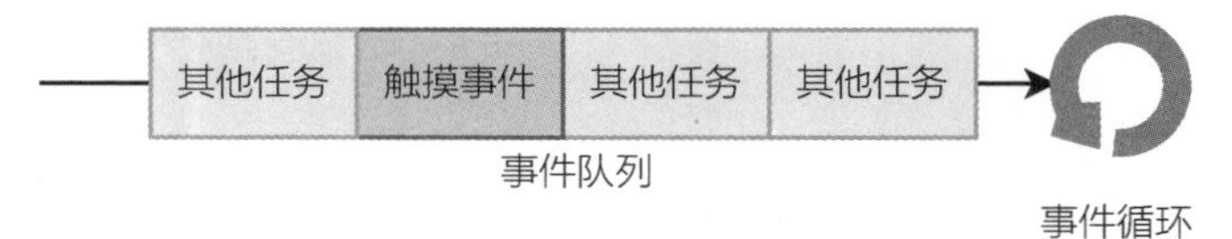

图 5.5　执行事件队列中的事件

除了系统内置的异步任务（如接受单击事件）外，如果要在事件队列中放入自己的耗时任务，可以使用 async 包下的 Future 类来完成。这个类提供了 Future()和 Future.delayed()两个构造函数。如果要将事件立即放入事件队列中，可以使用 Future()传入一个函数，例如，下面这种做法。

```
// 立即将任务放入事件
Future(() {
  // 异步代码
  print('异步任务');
});
```

这时，Future()内的代码就会在同步任务和微任务之后运行，我们可以将它理解为未来将会执行的一个任务。这个异步任务执行完之后，可以通过它的 then()方法在异步任务完成后接收到通知，执行下一步操作。

```
Future(() {
  print('Future 异步任务');
}).then((_) {
  print('Future 任务完成，下一步操作');
});
```

then()方法同样接受一个回调函数，在异步任务完成后它会立即执行，这个回调函数还接受一个参数，表示异步任务的返回值。当异步任务中没有需要返回的参数时，使用_忽略这个参数，_表示 null。

Future()还提供了 Future.delayed()构造函数，用于在之后的某个时间点将任务放入事件队列中。

```
// 1s 后将任务放入事件对中
new Future.delayed(const Duration(seconds:1), () {
  // 异步代码
});
```

上面这个耗时的任务就会在 1s 后放入事件队列中。最后，可以试着在 main()函数使用 Future()实例化的对象验证是否能够按照预期完成异步操作。

```
void main(){
    print('同步任务一');

    Future(() {
      print('Future 任务');
      return 'msg';
```

```
    }).then((v) {
      print('Future 任务完成并接收到 $v');
    });

  scheduleMicrotask(() {
      print('Microtask 任务');
    });

    print('同步任务二');
}
```

执行这段代码后，Future 任务在同步任务和微任务后执行，并在完成后调用 then 回调函数。最终的输出结果如下。

```
同步任务一
同步任务二
Microtask 任务
Future 任务
Future 任务完成并接收到 msg
```

FutureBuilder

Flutter 还提供了 FutureBuilder 组件，专门用来接受 Future 对象。FutureBuilder 组件的使用方法如下。

```
Future<String> _calculation = Future<String>.delayed(
  Duration(seconds: 2),
  () => '完成了！',
);

@override
Widget build(BuildContext context) {
  return FutureBuilder<String>(
    future: _calculation, // Future<String> 对象
    builder: (BuildContext context, AsyncSnapshot<String> snapshot) {
      List<Widget> children;
      // 异步任务完成，snapshot.data 表示异步任务返回的数据
      if (snapshot.hasData) {
        children = <Widget>[
          Padding(
            padding: const EdgeInsets.only(top: 16),
            child: Text('数据: ${snapshot.data}'),
          )
        ];
      }
      // 异步任务执行中
      else {
        children = <Widget>[
          SizedBox(
            child: CircularProgressIndicator(),
            width: 60,
```

```
            height: 60,
          ),
          const Padding(
            padding: EdgeInsets.only(top: 16),
            child: Text('等待异步事件完成……'),
          )
        ];
      }
      return Center(
        child: Column(
          mainAxisAlignment: MainAxisAlignment.center,
          crossAxisAlignment: CrossAxisAlignment.center,
          children: children,
        ),
      );
    },
  );
}
```

FutureBuilder 组件接受两个属性——future 和 builder。future 属性接受一个 Future 对象，这里_calculation 对象会在 2s 后放入事件队列中并执行。执行完成后，会返回“完成了”字符串，FutureBuilder 就会接受任务完成的通知。builder 属性接受一个构建函数，这个构建函数用来构建展示这个异步对象的组件。这个构建函数接受两个参数，一个是当前的 BuildContext 对象，另一个就是表示异步数据的 snapshot。

在构建函数中，通过 snapshot.hasData 判断异步任务是否完成。如果任务没有完成，展示一个加载框组件 CircularProgressIndicator()。任务完成后，FutureBuilder 就会接收到通知，重新构建组件。最终，将 FutureBuilder 组件返回的数据使用 Text 组件展示出来，如图 5.6 所示。

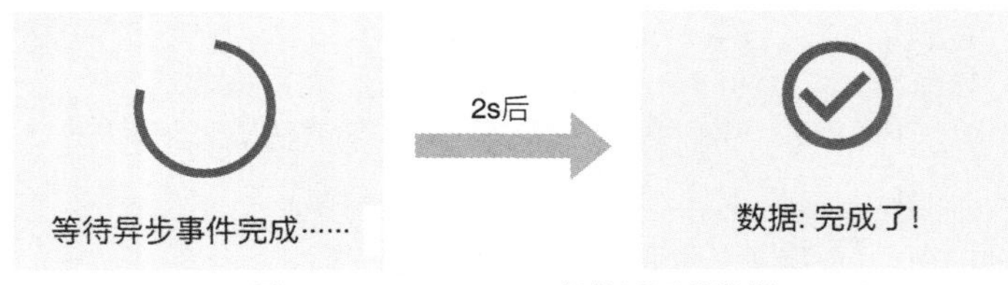

图 5.6　FutureBuilder 组件返回的数据

5.2.4　异步函数

Dart 的异步包中还提供了 async/await 关键词来帮助我们写出专门执行异步任务的函数。如下面的代码所示，当在函数体前使用 async 关键词时，Dart 就会认为这个函数是异步函数，它的返回值必须为一个 Future 对象。

```
Future<String> task1() async {

}
```

在异步函数内，可以使用 await 关键词，并且 await 关键词只能在异步函数中使用，它主要用来修饰被调用的其他函数。例如，在下面的代码中，在异步函数 task1()中使用 await task2()来完成异步操作。

```
task1() async {
  // 同步代码块
  print("task1 开始");

  await task2();

  // 异步代码块
  print("task1 结束");
}

task2() {
  // 同步代码块
  print("task2 开始");

  // 异步代码块
  Future((){
    print('task2 执行 Future 任务');
  }).then((_){
    print('task2 的 Future 任务执行完成');
  });
}

void main(){
  print("main 开始");
  task1();
  print("main 结束");
}
```

当程序开始执行异步函数 task1()时，并不会直接将它的全部内容放入事件队列中并执行，而会同步执行到第一个使用关键词 await 的地方。因此，上述代码中的 print("task1 开始")将会在 print("main 开始")后同步执行，直到执行到 await task2()，task1()暂停，程序转而执行 await 修饰的 task2()。

task2()中的 print("task2 开始") 依然会作为同步代码执行，而碰到 task2()中的 Future()后，就会将这里的任务放入事件队列中。这里，await 关键词表示等待 task2()中的异步任务全部完成后才继续向下执行，所以在 await 关键词后的内容就会被放入事件队列中作为异步代码。最终，这段代码的输出结果如下。

```
main 开始
task1 开始
task2 开始
main 结束
task1 结束
task2 执行 Future 任务
task2 的 Future 任务执行完成
```

5.3 泛型

泛型是指定数据类型的一种方式，Dart 中，可以使用尖括号来指定泛型的类型，例如，在之前的介绍中，我们就使用泛型来定义 List 中元素的数据类型。

```
var names = List<String>();           // 泛型类型为 String
names.add('Yang');                    // 正确
names.add(42);                        // 错误
```

这种定义方式有很多好处，在上面的例子中，指定泛型为字符串类型后，如果向它添加其他错误类型，编译器就会直接抛出错误，这种特性可以帮助我们写出更加安全的代码。

泛型另一个非常重要的作用就是减少代码的重复。泛型可以使我们在众多数据类型中共享同一个类。例如，下面这个 ObjectCache 类可以用来存放 Object 类型的数据。

```
abstract class ObjectCache {
  Object getByKey(String key);
  void setByKey(String key, Object value);
}
```

当要定义一个可以存放 String 类型的类时，就必须创建一个 StringCache 类。

```
abstract class StringCache {
  String getByKey(String key);
  void setByKey(String key, String value);
}
```

如果要存放其他类型，还需要重新创建若干个类。如果使用泛型，可以避免这些麻烦，只需要定义一个模板类即可。

```
abstract class Cache<T> {
  T getByKey(String key);
  void setByKey(String key, T value);
}
```

这里，T 就表示一个类型占位符，在使用这个类时，可以将它指定为任意类型，如 Cache 等。

5.3.1 限制类型

当使用泛型时，可能需要限制能够传入的类型，示例代码如下。

```
class Foo<T extends SomeBaseClass> {
  // 其他方法...
  String toString() => "Instance of 'Foo<$T>'";
}

class Extender extends SomeBaseClass {...}
```

这时，就可以通过下面这些方式使用 Foo 类。

```
var someBaseClassFoo = Foo<SomeBaseClass>();
var extenderFoo = Foo<Extender>();
```

```
print(someBaseClassFoo.toString()); // 'Foo<SomeBaseClass>'的实例
print(extenderFoo.toString());      // 'Foo<Extender>'的实例
```

而当泛型不是 SomeBaseClass 子类时，就会报错。

```
var foo = Foo<Object>();   // 错误，Object 不是 SomeBaseClass 类型
```

5.3.2 泛型方法

根据 Dart 的最新语法，可以在函数中使用泛型。

```
T first<T>(List<T> ts) {
  // ...
  T tmp = ts[0];
  return tmp;
}
```

从这里，我们可以看到，T 类型泛型可以应用在函数返回的类型（T）、参数的类型（List）以及函数内变量的类型（T tmp）中。

在使用泛型方法的过程中，可以参略泛型。此时，编译器会根据输入的参数直接确定泛型，下面给出一段示例代码。

```
var fruits = ["apple", "banana", "cherry"];
var lengths = fruits.map((fruit) => fruit.length);
```

这里 map()方法的实现如下。

```
class Iterable<T> {
  Iterable<S> map<S>(S transform(T element)) {
    // ...
  }
}
```

这个方法存在 S、T 两个类型占位符，因为传入的匿名函数的参数 fruit 属于字符串类型，所以编译器能直接推断出 T 是 String。同时，由于匿名函数返回的 fruit.length 属于 int 类型，因此这里的 S 在这个函数中就代表 int，而这个函数返回的就是一个 Iterable 类型的对象。

在之后的章节中，我们可以结合示例学习 Dart 中泛型的更多用法。

5.4 小结与心得

完成本章的学习后，你已经完全具备踏上 Dart 进阶之路的条件了，Dart 中的混入机制、异步机制等概念都非常值得学习，因为这正是 Dart 与其他语言的区别。第 9 章会继续探讨 Dart 异步机制中的 Stream，相信它也能给你带来不一样的开发体验。熟知这些概念并将它们付诸实践，精通 Dart 自然不在话下。如果你已经做好准备，请翻开下一章，继续揭开 Flutter 另一层神秘的面纱。

第6章 动画管理

动画是使一个应用程序变“活”的重要元素之一。当我们在页面中使用一些炫酷的动画效果之后，就会很容易抓住用户的眼球，但动画对应用程序的性能有影响。为了实现动画，需要一直重新绘制组件，因此本章不仅会介绍如何在屏幕中实现动画，还深入讨论如何实现一些高性能的动画。

Flutter 中实现动画的方式有很多种，我们会从最基础的实现方式讲起，逐步探索，层层揭秘，从动画的 4 个要素到动画组件再到隐式动画。相信读者学习完本章的内容后，可以轻松实现复杂的动画效果。

6.1 动画的 4 个要素

动画在各个平台中的实现原理基本相同。动画主要由一段时间内一系列连续变化的图像构成，每幅图像又称作动画帧。在 Flutter 中，动画的实现过程被量化成一个值区间，我们可以利用这些值设置组件的各个属性。本节将会结合代码展示这一点。

动画的 4 个要素是插值器、曲线模型、TickerProvider 和 Animation 类，它们是动画实现中重要的部分。动画的 4 个要素在动画的实现过程中担任不同的角色。

6.1.1 插值器

插值器（tween）是为动画提供起始值和结束值的一个对象。在 Flutter 中，动画其实就是从起始值到结束值的一个过渡过程。默认情况下，Flutter 中的动画会将起始值与结束值分别定义为 double 类型的 0.0 和 1.0。此时。这个插值器的插值区间就是[0.0, 1.0]。也可以使用下面这个方法定义自己的插值器，并将插值区间定义为[−200, 0]。

```
tween = Tween<double>(begin: -200, end: 0);
```

除了数值的变化之外，也可以将插值设置为任何需要改变的对象值。在下面的例子中，使用泛型将插值类型设置为 Color 对象，并将起始值设置为红色，将结束值设置为蓝色，使用这个插值器生成的动画执行后，就会产生由红色渐渐地变成蓝色的动画。

```
Tween<Color> tween =  Tween<Color>(begin: Colors.red, end: Colors.blue);
```

除了通过泛型自定义插值类型之外，Flutter 也提供了很多具体类型的插值器，如 ColorTween、SizeTween、AlignmentTween 等。下面是关于 ColorTween、SizeTween、AlignmentTween 的示例。

```
ColorTween colorTween = ColorTween(begin: Colors.red, end: Colors.black); // 颜色插值器

SizeTween sizeTween = SizeTween(begin: Size(10.0, 10.0), end: Size(100.0, 100.0));
// 尺寸插值器，从起始大小过渡到最终大小

AlignmentTween alignmentTween = AlignmentTween(begin: Alignment.topLeft,
end: Alignment.bottomRight);   // 对齐方式插值器，从左上角过渡到右下角
```

6.1.2　曲线模型

曲线（curve）是用来调整动画过程中随时间的变化率的对象。默认情况下，动画的插值会根据图 6.1 中这种均匀的线性模型变化。

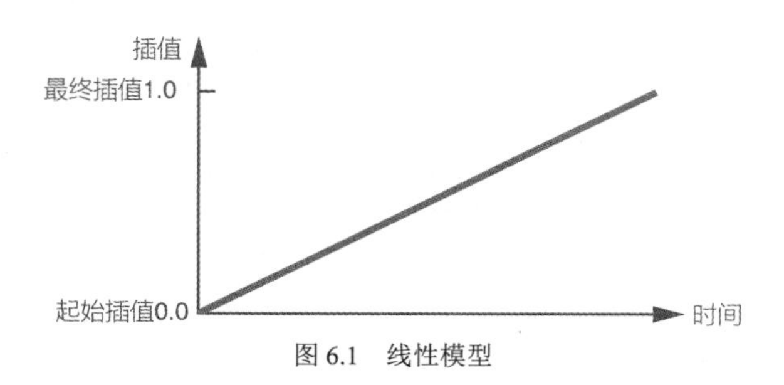

图 6.1　线性模型

除了线性模型外，Flutter 内部也内置了很多种如曲线、渐出渐入等曲线模型。可以使用枚举类 Curves 中的 Curves.decelerate、Curves.ease、Curves.easeIn、Curves.easeOut 等对象获取曲线模型。

开发者可以继承 Curves 类来自定义动画的变化率，比如，设置为加速、减速或者先加速后减速等曲线模型。下面的 CustomCurve 就是自定义的曲线。

```
class CustomCurve extends Curve {
  final double count;
  CustomCurve({this.count = 1});

  @override
  double transformInternal(double t) {
```

```
    return sin(count * 2 * t) * 0.5 + 0.5;
  }
}
```

在自定义曲线模型时，主要需要自定义 Curve 中的 transformInternal()方法，它接受的 double 数值 t 总是介于 0.0～1.0，分别表示动画从起始到结束的各个阶段，可以根据这个值定义动画的变化率。

6.1.3 TickerProvider

Flutter 中的动画以插值器的改变为基础，通过不断地重绘屏幕上的组件而实现状态的改变。为了保证动画的流畅性，动画播放过程中的重绘帧率通常需要在每秒 60 帧以上。同时，为了节约性能，这种重绘操作应当只针对需要实现动画的组件，因此 Flutter 提供了 Ticker。Ticker 可以应用在 Flutter 中的每个对象上，一旦某个对象实现了 Ticker 的功能，每次动画帧改变，屏幕重绘时就会通知这个对象。

Ticker 的实现涉及引擎层，在使用过程中，我们并不需要手动实现 Ticker，Flutter 提供的 TickerProvider 类可以帮助我们快速使对象获悉通知。通常情况下，我们会在有状态组件对应的 State 类中使用 with 关键词混入 TickerProviderStateMixin 来完成这个功能。

```
class _MyAnimationState extends State<MyAnimation>
    with TickerProviderStateMixin {

}
```

with TickerProviderStateMixin 会使这里的_MyAnimationState 类拥有处理动画的各种方法，目前，关于插值器、曲线和 TickerProvider 的内容都有一点抽象，我们会在下面应用它们实现各种效果的动画。

6.1.4 Animation 类

Animation 类是 Flutter 中实现动画的核心类，它主要保存了动画播放过程中当前的插值和状态。与插值器相对应，默认情况下，Animation 中存储的插值器的区间为 double 类型的[0.0, 1.0]。这时，这个动画对象的类型可以使用 Animation<double> 表示，它的 value 属性就表示动画当前的插值。

由于插值在动画播放过程中会在区间内逐渐改变，因此当使用 Animation 对象的 value 作为组件的属性后，组件就会随着动画的开始而呈现出不同的状态。例如，下面这个容器使用 value 作为 height 属性的值，动画播放后容器的高度就会由 0 逐渐变为 100。

```
Container(
  width: 100.0,
  height: value * 100,
```

```
    color: Colors.blue,
  )
```

动画对象的 status 属性表示动画执行过程中的状态，它是枚举类 AnimationStatus 的一个对象，它主要保存了动画的如下 4 种状态。

```
enum AnimationStatus {
  /// 动画处于停止状态
  dismissed,
  /// 动画从头到尾执行中
  forward,
  /// 动画从尾到头执行中
  reverse,
  /// 动画已执行完
  completed,
}
```

针对 Animation 的 value 和 status 两个属性，可以为 Animation 对象添加两种不同类型的监听器，分别是“值监听器”和“状态监听器”。设置了这两种监听器后，每当动画中的插值或者状态改变时，监听器都可以得到相应的通知，这与 TextField 组件中 onChanged 属性表示的回调函数类似，即每当输入框中的内容改变时就会调用 onChanged 属性表示的回调函数。

可以通过 Animation 对象中的 addListener()方法为它添加值监听器，这个方法以一个回调函数作为参数。此时，每当动画内的插值发生变化，就会触发这个回调函数。通常情况下，会在这里调用 setState(){} 来重建组件，从而实现动画状态的更新，具体做法如下。

```
animation.addListener(() => setState(() {}))
```

同样地，addStatusListener()方法可以为动画对象添加状态监听器。每次动画执行过程中的状态改变时，都会触发这里面的函数调用。下面的状态监听器中，每次动画执行完成后，都会再次执行动画。此时，这个动画就反复播放。

动画开始、完成、前进或回滚等这些状态改变时，会触发传入的回调函数，使用方法如下。

```
animation.addStatusListener((status) {
  if (status == AnimationStatus.completed) {
    _controller.forward();      // 使用动画控制器重新执行动画
  }
});
```

然而，需要注意的一点是，Animation 是一个抽象类，因此我们并不能直接使用它完成动画操作。为此，Flutter 提供了 Animation 的一个实现类——AnimationController。

1. AnimationController 类

AnimationController 类是 Animation 类的一个重要的实现类，前者可以在动画执行过程中根据插值器和曲线模型生成一个新的插值，之后再通过 Ticker 对象将新的插值展示在下一个动画帧中。基于这个特性，AnimationController 类就可以完成控制动画的各种操作，包括动画的启动（forward）、暂停（stop）、回滚（reverse）以及反复（repeat）等。

由于动画需要随时改变组件的状态，因此动画控制器的创建就需要在有状态组件中完成，而实例化一个 AnimationController 对象需要传入两个参数——vsync 与 duration。vsync 参数接受一个 Ticker 对象，duration 参数用来设置动画持续的时长。下面这段代码中，我们就在 _AnimationSampleState 这个有状态组件的状态对象中使用动画控制器实现了一个简单的动画操作。

```
// 混入 SingleTickerProviderStateMixin 使对象实现 Ticker 功能
class _AnimationSampleState extends State<AnimationSample>
    with SingleTickerProviderStateMixin {
  AnimationController _controller;

  @override
  void initState() {
    super.initState();
    // 创建 AnimationController 动画
    _controller = AnimationController(
      vsync: this,
// 传入 Ticker 对象
      duration: new Duration(seconds: 1), // 传入动画持续的时间
    );
    _controller.addListener(() {
      setState(() {});
    });
    startAnimation();
  }

  void startAnimation() {
    // 调用 AnimationController 的 forward 方法启动动画
    _controller.forward();
  }

  @override
  void dispose() {
    _controller.dispose();
    super.dispose();
  }

  @override
  Widget build(BuildContext context) {
```

```
      return Scaffold(
        appBar: AppBar(
          title: Text('Animation'),
        ),
        body: Center(
          child: Container(
            width: _controller.value * 100,
            height: _controller.value * 100,
            color: Colors.green,
          ),
        ),
      );
    }
  }
```

在有状态组件中使用动画控制器时，需要在生命周期函数 initState()中初始化 AnimationController 对象_controller，并在 dispose()中做释放操作。这里首先将已经混入 SingleTickerProviderStateMixin 的状态对象 this 传给了 AnimationController 的 vsync 参数，并将动画的持续时间设置为 1s。

然后，调用了 AnimationController 的 addListener()函数，为它添加值监听器。每次 AnimationController 生成新的插值后，就会调用这个 addListener()函数，调用 setState()函数更新动画执行的状态。

在 startAnimation()方法中，调用_controller 的 forward()方法来启动这个动画。默认情况下，动画控制器的插值区间是 0.0 ～ 1.0 的 double 值，曲线为线性模型。build()方法返回的组件树中，在 Container 组件的 width 和 height 属性上用了这个动画控制器的 value 属性。这个 value 属性就是动画控制器中的插值，在动画播放后会从 0.0 改变到 1.0。此时，Container 组件的高度和宽度也会随着动画的启动而逐渐增大。

2. CurvedAnimation 类

CurvedAnimation 类是 Animation 类的另一个实现类，可以使用前者在动画中应用非线性的其他曲线对象。

```
AnimationController _controller;
Animation<double> curveAnimation;

@override
void initState() {
  // ...
 _controller = AnimationController(vsync: this, duration: new Duration(seconds: 1),
  );
  // 创建曲线模型为 Curves.easeOut 的动画对象
```

```
  curveAnimation = CurvedAnimation(parent: _controller, curve: Curves.easeOut);
}
```

创建 CurvedAnimation 对象时需要传入 parent 参数，它接受需要改变曲线模型的 Animation 对象。这里传入了一个已经创建的 AnimationController 对象_controller，curve 参数接受的就是具体的曲线对象。这里使用 Curves.easeOut 这个曲线对象，它会使动画拥有“快开始，慢结束”的变化速率。我们依然可以将动画对象 curveAnimation 的 value 属性放在容器中。

```
// 容器 1 直接使用_controller 对象的插值
Container(
  width: _controller.value * 100,
  height: _controller.value * 100,
)
// 容器 2 使用 curveAnimation 对象的插值
Container(
  width: curveAnimation.value * 100,
  height: curveAnimation.value * 100,
)
```

上面的代码中，将 curveAnimation 的 value 值作为属性值放在另一个容器中后，再次调用_controller.forward()，两个容器就都会呈现出各自的动画效果。使用 curveAnimation.value 的容器 2 的动画会在 1s 内以 Curves.easeOut 的变化速率完成。从这里可以看出，我们可以使用一个动画控制器对象_controller 同时控制多个动画。

另外，还可以通过 CurvedAnimation 的 reverseCurve 属性设置动画回滚时要使用的曲线模式。

```
curveAnimation = CurvedAnimation(
  parent: _controller,
  curve: Curves.easeOut,
  reverseCurve: Curves.easeInOut,
)
```

这时，如果调用_controller.reverse()方法，就会从插值的结束值开始以“慢开始，快结束”的速率播放 curveAnimation 动画。

3. Tween.animate

Tween.animate 是在动画中自定义插值器的方法，这个方法同样接受一个 Animation 对象。Tween.animate 可以生成出一个带有指定插值器的动画对象。下面是 Tween.animate 的具体使用方法。

```
AnimationController _controller;
Animation<Color> tweenAnimation;

@override
void initState() {
  // ...
  Tween<Color> tween =  Tween<Color>(begin: Colors.red, end: Colors.blue);
  tweenAnimation = tween.animate(_controller);        // 创建含有插值器的动画对象
}
```

上面的代码中，首先创建了一个 Tween<Color> 类型的颜色过渡插值器，并调用了它的 animate 方法。这个方法就会生成一个 Animation<Color> 类型的动画对象。当再次使用_controller.forward()启动动画后，下面这个容器的颜色就会在动画播放过程中从红色过渡到蓝色。

```
Container(
  width: 100,
  height: 100,
  color: tweenAnimation.value,
)
```

同样可以向 Tween.animate 传入一个 CurvedAnimation 类型的动画对象。如下面的代码所示，alpha 这个动画对象不仅使用了我们自己设置的曲线对象 Curves.easeOut，还使用了自定义的 IntTween 类型的插值器。

```
AnimationController controller = AnimationController(
    duration: const Duration(milliseconds: 500), vsync: this);
final Animation curve =
    CurvedAnimation(parent: controller, curve: Curves.easeOut);

// 向 Tween.animate 方法传入一个 CurvedAnimation 对象
Animation<int> alpha = IntTween(begin: 0, end: 255).animate(curve);
```

6.2 动画组件

学完了 Flutter 中动画的 4 个基础组成部分，我们就可以尝试实现一些简单的动画效果了，但这种实现方法确实非常麻烦。为了实现一个动画，我们不得不写很多模板代码。比如，在 Animation 的值监听器回调函数中，几乎所有场景下都只调用 setState()，而 setState()会导致重建整棵组件树，在一定程度上这会影响到应用程序的性能。再比如，实现动画的 State 对象时每次都需要手动地混入 SingleTickerProviderStateMixin。

为了使动画的实现更加简单，Flutter 提供了更加方便的动画组件和隐式动画组件，本节介绍如何使用动画组件实现动画效果。

6.2.1 内置动画组件

Flutter 内部提供了下面这些可以直接使用的动画组件。

- AlignTransition：与 Align 组件对应的动画组件，可以控制子组件对齐方式的切换。
- SlideTransition：可以控制组件偏移位置的动画组件。
- ScaleTransition：可以控制组件比例的动画组件。
- RotationTransition：可以控制旋转角度的动画组件。
- SizeTransition：可以控制大小的动画组件。

- FadeTransition：可以控制透明度的动画组件。
- RelativePositionedTransition：与 Positioned 组件对应的动画组件，可以用于组件位置的切换。

这些动画组件使用起来非常方便，而且使用方法非常相似。本节以 AlignTransition 组件为例，实现组件对齐方式的切换。AlignTransition 组件的使用方法与 Align 组件类似。首先，可以在容器中放入 AlignTransition 组件。

```
Container(
  height: 300.0,
  color: Colors.green,
  child: AlignTransition(
    alignment: alignmentAnimation,
    child: Container(
      width: 200,
      height: 100,
      color: Colors.red,
    ),
  ),
),
```

AlignTransition 组件的 alignment 的属性接受一个 Animation<Alignment> 类型的动画对象，表示这个动画组件保存的插值是 Alignment 类型的，而其他类型的动画组件（如 SlideTransition）接受的就是 Offset 类型的动画对象，ScaleTransition 接受默认的 double 类型的动画对象。可以使用对应类型的插值器 AlignmentTween 生成这个动画对象 alignmentAnimation，具体方法如下。

```
Animation<Alignment> alignmentAnimation;

@override
void initState() {
  super.initState();
  // 初始化动画控制器
  _controller = AnimationController(vsync: this, duration: Duration(seconds: 1));

  // 创建插值为 Alignment 类型的动画对象
  AlignmentTween alignmentTween =
    AlignmentTween(begin: Alignment.topLeft, end: Alignment.bottomRight);
  alignmentAnimation = alignmentTween.animate(_controller);
}
```

在 AlignmentTween 中可以配置动画的插值区间，这里会将组件的对齐方式从左上角切换到右下角。当使用_controller.forward()开启动画后，就会实现图 6.2（a）～（c）所示的动画效果。

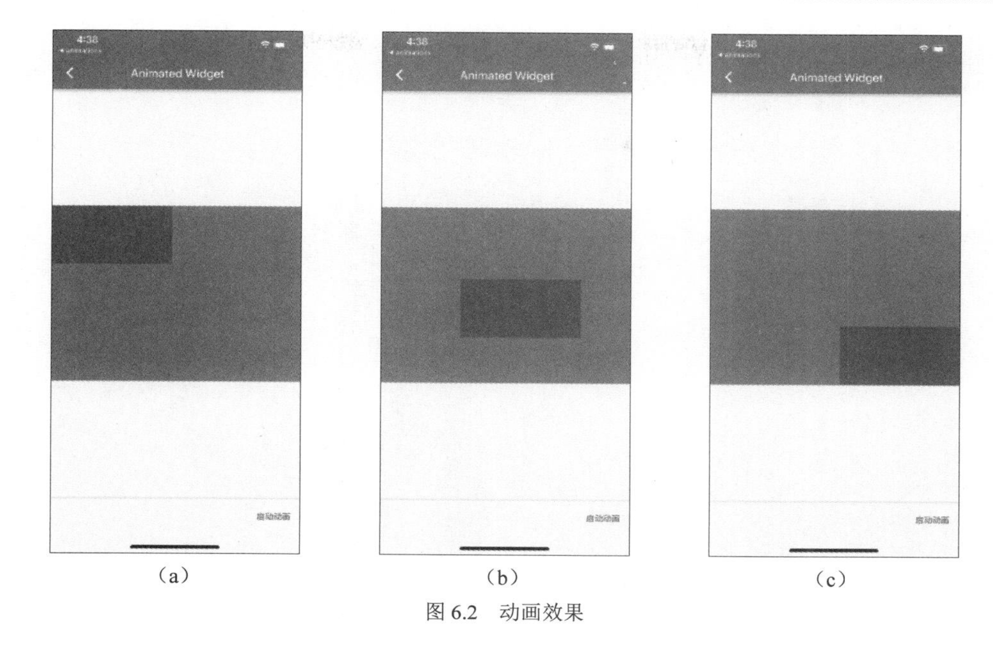

（a）　　　　（b）　　　　（c）

图 6.2　动画效果

另外，值得关注的是，这里定义的动画控制器_controller 并不需要设置值监听器来更新组件状态，因为在动画组件内部已经自动完成了这部分操作。

6.2.2 AnimatedWidget

尽管已经拥有很多像 AlignTransition 这样的动画组件，但当需要实现一些特殊的动画效果时，这些组件可能并不能完全符合我们的预期，因此我们还应该学会如何实现自己的动画组件。通过阅读源代码，我们可以发现所有的内置动画组件都继承自 AnimatedWidget 这个有状态组件，它里面就封装了实现动画的模板。AnimatedWidget 组件的实现非常简单，部分代码如下。

```
abstract class AnimatedWidget extends StatefulWidget {
  // 每当动画执行时，就会重建这个组件，以更新动画状态

  // 接受一个 Listenable 对象，这里指的就是 Animation 对象
  const AnimatedWidget({
    Key key,
    @required this.listenable
  }) : assert(listenable != null),
       super(key: key);

  // 重写 build 方法，传入一个需要使用动画的组件
  @protected
  Widget build(BuildContext context);

  @override
```

```
  _AnimatedState createState() => _AnimatedState();
}

class _AnimatedState extends State<AnimatedWidget> {

  // 为动画设置监听器，动画执行过程中自动调用 setState 更新状态
  @override
  void initState() {
    super.initState();
    widget.listenable.addListener(_handleChange);
  }

  // 释放动画监听器
  @override
  void dispose() {
    widget.listenable.removeListener(_handleChange);
    super.dispose();
  }

  void _handleChange() {
    setState(() {
    });
  }

  @override
  Widget build(BuildContext context) => widget.build(context);
}
```

从上面的代码可以看出，AnimatedWidget 是一个抽象类，可以通过继承它实现自己的动画组件。这里，子类中只需要重写 build()方法即可。注意，Animation 类本身继承自 Listenable 类，因此 AnimatedWidget 类内置的 listenable 就代表我们可能传入的 Animation 或者 AnimationController 类型的对象。下面的 MoonTransition 就是实现的 AnimatedWidget 组件。

```
class MoonTransition extends AnimatedWidget {
  MoonTransition({Key key, Animation<double> animation})
      : super(key: key, listenable: animation);

  @override
  Widget build(BuildContext context) {
    final Animation<double> animation = listenable;
    return Container(
      height: 500,
      decoration: BoxDecoration(
        shape: BoxShape.circle,
        gradient: LinearGradient(
          begin: Alignment.topCenter,
          end: Alignment.bottomCenter,
```

```
          colors: [
            Colors.yellow,
            Colors.transparent,
          ],
          stops: [0, animation.value],
        ),
      ),
    );
  }
}
```

MoonTransition 的 build 方法中实现了一个装饰有渐变颜色的圆形容器，LinearGradient 的 stops 接受一个 double 类型的数组并且数量必须和 colors 属性中颜色对象数组的数量相等，表示从开始到结束的渐变颜色起始与结束位置。这里将起始值设置为 0，将结束值设置为动画对象 animation 中动态更新的插值。

最后我们只需要在使用 MoonTransition 时传入 AnimationController 对象，动画播放后，这个圆形容器就会有像月亮一样逐渐浮现的效果，如图 6.3（a）～（c）所示。

（a）

（b）

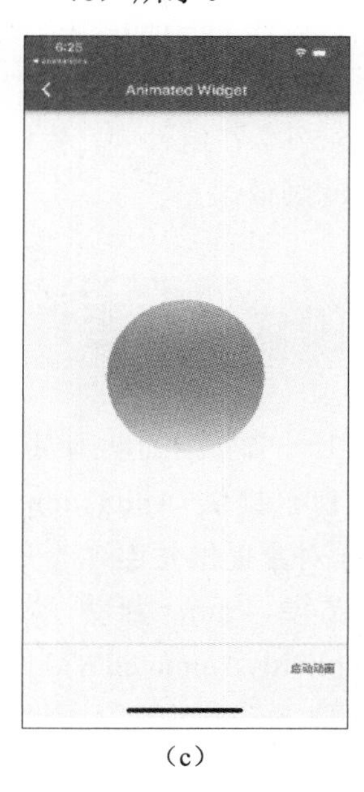

（c）

图 6.3 圆形容器的效果

6.2.3 AnimatedBuilder

除了通过直接继承 AnimatedWidget 自定义动画组件外，在不需要单独定义组件的情况下，还可以使用 AnimatedBuilder 实现相同类型的动画。下面是 AnimatedBuilder 的基本使用方法。

```
AnimatedBuilder(
  animation: _controller,
```

```
  builder: (BuildContext context, Widget child) {
    return Container(
      height: 200,
      decoration: BoxDecoration(
        shape: BoxShape.circle,
        gradient: LinearGradient(
          begin: Alignment.topCenter,
          end: Alignment.bottomCenter,
          colors: [
            Colors.yellow,
            Colors.transparent,
          ],
          stops: [0, _controller.value],
        ),
      ),
    );
  },
)
```

我们可以在上面的代码看到，AnimatedBuilder 的 animation 参数依然需要接受一个动画对象，我们可以传递一个控制器对象_controller，builder 参数接受一个 builder 函数并返回需要执行动画的组件。在组件中，我们可以应用动画对象的插值，动画执行时，相关的组件就会呈现出相应的动画效果。

6.3 隐式动画组件

利用上一节介绍的动画组件，我们可以方便地封装出一系列动画组件，但是这种实现方式需要我们自己提供 Animation 对象，并且需要手动通过控制器来启动动画，组件的属性由 Animation 对象提供并连续改变，从而达到动画的效果。这个过程过于复杂，为了使动画使用起来更加方便，Flutter 帮助开发者从另一个角度以更简单的方式实现了动画效果——隐式动画组件（ImplicitlyAnimatedWidget）。

通过隐式动画组件，开发者不需要手动实现插值器、曲线等对象，甚至不需要使用 AnimationController 来启动动画。隐式动画组件的实现方式更贴近对组件本身的操作，可以直接通过 setState()函数改变隐式动画组件的属性值，它在内部会自动实现动画的过渡效果，这种方式隐藏了动画实现的所有细节。

Flutter 内部提供了如下实用的隐式动画组件：

- AnimatedAlign；
- AnimatedContainer；
- AnimatedDefaultTextStyle；

- AnimatedOpacity；
- AnimatedPadding；
- AnimatedPhysicalModel；
- AnimatedPositioned；
- AnimatedPositionedDirectional；
- AnimatedPhysicalModel；
- AnimatedTheme。

本节以 AnimatedContainer 和 AnimatedOpacity 这两个常用的隐式动画组件为例，解析上述这些组件的使用方法。

6.3.1　AnimatedContainer 组件

AnimatedContainer 组件是常用的隐式动画组件之一。从名字可以看出，AnimatedContainer 组件是以动画形式形成的容器组件。AnimatedContainer 组件的使用方法和 Container 组件非常相似。下面是 AnimatedContainer 组件的基本使用方法。

```
double width = 100;
double height = 100;
Color backgroundColor = Colors.blue;

AnimatedContainer(
  duration: Duration(milliseconds: 2000),
  width: width,
  height: height,
  color: backgroundColor,
)
```

隐式动画组件都接受一个 duration，以设置动画持续时长，AnimatedContainer 组件的其他参数与 Container 组件一样。上面的代码中，分别使用 width、height 和 backgroundColor 参数设置 AnimatedContainer 的宽度、高度与颜色。要使隐式动画组件产生动画，只需要使用有状态组件的 setState()函数改变这些变量的值就可以。

```
void startAnimation() {
  setState(() {
    width = 300;
    height = 200;
    backgroundColor = Colors.green;
  });
}
```

更新状态后，组件就会从上一次的宽度、高度和颜色在指定时间内平滑过渡到最新的宽度、高度与颜色（见彩插），如图 6.4（a）～（c）所示。

（a）

（b）

（c）

图 6.4　组件的过渡

默认情况下，过渡时使用线性曲线对象。通过设置隐式动画组件的 curve 属性，可以自定义曲线模型。

```
Alignment alignment = Alignment.topLeft;
AnimatedContainer(
  duration: Duration(milliseconds: 2000),
  curve: Curves.easeInOut,
  alignment: alignment,
  width: 300,
  height: 200,
  color: Colors.green,
  child: Container(
    width: 100,
    height: 100,
    color: Colors.red,
  ),
)
```

上面的代码中，将 AnimatedContainer 组件的 alignment 参数设置为 alignment 变量表示的值。调用下面这个 startAnimation()方法并使用 setState()函数改变 alignment 变量的值后，内部的红色容器（见彩插）就会成功从左上角以 Curves.easeInOut 曲线模型过渡到右下角，如图 6.5（a）～（c）所示。

```
void startAnimation() {
  setState(() {
    alignment = Alignment.bottomRight;
  });
}
```

（a）

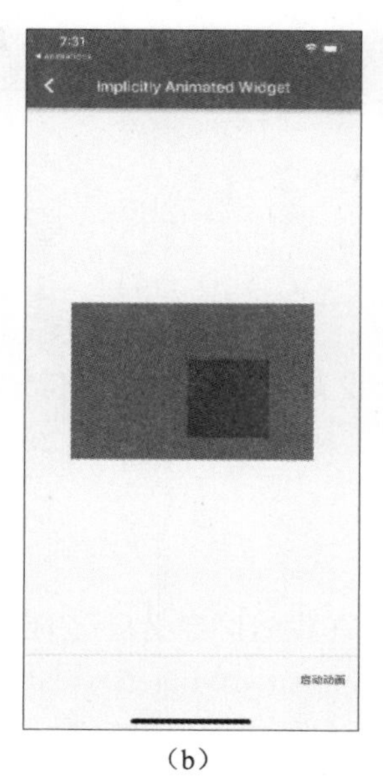

（b）

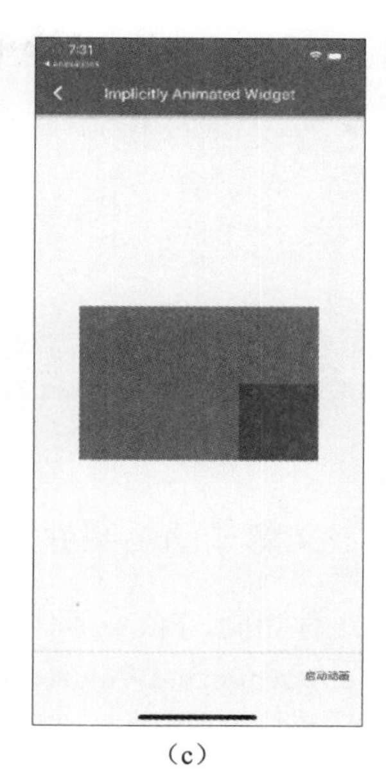

（c）

图 6.5 内部容器的过渡

6.3.2 AnimatedOpacity 组件

常用的隐式动画组件 AnimatedOpacity 可用于实现关于组件透明度的过渡动画。与 AnimatedOpacity 组件对应的正常组件是 Opacity 组件，AnimatedOpacity 组件属于修饰子组件的一种。介绍 AnimatedOpacity 之前，先讲述 Opacity 组件的使用方法。

Opacity 组件的使用方法如下所示。

```
Opacity(
    opacity: 0.5,
    child: Text("hello"),
)
```

Opacity 组件内部的 opacity 属性可以设置为 0.0～1.0 的浮点数。如果把 opacity 属性设置为 0，就表示全透明，此时子组件将会在屏幕上消失。上面将 opacity 属性设置为 0.5，就可以使内部的容器以半透明的形式呈现，如图 6.6 所示。

图 6.6 半透明的容器

这类装饰组件还包括 Transform、BackdropFilter、DecoratedBox 等，感兴趣的读者可以查询它们的使用方法。

在使用 AnimatedOpacity 组件时，可以设置 duration、curve 和 opacity。

```
double opacity = 0.0;

AnimatedOpacity(
```

```
    duration: Duration(milliseconds: 2000),
    opacity: opacity,
    child: Container(
      width: 100.0,
      height: 100.0,
      color: Colors.green,
    ),
  )
```

使用 setState()方法将 opacity 设置为 1.0 后，内部的容器就会随着透明度的改变逐渐浮现。

6.3.3 自定义隐式动画组件

与动画组件相同，Flutter 同样允许我们自定义自己的隐式动画组件，这主要需要使用两个类——ImplicitlyAnimatedWidget 和 AnimatedWidgetBaseState。

ImplicitlyAnimatedWidget 类是所有隐式动画组件的父类，属于一个有状态组件，构造函数中仅需要接受 curve 与 duration 两个参数。

```
const ImplicitlyAnimatedWidget({
  Key key,
  this.curve = Curves.linear,
  @required this.duration
})
```

AnimatedWidgetBaseState 类是 ImplicitlyAnimatedWidget 所对应的状态类，自定义的隐式动画组件所对应的 State 类必须继承自这个类。下面就是一个使用 ImplicitlyAnimatedWidget 类与 AnimatedWidgetBaseState 类实现的可以过滤图片颜色的自定义隐式动画组件。

```
class MyAnimatedWidget extends ImplicitlyAnimatedWidget {
  MyAnimatedWidget({
    Key key,
    this.color, // 初始的过滤颜色
    this.child, // 子组件
    Curve curve = Curves.linear,
    @required Duration duration,
  }) : super(key: key, curve: curve, duration: duration);

  final Color color;
  final Widget child;

  @override
  _MyAnimatedWidgetState createState() => _MyAnimatedWidgetState();
}

class _MyAnimatedWidgetState extends AnimatedWidgetBaseState<MyAnimatedWidget> {
  ColorTween _colorTween;
```

```
  @override
  void forEachTween(TweenVisitor<dynamic> visitor) {
    _colorTween = visitor(_colorTween,
                          widget.color,
                          (value) => ColorTween(begin: value));
  }

  @override
  Widget build(BuildContext context) {
    return ColorFiltered(
      child: widget.child,
      colorFilter: ColorFilter.mode(
          _colorTween.evaluate(animation), BlendMode.modulate),
    );
  }
}
```

这里，MyAnimatedWidget 是继承自 ImplicitlyAnimatedWidget 的有状态组件，前者接受继承的 duration 和 curve 参数，并且把 duration 设置为必要参数，curve 的默认值设置为线性曲线模型。这里，MyAnimatedWidget 可以以自己的 child 参数作为子组件，color 参数用来配置图片初始的过滤颜色。

实现动画的部分主要在状态类_MyAnimatedWidgetState 中。这里，除了需要重写继承自 State 类的 build()方法外，还需要重写继承自 AnimatedWidgetBaseState 的 forEachTween()方法。forEachTween()是实现隐式动画的核心方法，这个方法会在每次执行 build()函数之前调用。接受的 visitor 参数是一个返回插值器对象的回调函数，初始情况下变量_colorTween 为 null，回调函数以_colorTween 作为第一个参数，第二个参数为需要更新的属性值。每次在组件外使用 setState()函数改变属性时，就会被 forEachTween()方法感知。如果与之前的属性值不一样，则会执行动画，最后一个参数是创建插值器对象的构造函数，最终构造出来的对象会被赋值给_colorTween。

接下来，在 build()函数中，使用_colorTween.evaluate(animation) 获得当前动画对象的当前插值，这个 animation 对象由父类 AnimatedWidgetBaseState 生成。至此，我们就实现了这个隐式动画组件。

接下来，以下面这种方式使用这个隐式动画组件。

```
Color color = Colors.red;
MyAnimatedWidget(
  duration: Duration(milliseconds: 2000),
  color: color,
  child: Image.asset('images/flutter.png'),
)
```

每次在组件中调用 setState()更新 color 变量后，就会被_MyAnimatedWidgetState 的 forEachTween()方法感知到并执行状态过渡动画（其中的颜色变化见彩插），如图 6.7（a）～（c）所示。

```
setState(() {
  color = Colors.blue;
});
```

（a）

（b）

（c）

图 6.7　状态过渡动画

6.3.4　TweenAnimationBuilder

和动画组件中的 AnimatedBuilder 相同，为了使开发者更加方便地开发自定义的隐式动画组件，Flutter 推出了另一个隐式动画生成器——TweenAnimationBuilder。当使用 TweenAnimationBuilder 时，只需要向 duration 参数传入动画时长，向 tween 参数传入插值器对象，并在 builder 参数表示的函数中构造出使用动画的组件即可。下面是使用 TweenAnimationBuilder 实现的一个可以旋转组件的动画。

```
double angle = 0;
TweenAnimationBuilder<double>(
  tween: Tween<double>(begin: 0, end: angle),
  duration: Duration(seconds: 2),
  builder: (BuildContext context, double angle, Widget child) {
    return Transform.rotate(
      angle: angle,
      child: Image.asset('images/flutter.png'),
    );
  },
)
```

上面的代码中，为 TweenAnimationBuilder 的 tween 参数传入了一个 double 类型的插值器，

builder 参数接受一个带 3 个参数的建造（build）函数。第 1 个参数 context 表示当前上下文对象，第 2 参数 angle 表示当前动画的插值，第 3 个参数 child 是执行动画的组件的子组件。builder 参数接受的函数内部返回了需要使用动画的组件。

这里使用 Transform 组件的 rotate 构造函数可以使子组件围绕中心旋转指定的角度，当动画执行时，会改变 angle 值从而实现组件持续旋转的效果。接下来，就可以使用 setState()函数更新 angle 值，从而改变对应插值器的 end 值。

```
setState(() {
  angle = 2 * math.pi; // 旋转 180°
});
```

另外，TweenAnimationBuilder 的 builder 参数接受的函数直接返回需要使用动画的组件，动画执行后就会导致 Transform 和它的子组件全部重建。然而，在这个例子中，动画执行过程中只需要改变 Transform 的角度，而它的子组件并不需要重建，所以也可以使用下面的方法实现这个动画。

```
TweenAnimationBuilder<double>(
  tween: Tween<double>(begin: 0, end: 2),
  duration: Duration(seconds: 2),
  builder: (BuildContext context, double angle, Widget child) {
    return Transform.rotate(
      angle: angle,
      child: child,
    );
  },
  child: Image.asset('images/flutter.png'),
),
```

在代码中，我们可以看到，builder 参数接受的函数中返回的 Transform 的子组件使用第 3 个参数 child 代替，而这里的 child 就是 TweenAnimationBuilder 的子组件 Image.asset('images/flutter.png')，因此在动画执行过程中仅会重建 Transform 组件，而它内部的 child 就不会被重建。

6.4 小结与心得

整个动画的实现过程可以拆解为 4 个要素，它们各司其职。其中，动画控制器是实现动画的核心类，掌握它以后，我们就可以在动画的世界里游刃有余了。介绍了动画的基础实现后，为了进一步提高开发效率与应用性能，本章讲述了动画组件与隐式动画。关于这部分内容，本章不仅深入浅出地介绍了内置动画组件的使用方法，还分别实现了自定义的动画组件和隐式动画组件。

如今，学习了这么多动画的实现方法，我们难免会有些激动。但同时，我们可能会面临一个问题，就是不知道选择哪一种方式来实现动画。建议首先考虑使用内置的隐式动画组件和动画组件，它们不但高效，而且使用起来非常方便。

那么如何在两种内置动画组件之间做选择呢？这两种组件类型的区别在于，动画组件需要自定义动画控制器对象，而隐式动画虽然使用起来更加方便，但失去了对它的完全控制权。因此，当我们需要直接控制动画做一系列操作（例如，重复播放或者具有更多的控制权）时，选择使用动画组件；为了方便使用，选择隐式动画组件。

最后，如果我们找不到符合要求的内置组件，就可以考虑自定义动画组件。这时，我们就需要写更多的代码了。挑战和机会总是对等的，实现一些漂亮的动画后，我们一定会有或多或少的自豪感。下一章会继续探究 Flutter 中两个重要的话题——手势事件与画布，如果你已经做好准备，就可以继续前进了。

第7章　手势事件管理与画布

应用程序的主要作用就是在与用户交互的过程中完成各种即时的任务。移动平台下，用户与应用程序交互的主要方式就是在屏幕上使用各种类型的手势。通过这种方式，应用程序就可以脱离硬件与外部世界交流。本章主要讨论在 Flutter 中如何与用户手势交互。

同时，本章会讲解 Flutter 中关于画布（canvas）的内容。画布是 Flutter 底层中渲染组件的基本方式。当我们想要在屏幕中绘制自定义图像时，一定会接触到它。这时，开发者就能化身为“画家”，屏幕就是他们的画板。学习完这部分内容后，我们就可以发挥自己的聪明才智在屏幕中绘制一些更漂亮的图像。

7.1 手势事件

用户可以使用各种各样的手势与应用程序交互，而开发人员就可以在得到用户的“指令”后完成相应的操作，如滑动手指来拖动滚动列表，单击按钮来改变状态等。在之前的介绍中，我们已经学会了通过 Flutter 中内置的各类按钮组件来响应用户的单击，其实，在内部使用手势探测器来完成这些操作。本节介绍手势探测器是如何完成这些操作的。

7.1.1 手势探测器

手势探测器（GestureDetector）是用于捕获用户与屏幕交互事件的一个无状态组件，它本身没有高度和宽度，但可以用来包裹其他组件。这时，子组件所占的区域就变成了检测事件发生的范围。当用户在它检测的范围内发起某个事件（如单击、双击、长按）时，就会触发对应的回调函数并执行。下面是一个示例。

```
GestureDetector(
  onTap: () {
```

```
    print("onTap");
  },
  child: Container(
    child: Center(
      child: Text('点按')
    ),
  ),
);
```

上面的手势探测器中，使用 onTap 属性来捕获用户的单击事件。这里，GestureDetector 包裹了 Container 容器。当单击容器区域时，就会触发单击事件的 onTap 属性对应的回调函数。

除了单击事件之外，手势探测器还可以检测其他各种手势，如双击、长按、拖曳等。表 7.1 列举了手势探测器中处理点按手势的相关属性。

表 7.1　处理点按手势的相关属性

属性	事件描述
onTapDown	手指按下
onTapUp	手指抬起
onTap	单击
onTapCancel	手势被取消
onDoubleTap	双击

可以将用户的一个单击手势分解为两个过程，即手指按下（onTapDown）、手指抬起（onTapUp）。而单击就发生在这两个过程之间，可以分别指定这一系列属性来捕获用户单击的全过程。除了点按类型之外，手势探测器还提供了处理长按手势的属性（见表 7.2）。

表 7.2　处理长按手势的相关属性

属性	事件描述
onLongPress	手指在屏幕长按一定时间后触发
onLongPressStart	长按开始时触发
onLongPressEnd	长按结束时触发
onLongPressMoveUpdate	长按过程中手指移动时触发

表 7.2 中的 onLongPress 和 onLongPressStart 属性对应的回调函数在 GestureDetector 中的调用次数相等，都在长按手势开始时触发。不同的是，onLongPressStart、onLongPressEnd 和 onLongPressMoveUpdate 属性对应的回调函数都可以接受一个表示长按位置的 LongPressXXXDetails 对象。下面给出一个例子。

```
GestureDetector(
  onLongPress: () {
    print("长按");
  },
```

```
    onLongPressStart: (LongPressStartDetails details) {
      print("长按在" + details.globalPosition.toString() + "位置上开始发生");
    },
    child: Container(
      child: Center(child: Text('长按')),
    ),
  );
```

上面的代码中，使用 onLongPress 和 onLongPressStart 属性来获取用户的长按手势。这里，onLongPressStart 属性对应的回调函数可以使用接受的 LongPressStartDetails 对象获取长按开始的位置。当长按上面这个容器时，控制台就会输出如下数据，这里的 details.globalPosition 是一个表示整个屏幕上偏移位置的 Offset 对象。

```
flutter: 长按在Offset(215.3, 481.3) 位置上发生
flutter: 长按
```

这样，我们就能确定用户是在屏幕中的哪个地方使用手势了。

7.1.2 拖曳手势

拖曳手势指的是用户在长按屏幕时移动手指的位置。这里，可以将用户的手势细化为 3 个过程，即按下、移动、抬起。用户在触碰到屏幕的那一刻起便已经处于按下这个过程了，按下后用户的手指可能会在屏幕上移动，直到手指真正从屏幕离开时才表示这个手势的结束。拖曳组件的过程就可以表示为用户在屏幕上移动手指的这个过程。

GestureDetector 中用于处理拖曳手势的属性总体分为两类，分别是处理垂直拖曳手势的属性和处理水平拖曳手势的属性。

表 7.3 列举了处理垂直拖曳手势的属性。

表 7.3 处理垂直拖曳手势的属性

属性	描述
onVerticalDragDown	用户接触屏幕并准备在垂直方向移动时触发
onVerticalDragStart	用户接触屏幕并开始在垂直方向移动时触发
onVerticalDragUpdate	用户手指在垂直方向移动时触发
onVerticalDragEnd	用户手指在垂直方向移动后、用户手指抬起时触发

表 7.4 列举了处理水平拖曳手势的属性。

表 7.4 处理水平拖曳手势的属性

属性	描述
onHorizontalDragDown	用户接触屏幕并准备在水平方向移动时触发
onHorizontalDragStart	用户接触屏幕并开始在水平方向移动时触发
onHorizontalDragUpdate	用户手指在水平方向移动时触发
onHorizontalDragEnd	用户手指在水平方向移动后、用户手指抬起时触发

下面是使用 GestureDetector 处理具体组件垂直拖动事件的示例。

```
double _top = 0;

Stack(
  children: <Widget>[
    Positioned(
      top: _top,
      child: GestureDetector(
        child: Container(child: Center(child: Text('垂直拖曳')),),
        onVerticalDragDown: (DragDownDetails details) {
        print("拖动在" + details.globalPosition.toString() + "处准备开始");
        },
        onVerticalDragStart: (DragStartDetails details) {
          print("拖动在" + details.globalPosition.toString() + "处开始");
        },
        //垂直拖动事件
        onVerticalDragUpdate: (DragUpdateDetails details) {
          setState(() {
            _top += details.delta.dy;
          });
        },
        onVerticalDragEnd: (DragEndDetails details) {
          print("拖动以" + details.velocity.toString() + "速度结束");
        },
      ),
    )
  ],
)
```

上面的代码中，在 Stack 布局组件中使用了 Positioned 组件。之后，我们就可以使用 Positioned 的 top 属性指定它在 Stack 布局组件中的相对顶部位置了。默认值为 0。Positioned 会展示在 Stack 布局组件中的顶部，如图 7.1 所示。

我们以 GestureDetector 作为 Positioned 子组件。一旦用户在其中做手势操作，GestureDetector 就能直接响应。这里为 GestureDetector 设置了 3 个属性。当用户的手指按下并准备移动时，就会触发 onVerticalDragDown 属性的回调函数，这是拖曳手势的第一个过程。回调函数接受一个 DragDownDetails 类型的参数，它存储了手势按下时的位置。当用户移动手指时，就会触发 onVerticalDragUpdate 属性的回调函数。该回调函数接受一个 DragDpdateDetails 类型的 details 对象，里面保存了用户手指移动过程中的偏移量。这里，可以通过改变状态值_top 来改变组件在垂直方向上的位置。其中，details.delta.dy 表示手指移动过程中垂直方向上的偏移量，垂直移动过程中的水平偏移量始终为 0。图 7.2 展示了垂直拖曳后容器的位置。

图 7.1 Positioned 组件位于 Stack 布局组件的顶部

图 7.2 垂直拖曳后容器的位置

移动结束后，就会触发 onVerticalDragEnd 属性的回调函数，结束此次手势操作，这里接受的 DragEndDetails 类型的参数还可以为我们提供拖动结束时手指在垂直和水平方向上的移动速度。整个移动过程中控制台的输出内容如下。

```
flutter: 拖动在 Offset(194.3, 168.3)处准备开始
flutter: 拖动在 Offset(194.3, 168.3)处开始
flutter: 拖动以 Velocity(20.7, 2271.6)速度结束
```

水平方向与垂直方向上的拖曳过程类似，我们可以自己尝试使用表 7.4 中的相关属性实现水平拖曳组件的功能。

除了在单个方向上的拖曳外，还可以使用 GestureDetector 中的 Pan 类参数来处理两个方向上二维的拖曳事件。表 7.5 展示了处理二维拖曳手势的属性。

表 7.5 处理二维拖曳手势的属性

属性	描述
onPanDown	用户接触屏幕并准备移动时触发
onPanStart	用户接触屏幕并开始移动时触发
onPanUpdate	用户手指移动时触发
onPanEnd	用户手指移动后、用户手指抬起时触发

使用上面这几个参数，就可以随着手指拖曳同时在水平和垂直方向上移动组件。

```
double _top = 0;
  double _left = 0;

Stack(
  children: <Widget>[
    Positioned(
      top: _top,
      left: _left,
      child: GestureDetector(
        child: CircleAvatar(child: Text("A")),
        // 手指按下时会触发此回调函数
        onPanDown: (DragDownDetails details) {
          // 输出手指按下的位置(相对于屏幕)
          print("用户手指在${details.globalPosition}处按下");
        },
        onPanStart: (DragStartDetails details) {
          print("用户手指在${details.globalPosition}处开始移动");
        },
        // 手指滑动时会触发此回调函数
        onPanUpdate: (DragUpdateDetails details) {
          // 用户手指滑动时，更新偏移位置，重新构建
          setState(() {
            _left += details.delta.dx;
            _top += details.delta.dy;
          });
        },
        onPanEnd: (DragEndDetails details){
          // 滑动结束时输出在 x、y 轴上的速度
          print("拖动以 ${details.velocity.toString()} 速度移动结束");
        },
      ),
    )
  ],
)
```

组件拖曳前后的效果如图 7.3（a）与（b）所示。我们可以随意拖动屏幕中的 CircleAvatar 组件到任意位置。

(a)

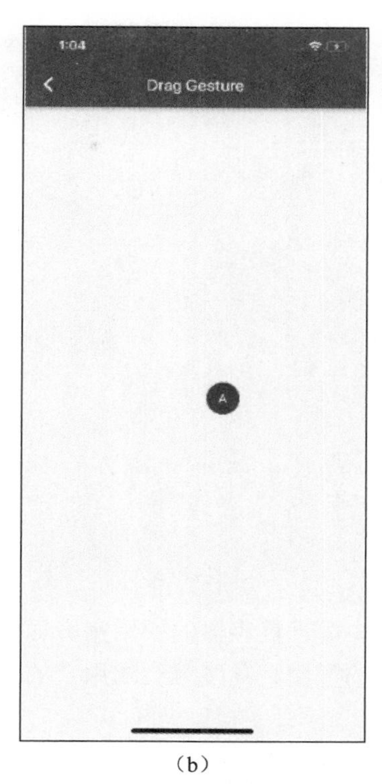

(b)

图 7.3 组件拖曳前后的效果

7.1.3 缩放手势

GestureDetector 中还有用于处理缩放手势的属性，这类属性展示在表 7.6 中。

表 7.6 处理缩放手势的相关属性

属性	描述
onScaleStart	当手指屏幕接触并建立焦点时触发，初始缩放的比例为 1.0
onScaleUpdate	当手指呈现缩放手势时触发
onScaleEnd	当手指离开屏幕时触发

具体示例如下。

```
double _width = 100;
double _height = 100;

Center(
  child: GestureDetector(
    child: Container(
      width: _width,
      height: _height,
```

```
        color: Colors.green,
        child: Center(child: Text('缩放')),
      ),
      onScaleStart: (ScaleStartDetails details) {
        print("用户手指在${details.localFocalPoint.toString()}处开始缩放");
      },
      onScaleUpdate: (ScaleUpdateDetails details) {
        setState(() {
          //缩放比例介于 0.8～10
          _width = _width * details.scale.clamp(.8, 10.0);
          _height = _height * details.scale.clamp(.8, 10.0);
        });
      },
      onScaleEnd: (ScaleEndDetails details) {
        print("缩放以 ${details.velocity.toString()} 速度移动结束");
      },
    ),
)
```

上述代码中，设置容器的初始宽度、高度均为 100.0 像素。然而，当用户在容器中做缩放手势时，容器的宽度、高度就会随用户的手势按照 0.8～10 的比例缩放。

7.2 手势探测器

通过前一节中的手势探测器完成各种交互事件之后，我们不由就会萌生出继续探究其中的原理的热情。这里首先提出一个在开发中可能会遇到的问题。如果在同一个组件中同时嵌套两个 GestureDetector 组件，在单击时，触发的是内部探测器还是外部探测器呢？具体示例如下。

```
GestureDetector(
  onTap: () {
    print("触发外部探测器的单击事件");
  },
  child: Container(
    width: 200.0,
    height: 200.0,
    child: Center(
      child: GestureDetector(
        onTap: () {
          print("触发内部探测器的单击事件");
        },
        child: Container(
          width: 100.0,
          height: 100.0,
```

```
            child: Center(child: Text('单击')),
          ),
        ),
      ),
    ),
  );
```

通过运行代码可以得出一个结论，不论在内部 GestureDetector 之外还是在外部 GestureDetector 内单击，都只会触发外部探测器的单击事件。此时，控制台的输出结果如下。

```
flutter: 触发外部探测器的单击事件
```

当在内部 GestureDetector 中单击时，却只能够触发内部探测器的单击事件。此时，控制台的输出结果如下。

```
flutter: 触发内部探测器的单击事件
```

在内外容器中单击的效果如图 7.4 所示。

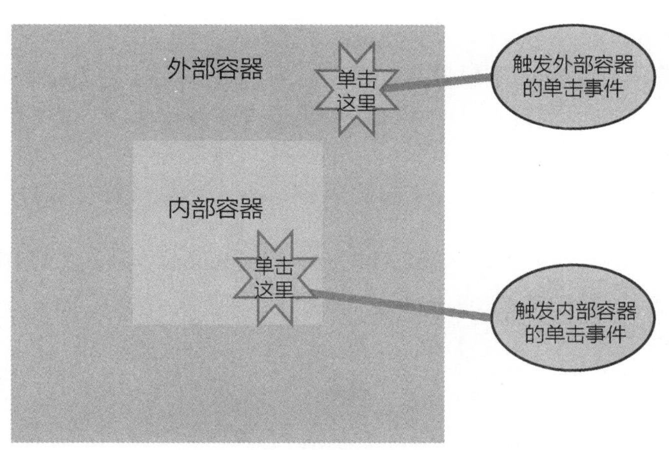

图 7.4　在内外容器中单击的效果

外部探测器的范围其实包括了内部探测器的范围，那么为什么只触发了一种探测器的事件呢？下一节将深究出现这种结果的原因。

7.2.1　手势消歧

造成这种情况的原因来自 GestureDetector 内部的手势消歧规则。任何可触摸的移动设备在设计时都会面临同一个问题，就是当用户同时在屏幕上做出两个手势时如何确定用户想使用哪一个手势，由于 Flutter 内置了自己的引擎，因此这类问题就需要框架自己来解决。在每个 GestureDetector 中，每个检测到的手势都对应一个 GestureRecognizer（手势识别器）对象，当产生多个这种对象时，就会把它们都放入手势竞技场（gesture arena）中并展开竞争，最终的胜出者就是表现出来的手势结果。这个过程就称为 Flutter 中的手势消歧（gesture disambiguation）。框架内部的规则是，当父组件和子组件同时被手势探测器探测时，子组件在竞技场中永远胜出，这就是上面只能触发内部探测器的单击事件的原因。

知道原因后，我们就要想办法解决这个问题，这里我们可以尝试改变手势竞技场的规则。首先，自定义一个 GestureRecognizer 类，代替手势竞技场中默认丢弃事件的操作，当通知这个类识别的手势在竞技场中失败后，我们依然可以响应事件。下面的 WinGestureRecognizer 类就是这种手势识别器。

```
class WinGestureRecognizer extends TapGestureRecognizer {
  @override
  void rejectGesture(int pointer) {
    acceptGesture(pointer);
  }
}
```

WinGestureRecognizer 类继承自 TapGestureRecognizer 类，前者是一个识别点按手势的识别器。这里，重写了 TapGestureRecognizer 的 rejectGesture 方法。这个方法将在手势竞争失败后调用，原来这里会直接将手势事件丢弃，不触发任何事件，而这里调用了原本在竞争成功时才会触发的 acceptGesture(pointer) 函数。通过这种简单的操作，我们便自定义了手势竞技场的规则。

7.2.2　使用手势识别器

要使用上一节中自定义的手势识别器 WinGestureRecognizer，还需要使用 RawGestureDetector 组件，该组件接受自定义的 GestureRecognizer 对象。具体使用方法如下。

```
RawGestureDetector(
  gestures: gesturesParent,
  // 父容器
  child: Container(
    color: Colors.blueAccent,
    child: Center(
      // 内部探测器
      child: RawGestureDetector(
        gestures: gesturesChild,
        // 子容器
        child: Container(
          color: Colors.yellowAccent,
          width: 300.0,
          height: 400.0,
        ),
      ),
    ),
  ),
);
```

上述代码中，RawGestureDetector 的 gestures 属性接受一组 Map 类型的手势识别器，

gesturesParent 的具体定义如下。

```
Map<Type, GestureRecognizerFactory> gesturesParent = <Type, GestureRecognizerFactory>
{
  WinGestureRecognizer: GestureRecognizerFactoryWithHandlers<WinGestureRecognizer>(
    () => WinGestureRecognizer(),        //constructor
    (WinGestureRecognizer instance) {    //initializer
      instance.onTap = () => print('父容器响应');
    },
  )
};
```

GestureRecognizerFactory 类是 Flutter 用来创建手势识别器 GestureRecognizer 对象的手势工厂类，所有的手势识别器对象都由它产生。GestureRecognizerFactoryWithHandlers 是 GestureRecognizerFactory 的一个子类，可以使用 GestureRecognizerFactoryWithHandlers 在构建手势识别器的同时设置响应事件的回调函数。

gesturesParent 的键类型为 Type，表示对象类型，这里可以直接指定为自定义的 WinGesture Recognizer 类型。gesturesParent 的值为 GestureRecognizerFactory 对象，这里传入的就是工厂类 GestureRecognizerFactoryWithHandlers 的对象，构建 GestureRecognizerFactoryWithHandlers 对象时需要传入 constructor 和 initializer 两个回调函数，它们分别用于对手势识别器的创建和初始化。Constructor 回调函数可以返回一个 WinGestureRecognizer 对象，initializer 回调函数会接收到这个对象，我们可以在里面为它设置点按事件的回调函数。每当这个手势识别器接收到点按事件时，就会执行 print('父容器响应')。

RawGestureDetector 的 gestures 属性指定为 gesturesParent 后，就会在接收到点按手势时尝试使用 WinGestureRecognizer 来处理。此时，再次单击内部容器，就可以同时触发内外两个容器的单击事件（见图 7.5）。

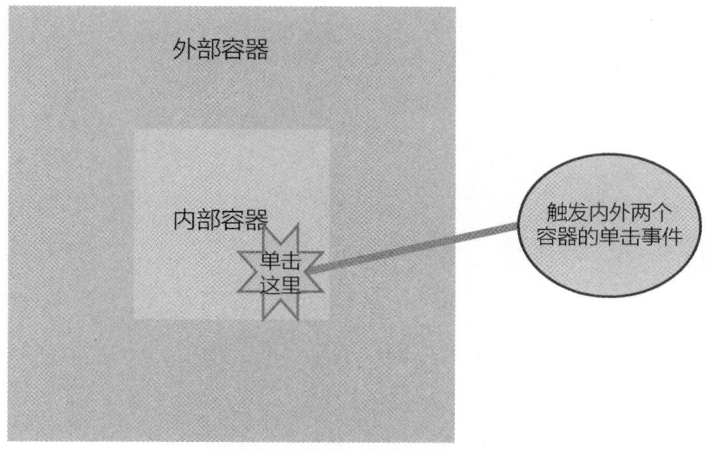

图 7.5　同时触发内外容器的单击事件

7.3 指针事件

前面已经分析了手势探测器中各种手势事件的处理，它们能够通过处理各种回调函数来触发对应的单击、拖曳、缩放等事件。我们还通过自定义手势识别器改变了默认的手势行为，那么手势识别器是如何判断各种手势的呢？页面又是如何确定用户单击的组件的呢？手势识别器在内部就是通过一系列表示用户触摸事件的原始指针的完成判断的。

其实，Flutter 应用中每个显示在屏幕中的页面都会被 Listener 组件包裹。当手指在屏幕中按下时，Listener 组件就能感受到这个指针事件。指针事件对象中存放了这个指针的位置、偏移量等用户与设备屏幕交互的原始数据信息。Listener 组件将这些信息转发给手势识别器之后，手势识别器就可以利用这些信息检测出用户正执行的是哪种手势，以及这些手势应该作用在哪个组件上。

当执行命中测试以确定指针与屏幕接触的地方时，Flutter 在内部会将这个指针事件分发到命中测试找到的所有组件，因此上一节中只要改变手势竞争逻辑就能使同一区域内的所有组件都接受这个事件。

通常情况下，只使用手势探测器便可以满足我们的需求，但如果我们需要直接监听指针事件，可以使用 Listener 组件。Listener 组件的用法如下。

```
import 'package:flutter/gestures.dart';

class ListenerSample extends StatefulWidget {
  @override
  _ListenerSampleState createState() => _ListenerSampleState();
}

class _ListenerSampleState extends State<ListenerSample> {

  int _downCounter = 0;
  int _upCounter = 0;
  double x = 0.0;
  double y = 0.0;

  // 手指按下时触发
  void _incrementDown(PointerEvent details) {
    _updateLocation(details);
    setState(() {
      _downCounter++;
    });
  }
  // 手指抬起时触发
```

```
  void _incrementUp(PointerEvent details) {
    _updateLocation(details);
    setState(() {
      _upCounter++;
    });
  }
  // 手指在区域内移动时触发
  void _updateLocation(PointerEvent details) {
    setState(() {
      x = details.position.dx;
      y = details.position.dy;
    });
  }

  @override
  Widget build(BuildContext context) {
    return Scaffold(
      body: Center(
        child: ConstrainedBox(
          constraints: new BoxConstraints.tight(Size(300.0, 200.0)),
          // 使用 Listener 接受指针事件
          child: Listener(
            onPointerDown: _incrementDown,
            onPointerMove: _updateLocation,
            onPointerUp: _incrementUp,
            child: Container(
              color: Colors.lightBlueAccent,
              child: Column(
                mainAxisAlignment: MainAxisAlignment.center,
                children: <Widget>[
                  Text('手势按下并且抬起的次数:'),
                  Text(
                    '$_downCounter 次按下\n$_upCounter 次抬起',
                  ),
                  Text(
                    '手指正处于位置(${x.toStringAsFixed(2)}, ${y.toStringAsFixed(2)})',
                  ),
                ],
              ))))),
    );
  }
}
```

Listener 组件接受 3 个关于指针事件的参数。其中，onPointerDown 参数接受手指按下时触发的回调函数，onPointerMove 参数接受手指移动时会触发的回调函数，onPointerUp 参数接受的回调函数在手指抬起后触发。这 3 个回调函数都接受一个表示指针事件的 PointerEvent 对象，它里面存放了指针位置等信息。

执行上述代码后，就可以在容器内看到我们执行的各类指针事件的信息，如图 7.6 所示。

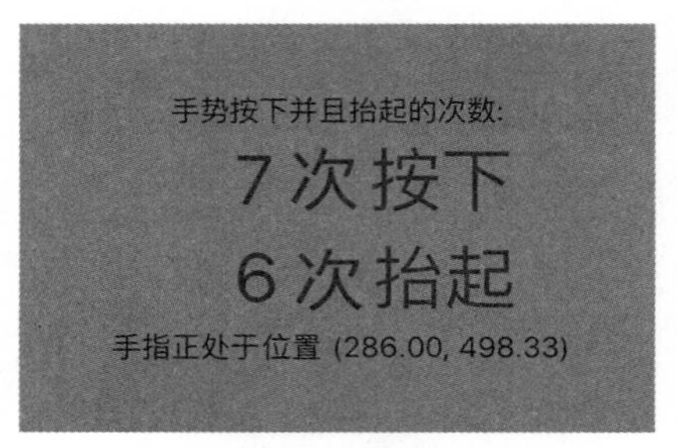

图 7.6　指针事件的信息

7.4 自定义画布

搞定手势的相关知识点之后，我们先暂时将目光转移到自定义画布上来。在 Flutter 中，Canvas 就表示显示屏幕中的一块矩形画布，在它之上，开发者可以绘制自己想要的任何图像。当我们使用现有的组件不能达到我们想要的效果时，就可以在画布中使用绘制的方法将组件呈现出来。

7.4.1 CustomPaint 和 CustomPainter

Flutter 提供了 CustomPaint 帮助我们在组件树中使用自定义画布，CustomPaint 的使用方法如下。

```
CustomPaint(
    painter: MyCustomPainter(),                         // 传入 CustomPainter 对象
    child: CustomWidget(,                               // 可选参数，子组件
    foregroundPainter: ForegroundCustomPainter(),       // 可选参数，前置 CustomPainter 对象
    size: Size(100.0, 100.0),                           // 画布大小，这里设置为 100×100 像素
)
```

CustomPaint 主要接受上面 4 个参数。painter 接受一个 CustomPainter 对象，它表示要在组件中绘制背景图像的“画家”。child 接受一个 Widget 类型的子组件，它将会覆盖在 painter 绘制的图像之上。foregroundPainter 依然接受一个 CustomPainter 对象，它绘制出来的图像会在组件的最上层，并覆盖在子组件之上。默认情况下，画布大小与 CustomPaint.child 参数传入的子组件大小相同，但如果 CustomPaint 没有传入子组件，画布大小就会由传入 size 的 Size 对象确定。Size 接受的两个参数分别表示画布的宽度与高度。

CustomPaint 组件的作用就是提供一张空白的画布，而 painter 和 foregroundPainter 就是在上面绘制图像的画家。因此，开发者要充当“画家”的角色，就需要继承 CustomPainter 类以

实现自定义的图像绘制逻辑。

```
// 自定画板类
class MyCustomPainter extends CustomPainter {
  @override
  void paint(Canvas canvas, Size size) {
    // TODO:实现 paint
  }

  @override
  bool shouldRepaint(CustomPainter oldDelegate) {
    // TODO:实现 shouldRepaint
    return null;
  }
}
```

如上面的代码所示，要继承 CustomPainter 类，需要实现 paint()和 shouldRepaint()两个方法。paint 方法就是我们能与画布直接接触的方法，它接受的 canvas 参数表示我们将要操作的画布对象，size 参数表示画布大小，这样，我们就可以得到了一张拥有固定宽度、高度的画布，如图 7.7 所示。

我们可以使用坐标来指定画布中的任意位置，这里，左上角的坐标表示为 (0, 0)，右下角的坐标为(size.width, size.height)。

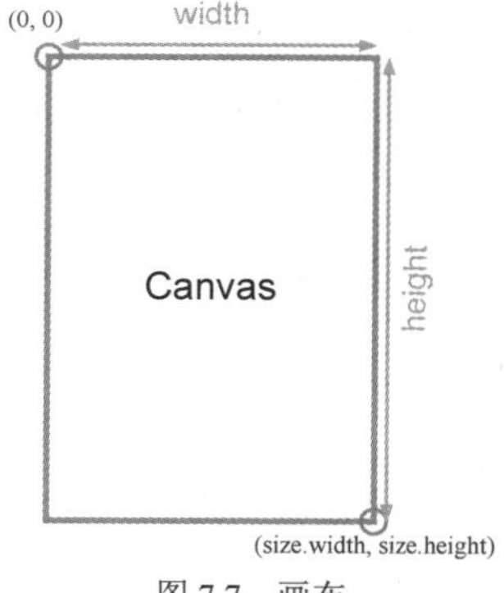

图 7.7 画布

MyCustomPainter 中需要重写的 shouldRepaint()方法用来确定是否需要重新绘制画布，接受的 CustomPainter 类型的参数表示组件重建后的旧对象。如果该方法返回 false，表示依然使用之前的绘制图像。

另外，每位画家通常会有一支或多支画笔。在 Flutter 中，画笔使用 Paint 类表示，我们可以在 MyCustomPainter 中创建一个或多个 Paint 对象来表示画笔。

```
_paint = Paint()
      ..color = Colors.red                    // 画笔颜色
      ..style = PaintingStyle.stroke          // 画笔样式：填充
      ..strokeWidth = 20.0                    // 画笔粗细
      ..strokeCap = StrokeCap.round;          // 末端样式
```

上面的_paint 就是我们创建的一支画笔。创建后，可以通过 Dart 语言的级联运算符为_paint 设置相关属性，其中包括画笔颜色、样式等。在下面的操作中，我们就可以使用这支画笔在画布上绘制图像。

级联运算符（.）是 Dart 语言为开发者提供的一个语法糖，我们通常使用它来操作刚刚创建的对象。上面创建_paint 对象的这段代码的作用与下面这段代码的作用相同。

```
_paint = Paint();
_paint.color = Colors.red;
```

```
_paint.style = PaintingStyle.stroke;
_paint.strokeWidth = 20.0;
_paint.strokeCap = StrokeCap.round;
```

在使用级联运算符时，只需要使用两个点就能轻松完成对_paint 对象中属性的赋值。也可以使用级联运算符快速调用新建对象的方法，例如，下面这段代码在创建 AnimationController 后，立即调用 addListener()方法为这个动画控制器添加了监听器函数。

```
var controller =
AnimationController(duration: Duration(milliseconds: 2000), vsync: this)
 ..addListener(() {
   setState(() {});
 });
```

7.4.2　Canvas 对象

Canvas 对象中提供了很多可以绘制图像的接口函数，例如：

```
drawLine(Offset p1, Offset p2, Paint paint);     // 使用给定的 Paint 对象绘制两点之间的直线
drawCircle(Offset c, double radius, Paint paint); // 绘制固定半径的圆形
drawPath(Path path, Paint paint);                // 绘制给定的路径
drawRect(Rect rect, Paint paint);                // 绘制长方形
moveTo(double x, double y);                      // 移动画笔，默认情况下画笔在 (0, 0) 坐标处
// ...
```

上面列举了 Canvas 中部分用于绘制的方法，通过观察，我们可以发现大部分方法接受一个 Paint 类型的画笔对象，它主要用来指定使用哪个画笔绘制对应的形状。

接下来，可以使用这些方法在实际的组件中绘制图像。在 MyCustomPainter 的 paint()方法中，添加如下代码。

```
void paint(Canvas canvas, Size size) {
  var paint = Paint()
    ..color = Colors.red
    ..style = PaintingStyle.stroke //画笔样式：填充
    ..strokeWidth = 10.0
    ..strokeCap = StrokeCap.round;

  canvas.drawLine(Offset(0.0, 0.0), Offset(size.width, size.height), paint);
}
```

canvas.drawLine 方法用来在画布中绘制直线，该方法接受 3 个参数，分别是直线的起始坐标、终点坐标与画笔对象。上面的代码中用红色的画笔连接了画布的左上角与右下角，效果如图 7.8 所示。

可以接着使用 drawCircle()方法在画布中画一个圆形。

```
canvas.drawCircle(
    Offset(size.width / 2, size.height / 2),                // 圆心的坐标
```

```
        sqrt(pow(size.width, 2) + pow(size.width, 2))/2,                // 半径
        paint
    );
```

上面的代码中，使用 dart:math 中的 sqrt 和 pow 函数求出了圆的半径，指定圆心为画布的中心位置，之后就能够画出“禁止” 的交通标志，如图 7.9 所示。

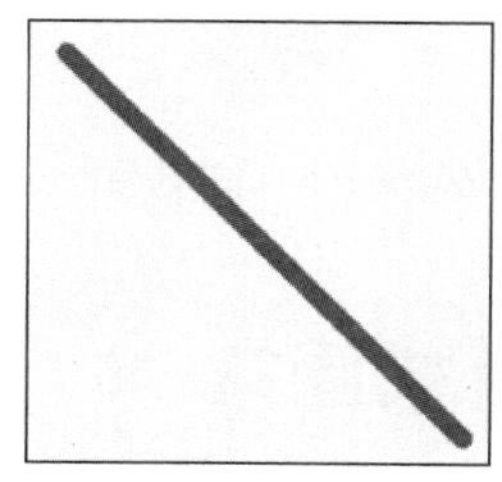
图 7.8　绘制效果

图 7.9　“禁止”的交通标志

7.4.3　Path 对象

除了使用 drawLine()、drawCircle()这些方法直接绘制定义的图形之外，Canvas 还支持使用 Path 对象绘制自定义路径。Path 对象的使用方法如下。

```
    var path = Path();

    path.moveTo(0, size.height / 2); // 定义路径的起始坐标
    // 从当前坐标连接到给定坐标
    path.lineTo(size.width / 2, size.height * 5 / 6);

    path.lineTo(size.width, 0);     // 继续连接路径
    path.close();                   // 闭合路径
```

如上面的代码所示，首先调用 path 的 moveTo 指定路径的起始位置，lineTo()方法的作用就是从当前坐标连接到给定坐标。然后，要调用 close()闭合这条路径。接下来，在画布中绘制这条路径。

```
    canvas.drawPath(path, paint);
```

最终这条路径就会呈现为一个三角形，如图 7.10 所示。

可以在绘制过程中改变画笔属性。

```
    paint.color = Colors.green;
    paint.style = PaintingStyle.fill;
    paint.strokeWidth = 5.0;

    canvas.drawPath(path, paint);
```

这里，我们将 paint.style 设置为 PaintingStyle.fill 并改变了画笔的颜色。之后，使用 drawPath() 画出来的三角形就会变为图 7.11 这样的实心三角形。

图 7.10　三角形

图 7.11　PaintingStyle.fill 风格的实心三角形

7.5 实战：结合画布与手势实现交互式画布

本节中，我们尝试将手势与画布结合，完成一个能与用户交互的自定义画布，最终效果如图 7.12 所示。用户可以在这个画布中使用手势画出任意图像，并且在画板下面还有各种颜色的取色板，单击某个颜色就可以将画笔染成这种颜色。

图 7.12　交互式画布最终的效果

要完成自定义画布，需要将用户在画布中所画的图像想象成多条连线。每条连线会紧接着上一条连线的终点，最终构成完整的图像，因此可以使用 canvas.drawLine()方法来完成这个功能。下面的 Drawer 类就是继承自 CustomPainter 类并自定义绘画逻辑的类。

```
class Drawer extends CustomPainter {
  List<DrawPoint> points;

  Drawer({this.points});

  @override
  void paint(Canvas canvas, Size size) {
    Paint paint = new Paint()
      ..color = Colors.black
      ..strokeCap = StrokeCap.round
      ..strokeWidth = 10.0;

    for (int i = 0; i < points.length - 1; i++) {
      if (points[i] != null && points[i + 1] != null) {
        paint.color = points[i + 1].color;
        Offset preOffset = points[i].position;
        Offset offset = points[i + 1].position;
```

```
        canvas.drawLine(preOffset, offset, paint);
      }
    }
  }

  @override
  bool shouldRepaint(Drawer oldDelegate) => oldDelegate.points != points;
}
```

Drawer 类接受一个 DrawPoint 对象列表，它里面保存了每条连线的起始位置和颜色值。

```
class DrawPoint {
  final Offset position;
  final Color color;

  DrawPoint({@required this.position, this.color = Colors.black});
}
```

在 Drawer 类的 paint()方法中，可以将 points 中的每一条连线绘制出来。如上面的代码所示，遍历这个 points 数组的过程中，使用 canvas.drawLine(preOffset, offset, paint)方法以上一个手势的位置作为起点，以当前手势的位置作为终点，使用相应的颜色值画出这条连线。

而在有状态组件中使用这块画板时，就需要根据手势的位置组合成一个 DrawPoint 对象列表并传递给 Drawer。下面的 CanvasWithGesture 类就是使用这个画布的有状态组件。

```
class CanvasWithGesture extends StatefulWidget {
  @override
  _CanvasWithGestureState createState() => new _CanvasWithGestureState();
}

class _CanvasWithGestureState extends State<CanvasWithGesture> {
  List<DrawPoint> _points = <DrawPoint>[];
  Color painterColor = Colors.black;

  @override
  Widget build(BuildContext context) {
    return new Scaffold(
      appBar: AppBar(title: Text('交互式画板')),
      body: new Container(
        child: new GestureDetector(
          // 使用二维拖曳手势的相关属性获取用户手势的位置
          onPanUpdate: (DragUpdateDetails details) {
            setState(() {
              Offset _localPosition = details.localPosition;
              _points = new List.from(_points)
                ..add(new DrawPoint(
                  position: _localPosition,
```

```
                        color: painterColor,
                    ));
                });
            },
            onPanEnd: (DragEndDetails details) => _points.add(null),
            child: new CustomPaint(
              painter: new Drawer(points: _points),
              size: Size.infinite,
            ),
          ),
        ),
        // 清除图像的悬浮按钮
        floatingActionButton: new FloatingActionButton(
          child: new Icon(Icons.clear),
          onPressed: () {
            setState(() {
              _points.clear();
            });
          },
        ),
        // 取色板
        persistentFooterButtons: <Widget>[
          FlatButton(
            onPressed: () { painterColor = Colors.black; },
            child: Container(color: Colors.black,),
          ),
          FlatButton(
            onPressed: () { painterColor = Colors.red; },
            child: Container(color: Colors.red,),
          ),
          // 各类取色板
        ],
      );
  }
}
```

通过阅读上面的代码，我们知道整个自定义画布的页面由 Scaffold 组织，它的 body 属性表示自定义画布，floatingActionButton 属性表示单击后就能清除图像的悬浮按钮，persistentFooterButtons 属性接受一组按钮组件，表示各个取色板。

_CanvasWithGestureState 中主要保存了两个状态值，_points 是构成图像的连线列表，painterColor 是当前的画笔颜色。在 Scaffold 的 body 属性中，使用 GestureDetector 来捕获用户的手势，这里主要用到了二维的拖曳手势。onPanUpdate 会在用户的手指移动时调用，而 DragUpdateDetails 对象中就有当前手指的位置信息。每次移动手指时，都根据位置信息和画笔颜色生成一个 DrawPoint 对象并放到_points 列表中。setState()触发页面重建后，就会展示出最新的图像信息。

7.6 实战：画布与动画的结合

结合画布和动画，可以实现一些炫酷的效果，例如，可以让绘制的图随着动画插值逐渐呈现出来，如图 7.13（a）～（c）所示。

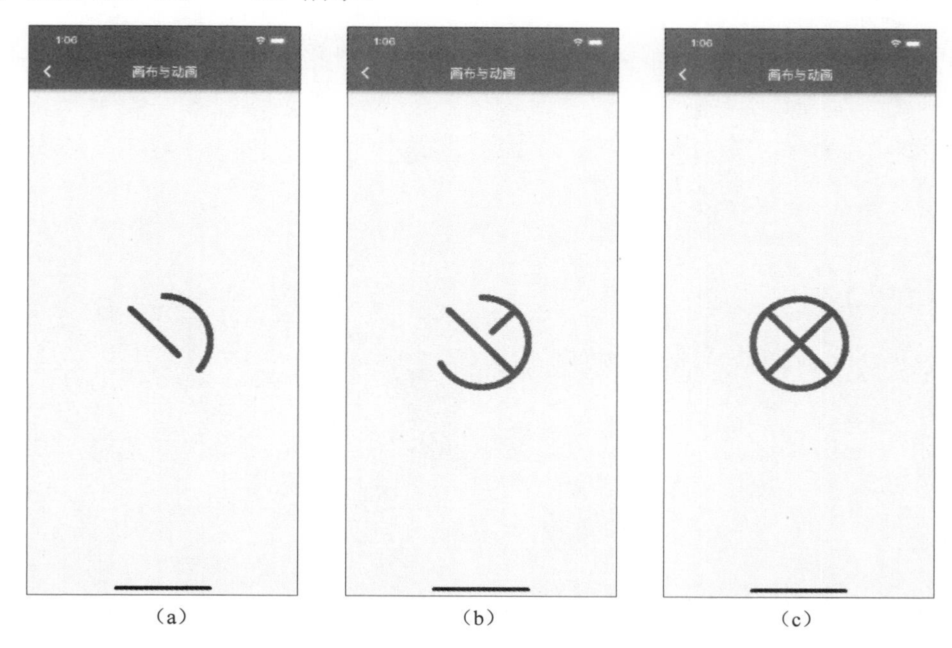

（a）　（b）　（c）

图 7.13　绘制的图随着动画插值逐渐呈现出来

要实现这种效果，当自定义绘图逻辑时，就不能直接将每条连线的起始和终点直接写出来，而需要根据动画的插值计算出来，例如，使用下面这个自定义的 MyCustomPainter。

```
class MyCustomPainter extends CustomPainter {
  double _animationValue;
  MyCustomPainter(this._animationValue);

  @override
  void paint(Canvas canvas, Size size) {

    Paint paint = Paint()
      ..color = Colors.red
      ..style = PaintingStyle.stroke
      ..strokeWidth = 10.0
      ..strokeCap = StrokeCap.round;
```

```
    double leftLineFraction, rightLineFraction;
    // 将整个动画过程拆分成前后两段
    if (_animationValue < .5) {
      // 动画执行的前半部分，通过将 rightLineFraction 设置为 0 使第二条线暂时不画出来
      leftLineFraction = _animationValue / .5;
      rightLineFraction = 0.0;
    } else {
   // 动画执行的后半部分，通过将 leftLineFraction 设置为 1 使第一条线不再改变
      leftLineFraction = 1.0;
      rightLineFraction = (_animationValue - .5) / .5;
    }

    // 从左上角到右下角，绘制第一条线
    canvas.drawLine(
        Offset(0.0, 0.0),
        Offset(size.width * leftLineFraction,
            size.height * leftLineFraction),
        paint);

    // 从右上角到左下角，绘制第二条线
    canvas.drawLine(
        Offset(size.width, 0.0),
        Offset(size.width - size.width * rightLineFraction,
            size.height * rightLineFraction),
        paint);

    // 绘制弧形
    var rect = Rect.fromCircle(
      center: Offset(size.width / 2, size.height / 2),
      radius: (sqrt(pow(size.width, 2) + pow(size.width, 2))/2),
    );
    canvas.drawArc(rect, -pi / 2, pi * 2 * _animationValue, false, paint);
  }

  @override
  bool shouldRepaint(MyCustomPainter oldDelegate) {
    return oldDelegate._animationValue != _animationValue;
  }
}
```

这里，MyCustomPainter 的构造函数中接受一个_animationValue 参数，表示动画插值。从上一章中，我们知道动画的插值默认在[0.0, 1.0]内，因此，当执行一个线性曲线模型的动画时，可以使用 0.5 这个差值将动画过程一分为二。在第一个过程中，由于 rightLineFraction 值为设置为 0，因此第二条线的终点会始终不变，而第一条线随着动画插值逐渐变长，直到到达右下

角，第二个过程同理。

在有状态组件中，我们只需要像正常使用动画的方式一样把插值传递给 MyCustomPainter 就可以完成动画了。

```
class CanvasWithAnimation extends StatefulWidget {
  @override
  _CanvasWithAnimationState createState() => new _CanvasWithAnimationState();
}

class _CanvasWithAnimationState extends State<CanvasWithAnimation>
    with TickerProviderStateMixin {
  Animation<double> animation;

  @override
  void initState() {
    super.initState();
    // 定义动画控制器，将动画事件设置为 2s
    var controller = AnimationController(
        duration: Duration(milliseconds: 2000), vsync: this);

    // 将动画插值的范围指定为[0.0, 1.0]
    animation = Tween(begin: 0.0, end: 1.0).animate(controller)
      ..addListener(() {
        setState(() {
        });
      });

    // 启动动画
    controller.forward();
  }

  @override
  Widget build(BuildContext context) {
    return Scaffold(
      appBar: AppBar(title: Text('画布与动画')),
      body: Center(
        child: CustomPaint(
          // 传入动画插值
          painter: MyCustomPainter(animation.value),
          size: Size(100.0, 100.0),
        ),
      ),
    );
  }
}
```

7.7 小结与心得

功夫不负有心人，我们终于又完成了一整章的学习。这一章探讨的手势与画布两个话题看似没有关联，但它们其实都与用户交互有关。在最后的实战环节，我们结合这两个技术点完成了一个自定义画布，看到自己的学习成果是不是有点激动呢？

到了这个阶段，其实你已经对 Flutter 开发有一定的理解了，你可以结合更多实际的代码上手练习了，同时不要忘了发现问题时做好总结。后面几章将讨论更多有深度的话题，如果你已经准备好了，就赶快进入下一章的学习吧！

第8章 路由管理

前面的几章详细介绍了 Flutter 中的各种组件，包括 UI、动画、手势交互等。然而，真正的应用显然还不止于此，它们通常不会只有一个页面，我们需要学会将构建的各个页面组件连接起来，这就是本章探讨的主要话题——路由。在 Flutter 中，各个页面都是一个组件，路由就是帮助我们管理各个页面的一个抽象名词，我们可以将打开一个新页面表述为路由到新页面，读者可以随着本章的内容逐步探索关于路由的深层次话题。

为了巩固我们之前已经学过的内容，我们将以 Flutter 官方提供的一个完整开源应用 veggieseasons 作为研究对象，它的部分页面的截图展示在图 8.1 中。这个应用的目的是帮助用户了解四季各种蔬菜水果的详细信息和营养成分，同时用户可以在里面针对每种蔬菜水果做对应的问答训练。掌握了这个应用的源代码之后，相信读者关于 Flutter 应用的开发技能会进一步的提升。另外值得一提的是，这款应用默认运行在 iOS 平台中，其中大量使用了 Cupertino 库中的组件，这进一步展现了这些组件的使用场景。

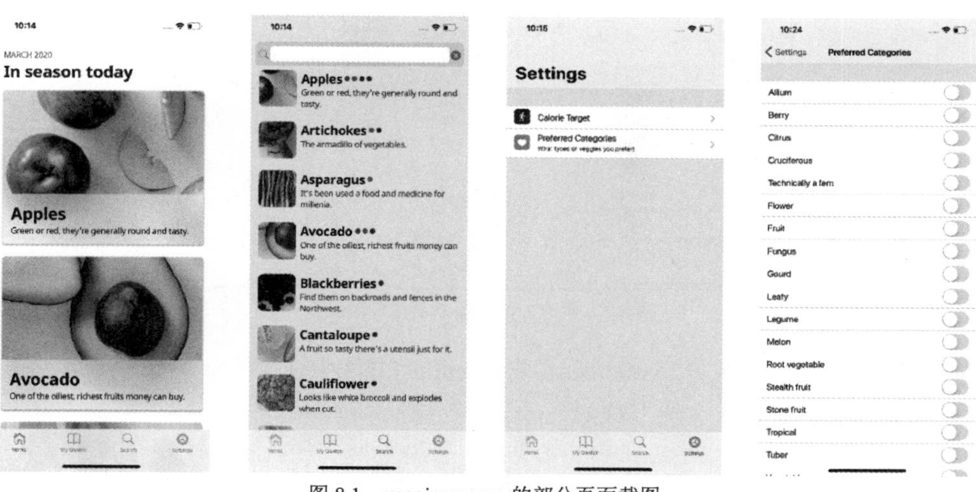

图 8.1　veggieseasons 的部分页面截图

可以从 Flutter 官方开源仓库或者本书配套的源代码中获取 veggieseasons 应用的代码。本章将重点分析这个应用中涉及路由的代码。

8.1 路由

Flutter 中管理路由的方式有两种——组件路由（也称动态路由）和命名路由（也称静态路由）。静态路由指的是在打开某个页面之前程序已经构建了这个页面，而动态路由则是在程序运行过程动态构建的组件。本节会分别介绍这两种路由方式，在整个应用中，我们也会依照各个页面的特性混合使用这两种路由方式。

Navigator 类是在代码中执行路由操作主要涉及的一个类，它实现了页面间跳转的各种方法，如 push、pop 等。同时，Navigator 类内部实现的堆栈规则也可以完成各个页面间有规律的切换。本节会介绍“路由栈”的相关特性。在本章中，我们先尝试实现一些小的路由功能。

8.1.1 组件路由

本节要关注 veggieseasons 首页的水果蔬菜列表。这里，用户可以通过单击列表中的每一项打开对应的详情页面，如图 8.2 所示。

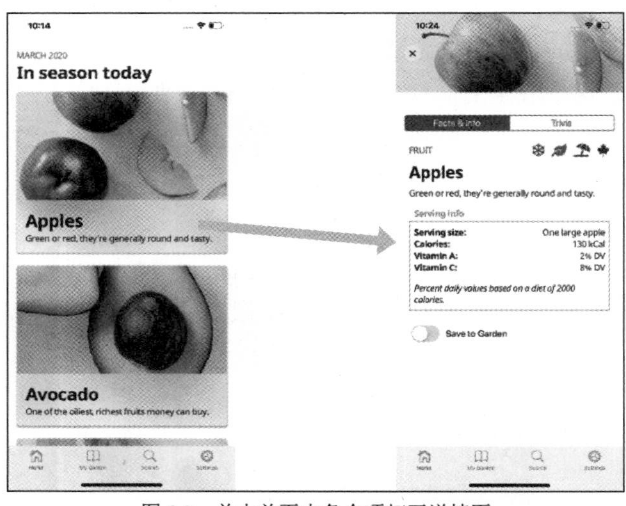

图 8.2　单击首页中各个项打开详情页

首页的列表对应的组件是 ListScreen，它在 build()方法中使用 ListView 来展示列表中各种水果蔬菜的卡片组件。具体实现方法如下。

```
// veggieseasons/lib/screens/list.dart
ListView.builder(
```

```
    ... //省略无关代码
    itemBuilder: (context, index) {
   ...
      return _generateVeggieRow(
        appState.availableVeggies[index - 1],
        prefs,
      );
  },
  )
  Widget _generateVeggieRow(Veggie veggie, Preferences prefs,
        {bool inSeason = true}) {
    return Padding(
      ...
      child: FutureBuilder<Set<VeggieCategory>>(
          builder: (context, snapshot) {
            final data = snapshot.data ?? Set<VeggieCategory>();
            return VeggieCard(veggie, inSeason, data.contains(veggie.category));
          }),
    );
  }
```

在上面的代码中，我们可以看到列表中的每一项由_generateVeggieRow()方法返回的FutureBuilder 组件构成，FutureBuilder 的子组件是一个自定义的无状态组件 VeggieCard。具体代码如下。

```
class VeggieCard extends StatelessWidget {
  VeggieCard(this.veggie, this.isInSeason, this.isPreferredCategory);
  ... // 省略无关代码
  @override
  Widget build(BuildContext context) {
    return PressableCard(
      // 单击卡片后执行 Navigator 的路由操作
      onPressed: () {
        Navigator.push<void>(
          context,
          CupertinoPageRoute(
            builder: (context) => DetailsScreen(veggie.id),
            fullscreenDialog: true,)
        );
      },
    );
  }
}
```

如上面的代码所示，VeggieCard 组件使用 PressableCard 来渲染列表中各种水果蔬菜的卡片。PressableCard 也是一个自定义的有状态组件，它默认存在阴影效果。另外，当用户用手势按下这个卡片时，会使用隐式动画组件 AnimatedPhysicalModel 执行表示阴影不断消失的过渡动画，我们可以在 lib/widgets/veggie_card.dart 中查看它的代码。

单击 PressableCard 卡片，就会调用传入 onPressed 参数的回调函数，这里就是执行路由操作的地方。在上面的代码中，我们可以看到回调函数中调用了 Navigator.push<void>()方法，这个方法接受一个当前的 BuildContext 对象和一个 PageRoute 页面路由对象。其中，泛型 void 表示这个路由需要接受的数据类型，调用这个方法后就可以成功路由到一个这个水果素材的详情页面 DetailsScreen。

PageRoute 是一个抽象类，表示占有整个屏幕空间的一个路由页面，它可以帮助我们构建目标路由的页面以及切换时的过渡动画等。PageRoute 主要有 MaterialPageRoute 和 CupertinoPageRoute 两个实现类，分别用于 Android 和 iOS 平台，这样，我们就可以在特定平台下实现符合平台特性的页面切换动画。如果应用需要在 Android 平台下运行，可以使用如下代码和 Android 默认的路由动画打开新的页面。

```
Navigator.push<void>(context, MaterialPageRoute(
  builder: (context) => DetailsScreen(veggie.id),
  fullscreenDialog: true,
));
```

MaterialPageRoute 和 CupertinoPageRoute 的使用方法相同，二者都接受两个参数。builder 参数接受一个返回新页面的构建函数，这里我们就可以成功打开 DetailsScreen 这个组件。fullscreenDialog 参数表示新的路由页面是否是一个全屏的对话框，接受一个布尔值。当 fullscreenDialog 设置为 true 时，在 iOS 平台中，新页面打开的动画将会从屏幕底部逐渐滑入。

导航器的另一种使用方式如下。

```
Navigator.of(context).push<void>(CupertinoPageRoute(
  builder: (context) => DetailsScreen(veggie.id),
  fullscreenDialog: false,
));
```

使用这种方式，Navigator.of(context) 可以直接得到当前组件对应的导航器。使用它的 push 直接传入 PageRoute，即可实现与 Navigator.push()相同的效果。

8.1.2 命名路由

日常开发中，我们经常会需要使用组件路由，它更灵活。只需要使用相应的 PageRoute 构建出组件，就可以直接路由到目标页面。然而，当应用逐渐壮大并且使用到大量的页面时，一种可以通过名字直接映射到相应页面的方法显然更方便管理，Flutter 中的命名路由就可以实现这个功能。这种方式下，我们可以为将要访问的每个页面指定一个名字并注册到路由表（routing table）中。之后，根据需要，只需要通过名称就可以直接打开目标页面。

本节中，我们将会修改 veggieseasons 的代码，使用命名路由的方式打开 Settings 界面的

Calorie Target 和 Preferred Categories 两个页面，如图 8.3（a）～（c）所示。

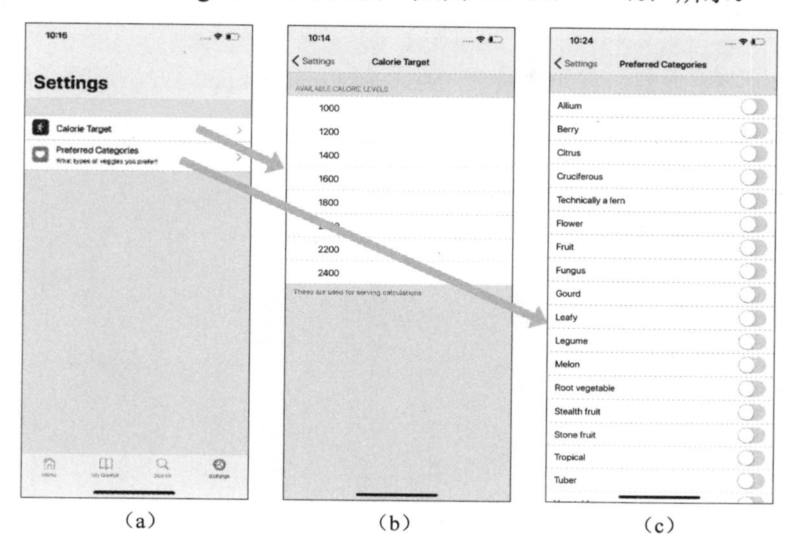

（a）　（b）　（c）

图 8.3　打开 Settings 界面中的两个 Calorie Target 和 Preferred Categories 页面

首先，需要在根组件 CupertinoApp 中命名这两个页面，并将它们注册到路由表中。

```
CupertinoApp(
    ...
    home: HomeScreen(),
    // 注册路由表
    routes: {
      '/calorietarget': (BuildContext context) => CalorieSettingsScreen(),
      '/preferredcategories': (BuildContext context) => VeggieCategorySettingsScreen(),
    },
  )
```

上面的代码中，CupertinoApp 组件的 routes 参数接受 Map<String, WidgetBuilder>类型的路由表，它是一个以字符串为键、以构建函数为值的键值对集合。这里，分别将 CalorieSettingsScreen 和 VeggieCategorySettingsScreen 组件命名为'/calorietarget'和'/preferredcategories'，传入后，应用就会知道名称与路由页面的对应关系。

我们通常以“/a”这种表示路径的字符串作为路由的名称，Flutter 会将这种名称看作“层次链接”。当我们打开某个路由页面时，会将指向这个路由的其他路由打开。例如，当目标路由为“/a/b/c”时，“/a”“/a/b”“/a/b/c” 3 个页面会按次序全部打开。如果“/a”“/a/b”不存在，则会忽略它们。

默认情况下，根组件中 home 属性指定的页面命名为“/”。可以通过定义 home 属性或者在路由表中指定一个名称为“/”的组件设置路由打开的第一个页面，如下所示。

```
CupertinoApp(
    routes: {
```

```
'/': (BuildContext context) => HomeScreen(),
},
),
```

将页面注册进路由表后，就可以使用 Navigator.pushNamed()方法通过名称打开目标页面了，使用 SliverList 来放置页面中的两个选项（见图 8.4）。

```
SliverList(
  delegate: SliverChildListDelegate(
    <Widget>[
      SettingsGroup(
        items: [
          _buildCaloriesItem(context, prefs),
          _buildCategoriesItem(context, prefs),
        ],
      )],
  ),
),
```

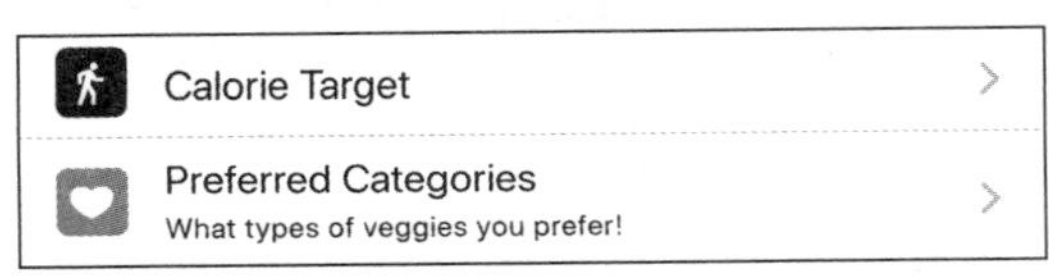

图 8.4　页面中的两个选项

_buildCaloriesItem 的代码如下。

```
// 位于 veggieseasons/lib/screens/setting.dart 文件中，从第 129 行代码开始
SettingsItem _buildCaloriesItem(BuildContext context, Preferences prefs) {
  return SettingsItem(
    label: 'Calorie Target',
    icon: SettingsIcon(
      backgroundColor: Styles.iconBlue,
      icon: Styles.calorieIcon,
    ),
    onPress: () {
      Navigator.pushNamed(context, '/calorietarget');
    },
  );
}
```

SettingsItem 就是展示每个列表项的组件，单击该组件后就会触发 onPress 回调函数。这里，调用了 Navigator 的 pushNamed()方法，传入了当前 context 对象和路由名称，Flutter 通过查询路由表中的数据就可以打开对应的 CalorieSettingsScreen 页面。

另外，除了将需要打开的页面传入路由表外，还可以通过自定义路由生成的回调函数来实现和命名路由的功能，具体做法如下。

```
CupertinoApp(
  // ...
```

```
    home: HomeScreen(),
    onGenerateRoute: (RouteSettings settings) {
      switch (settings.name) {
        case '/calorietarget':
          return CupertinoPageRoute(builder: (context)=> CalorieSettingsScreen());
          break;
        case '/preferredcategories':
          return CupertinoPageRoute(builder: (context)=> VeggieCategorySettingsScreen());
          break;
      }
    },
  ),
```

如上面的代码所示，和 MaterialApp 的 onGenerateRoute 参数一样，CupertinoApp 也接受一个回调函数。这个回调函数会在每次使用命名路由打开页面时调用，它以一个 RouteSettings 对象作为参数，里面的 name 属性就表示要打开的路由名称。在函数体内，可以根据这个名称返回对应页面的路由对象，这样，当使用 Navigator.pushNamed(context, '/calorietarget') 时也能成功打开对应的分类页面。

8.1.3 弹出路由

前两节介绍了如何通过命名路由和组件路由实现新页面的打开操作。在新打开的页面中，如果使用 AppBar（Android）或者 CupertinoNavigationBar（iOS）组件，Flutter 会在顶部标题栏中自动生成返回按钮或者关闭按钮。如图 8.5 所示，单击返回按钮，便会回退到之前的页面。

图 8.5　顶部导航栏中自动生成的返回按钮

可以通过为 AppBar 和 CupertinoNavigationBar 配置 automaticallyImplyLeading 为 false 来改变这种默认操作。如果要在其他地方通过编程方式回退到之前的页面，可以调用 Navigator 的 pop 方法，veggieseasons 应用的果蔬详情页中的关闭按钮就使用了该方法。

```
CloseButton(() {
  Navigator.of(context).pop();
}
```

注意，当尝试从一个页面回退到上一个页面时，不应当压入前一个页面。因为在 Flutter 中路由中的页面关系会由一个叫作“路由栈”的栈结构来管理，在数据结构中，“栈”的特性是先进后出，所以当应用程序启动时，就会把 Screen1（首页）压入栈底（见图 8.6）。

执行 push 操作后，Screen2（第二个页面）也会依次入栈，放在栈顶的位置（见图 8.7）。

当在 Screen2 中单击返回按钮后，处于栈顶的页面便会收到通知并从路由栈中弹出，因此页面就又恢复为图 8.6 所示的结构。

另外，当要从 Screen2 回退到 Screen1 时，并不能打开 Screen1，因为这样会使路由栈变成图 8.8 所示的状态。此时，路由栈中就会存在 3 个页面，即使我们当前看到的是 Screen1 也并不满足我们想要退出 Screen2 的需求。

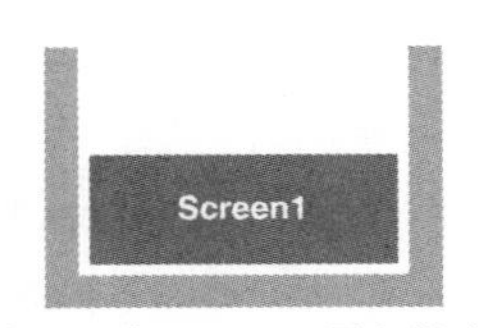

图 8.6　把 Screen1 压入栈底

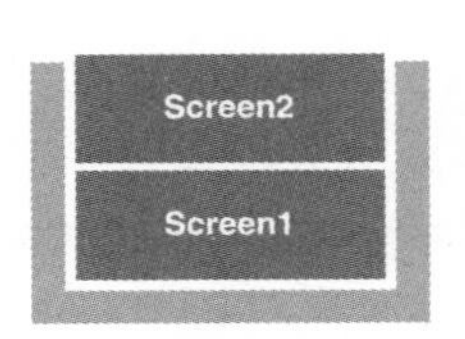

图 8.7　Screen2 放在栈顶

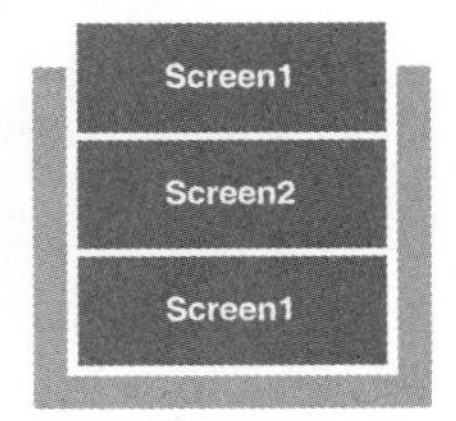

图 8.8　路由栈的状态

8.2 路由栈

通过前一节的学习，我们已经可以使用组件路由和命名路由实现一些简单的页面跳转操作了，但是在实际开发过程中，我们还会面临很多更复杂的场景。本节将针对具体场景进一步分析路由栈，介绍导航器提供的更多方法。

8.2.1　栈顶替换

每个应用的登录页面通常只会显示一次。一旦在登录页面中单击“登录”按钮，进入首页，就不需要单击返回按钮再次进入登录页面。也就是说，我们需要在路由栈中将登录页面删除。要实现这个功能，可以尝试先使用 pop()方法弹出登录页面，然后使用 push()方法打开首页。路由栈的变化情况如图 8.9 所示。

图 8.9　路由栈的变化情况

除此之外，还可以使用 Navigator 提供的 popAndPushNamed()方法代替 pop()和 push()方法。popAndPushNamed()的使用方法非常简单。我们可以在登录页面中执行下面的 popAndPushNamed 操作。

```
Navigator.of(context).pushReplacementNamed("/");
```

之后路由栈就会自动弹出登录页面并且根据名称路由到新打开的页面。PopAndPushNamed()方法的作用就等同于连续执行 pop、push 操作，使用该方法会同时执行返回登录页面和显示首页的过渡动画。

与 popAndPushNamed()方法的作用类似的一个方法是 pushReplacementNamed()方法。顾名思义，pushReplacementNamed()方法就是使用新页面代替当前路由的方法。如果在登录页面的同一个地方执行 pushReplacementNamed()方法，Flutter 会正常执行压入新页面的操作，当新页面打开后就会将旧页面从路由栈中移除。相对于 popAndPushNamed()方法，pushReplacementNamed()方法不会执行表示旧页面弹出的过渡动画。

另外，pushReplacementNamed()方法还提供了组件路由的使用方式——通过 pushReplacement()。

```
Navigator.of(context).pushReplacement(
  MaterialPageRoute(
    builder: (BuildContext context) => HomeScreen()
  ));
```

8.2.2 栈顶清除

新页面打开后，pushReplacementNamed()方法可用于移除当前页面。如果用户在应用中执行一系列操作后想要退出，就需要重新显示登录页面并且清除路由栈中之前的所有页面。pushNamedAndRemoveUntil()方法可以实现这个功能。执行 pushNamedAndRemoveUntil()方法后，路由栈的状态变化如图 8.10 所示。

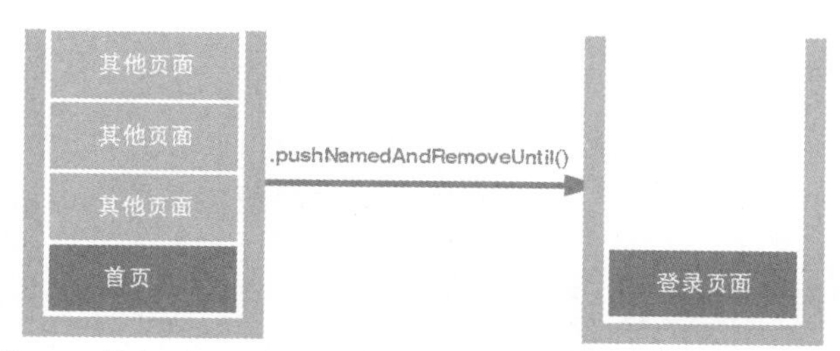

图 8.10　执行 pushNamedAndRemoveUntil()方法后路由栈的状态变化

在顶层页面中，单击“退出”按钮执行 pushNamedAndRemoveUntil()方法。

```
Navigator.of(context).pushNamedAndRemoveUntil('/LoginScreen', (Route<dynamic>
route) => false);
```

执行如上操作后，Flutter 便帮助我们打开登录页面并清除路由栈中之前的所有实例。PushNamedAndRemoveUntil()方法接受两个参数。第 1 个为需要打开的新页面的名称，第 2 个是一个返回值为布尔值的函数，用于判断是否需要清除路由栈中的实例。在该方法内部是一个从路由栈顶向下遍历的过程。这里，使用(Route<dynamic> route) => false 就能够确保删除先前的所有实例。

在一些购物应用中会出现下面这种场景。

在商品列表页面中，可以选择要买的商品并加入购物车，单击购物车后可以进入已选商品页面。然后，单击“付款”按钮，进入付款页面。当前路由栈的状态可以使用图 8.11 表示。

图 8.11　当前路由栈的状态

付款完成后，我们希望跳转到订单核实页面并将先前的购物车页面、付款页面清除。为了实现这种功能，需要在打开某个页面的同时清除路由栈中的部分页面，这同样可以使用 pushNamedAndRemoveUntil()方法实现，代码如下。

```
Navigator.of(context).pushNamedAndRemoveUntil('/orderconfirmation',
ModalRoute.withName('/productslist'));
```

这里，指定 pushNamedAndRemoveUntil()方法的第 2 个参数为 ModalRoute.withName('/productslist')，它表示顶部依然可以保留的最后一个页面。在上述情况下，第 2 个参数就表示保留商品列表页面以及它下面的页面，清除在它之上的页面，最终打开订单核实页面（路由栈的状态变化见图 8.12）。

图 8.12　执行 pushNamedAndRemoveUntil()方法后路由栈的状态变化

最后，介绍一个仅用来清除栈顶页面而不打开新页面的方法——popUntil()。该方法可以应用在表单填写、用户注册等多个场景中，例如，从登录页面进入注册页面后，通常需要进入一系列页面来填写不同的信息。所有信息填写完毕后，应当清除所有相关页面。popUntil()方法就可以实现这个操作。

```
Navigator.of(context).popUntil(ModalRoute.withName('/LoginScreen'));
```

上述代码展示了 popUntil()方法的使用方式，它同样接受两个参数，其中第 2 个参数表示需要清除路由栈中登录页面以上的所有页面。执行 popUntil()方法后，路由栈的状态变化如图 8.13 所示。

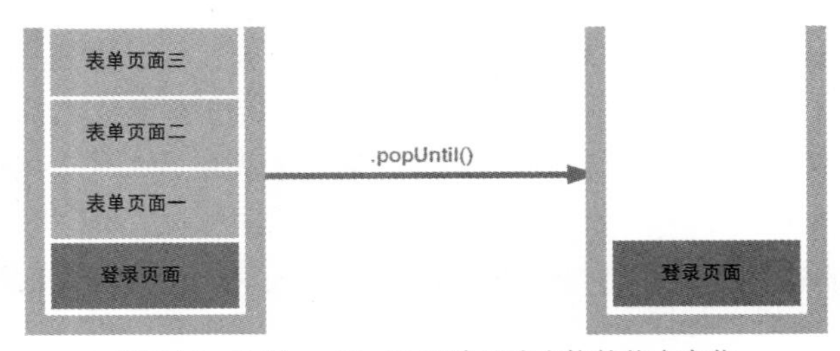

图 8.13　执行 popUntil()方法后路由栈的状态变化

8.2.3 嵌套路由

在很多复杂的应用中，管理路由的路由栈可能有多个，你可以在一个应用中通过管理多个平行的路由栈来实现一些意想不到的效果。如果你在 iOS 平台中运行过 veggieseasons，就会发现，其首页中的每一个子页面都会有一个独立于全局的路由栈。每次在首页的列表中打开某个水果详情页后，底部的导航栏并不会被新页面覆盖，如图 8.14（a）与（b）所示。这种实现方式可以给使用者更加友好的体验。

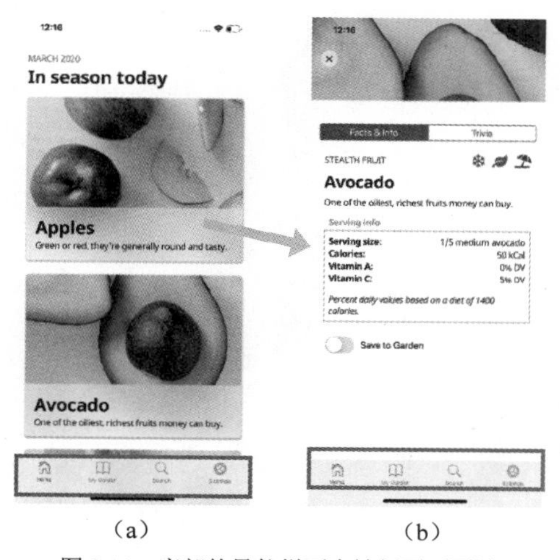

（a）　　（b）

图 8.14　底部的导航栏不会被新页面覆盖

那么，Flutter 如何是实现这种效果的呢？通过前面的学习，我们已经知道路由栈由导航器管理，要实现多个路由栈，需要多个 Navigator 实例，Navigator 从何而来？每次调用 Navigator.of(context) 方法时都需要传入当前 context 对象，导航器内部就会根据它找到这个组件的上级组件中最近的那个 Navigator 组件并且将需要打开的新页面放入这个 Navigator 组件的路由栈中。如果我们并没有定义自己的 Navigator 组件，就会默认使用 CupertinoApp 或者 MaterialApp 中的 Navigator 组件，如图 8.15 所示，当在列表中准备打开下一个页面时，使用的就是 MaterialApp 中的 Navigator 组件。

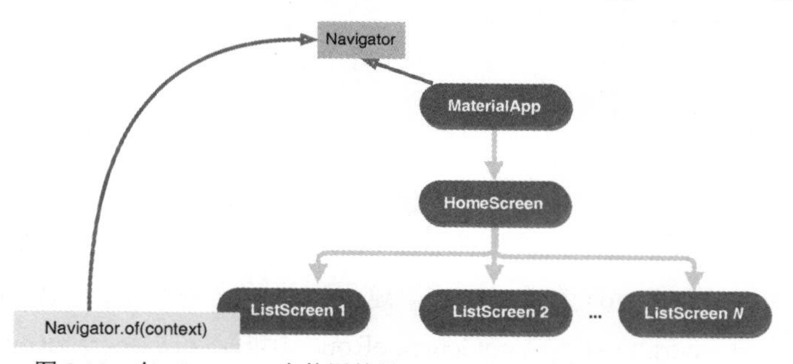

图 8.15　在 ListScreen 中使用的是 MaterialApp 中的 Navigator 组件

所以，如果要嵌套其他路由，可以在要拥有独立路由的页面顶部创建自己的 Navigator 实例。首先，创建一个放置 Navigator 实例的组件，这里将它命名为 SelfNavigator。

```
class SelfNavigator extends StatelessWidget {
  SelfNavigator({@required this.home, this.routes});

  final Widget home;
  final Map<String, WidgetBuilder> routes;

  Route<dynamic> _onGenerateRoute(RouteSettings settings) {
    final String name = settings.name;
    WidgetBuilder pageContentBuilder;

    // 默认显示 home 组件
    if (name == Navigator.defaultRouteName && home != null) {
      pageContentBuilder = (context) => home;
    } else if (routes != null) {
      // 打开路由表中对应的页面
      pageContentBuilder = routes[name];
    }

    // 找到对应的页面后返回路由对象
    if (pageContentBuilder != null) {
      return MaterialPageRoute(builder: pageContentBuilder);
    }

    return MaterialPageRoute(
        builder: (context) => Scaffold(
              body:
                  Center(child: Text('没有找到这个页面：${settings.name}')),
            ));
  }

  @override
  Widget build(BuildContext context) {

    return Navigator(
      key: GlobalObjectKey<NavigatorState>(this),
      onGenerateRoute: _onGenerateRoute,
    );
  }
}
```

这里在 SelfNavigator 的 builder()函数创建了一个 Navigator 实例并传入了 key 和 onGenerateRoute 两个参数。key 可以作为 Navigator 的唯一标识。这里主要关注 onGenerateRoute 属性，它的作用和之前在命名路由中传入 CupertinoApp 的 onGenerateRoute 相同，_onGenerateRoute 方法中会通过路由

名称返回路由表中定义的页面路由对象。

自定义的 SelfNavigator 组件同样接受两个参数，home 表示这个路由默认打开的页面，routes 参数就是自定义的路由表。首次生成 Navigator 组件后，会打开名称为 Navigator.defaultRouteName 的默认主页。然后，在_onGenerateRoute 中返回用户传入的 home 组件，否则就将 pageContentBuilder 设置为路由表中对应页面的构建函数。在函数的最后，对于路由名称不存在的页面，返回一个错误页面。当使用命名路由打开路由表中不存在的页面时，就会打开图 8.16 所示的页面。

图 8.16　打开不存在的页面

接下来，就可以将 SelfNavigator 作为列表组件的父组件，并将之前展示的列表组件传入 SelfNavigator 的 home 属性中。具体操作如下。

```
SelfNavigator(
  home: Scaffold(
    appBar: AppBar(title: Text('水果列表'),),
    body: ListView.builder(
        itemBuilder: (BuildContext context, int index) {
          Veggie item = items[index];
          return GestureDetector(
              onTap: () {
                Navigator.of(context).push<void>(MaterialPageRoute(
                  builder: (context) => DetailsScreen(item.id),
```

```
                        fullscreenDialog: false,
                      ));
                    },
                    child: ListTile(title: Text('${item.name}')));
            }),
      ),
)
```

这时，组件树中就会出现两个 Navigator 组件。自定义路由后，在 ListScreen 中使用 SelfNavigator 的 Navigator 组件，如图 8.17 所示。在列表组件中调用的 Navigator.of(context)其实就是 SelfNavigator 中的。在应用中的表现情况就是列表组件会管理自己的路由栈，单击每一个列表项，打开详情页后，就不会覆盖导航栏之外的组件，如图 8.18（a）与（b）所示。

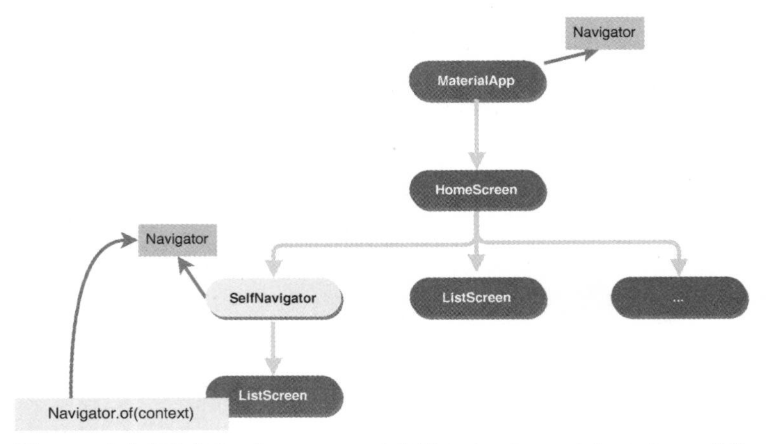

图 8.17　自定义路由后，在 ListScreen 中使用 SelfNavigator 中的 Navigator 组件

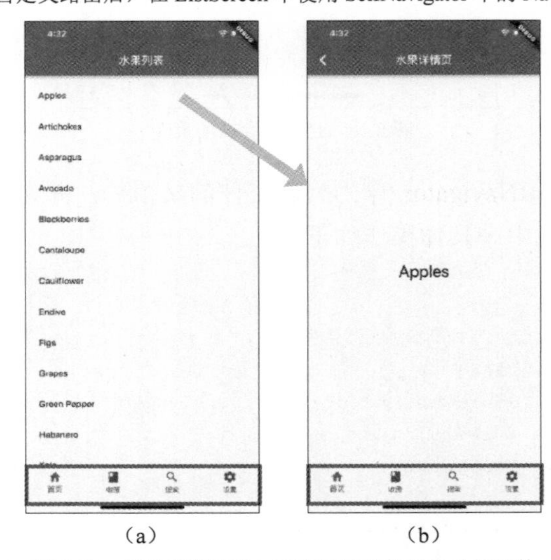

图 8.18　打开详情页后，不会覆盖导航栏之外的组件

veggieseasons 中的 CupertinoTabView 类等同于这里的 SelfNavigator 组件，该类内部还具有很多自定义的内容，感兴趣的读者可以结合源代码加深对 SelfNavigator 组件的理解。

8.3 路由动画

在组件路由中，当用 MaterialPageRoute 和 CupertinoPageRoute 构建路由对象时，默认可以使用 Android 平台和 iOS 平台下默认的页面过渡动画。打开新的页面时，Android 平台下默认的动画是从底部淡出的，iOS 平台下则是从屏幕右边滑出的。然而，当要实现其他动画时，就不能使用 MaterialPageRoute 和 CupertinoPageRoute 了，因此需要自定义这种过渡的动画效果。这里主要涉及的一个类是 PageRoute，它是 MaterialPageRoute 和 CupertinoPageRoute 共同的父类，可以通过实现 PageRoute 的相关方法定义自己的动画。下面是定义 CustomRoute 的部分代码。

```
class CustomRoute extends PageRoute {
  CustomRoute({
    RouteSettings settings,
    @required this.builder,
    this.transitionDuration = const Duration(milliseconds: 300),
    this.barrierDismissible = false,
    this.barrierLabel,
    this.barrierColor,
    this.maintainState = true,
    bool fullscreenDialog = false,
  }): super(settings: settings, fullscreenDialog: fullscreenDialog);

  // 路由动画持续时间
  @override
  final Duration transitionDuration;

  // 路由是否可以取消
  @override
  final bool barrierDismissible;

  @override
  final String barrierLabel;

  // 路由过程中的背景颜色
  @override
  final Color barrierColor;

  // 是否保留路由状态
  @override
  final bool maintainState;
```

```
  // 构建页面
  @override
  Widget buildPage(
    BuildContext context,
    Animation<double> animation,
    Animation<double> secondaryAnimation,
  ) {
    return null;
  }

  // 自定义动画，child 为 buildPage 方法构建出的组件
  @override
  Widget buildTransitions(
    BuildContext context,
    Animation<double> animation,
    Animation<double> secondaryAnimation,
    Widget child,
  ) {
    return RotationTransition(
      turns: animation,
      child: ScaleTransition(
        scale: animation,
        child: child,
      ),
    );
  }
}
```

CustomRoute 继承 PageRoute 后，还需要继承上述关于路由的属性和方法，这里，主要需要重写 buildPage()和 buildTransitions()两个方法。buildPage()方法是构建新页面的方法，可以接受一个 WidgetBuilder 类型的组件 builder 作为构建新页面的方法。下面是具体操作方法。

```
final WidgetBuilder builder;

@override
Widget buildPage(
  BuildContext context,
  Animation<double> animation,
  Animation<double> secondaryAnimation,
) {
  return builder(context);
}
```

在使用过程中，可以像使用 MaterialPageRoute 一样通过一个 builder 传入路由的新页面。

下面我们重写 buildTransitions()方法中创建动画的相关代码。记住，Flutter 中的每个页面只是一个组件，因此，当需要自定义路由动画时，我们完全可以使用已经学习过的相关动画知

识。这里，可以使用一些内置的动画组件。下面是 CustomRoute 中 buildTransitions()方法的具体代码。

```
@override
Widget buildTransitions(
  BuildContext context,
  Animation<double> animation,
  Animation<double> secondaryAnimation,
  Widget child,
) {
  return RotationTransition(
    turns: animation,
    child: ScaleTransition(
      scale: animation,
      child: child,
    ),
  );
}
```

如上面的代码所示，使用 RotationTransition 和 ScaleTransition 两个组件动画对新页面实现了逐渐增大并且翻转的效果。最后，只需要在对应的路由操作中使用这个 CustomRoute 代替 MaterialPageRoute 和 CupertinoPageRoute，就能在打开对应页面时使用这个路由动画。

```
Navigator.push(
  context,
  new CustomRoute(
    builder: (context) => Screen2(),
    barrierColor: Colors.green,
    fullscreenDialog: true,
  ),
);
```

8.4 路由数据

在大部分情况下，我们访问的各个页面会存在紧密的联系。当我们试图打开一个新页面时，总希望携带一些数据为下一个页面服务，也希望在下一个页面返回时得到一些值，这样应用就会成为一个有机的整体，而非一个个独立的页面。本节会探讨 Flutter 路由中的数据。

8.4.1 数据传递

如果使用组件路由，那么在打开路由时就可以将数据直接通过组件的构造函数传入下一个页面。

```
// 在 Screen1 中使用如下方式打开 Screen2
Navigator.push(
  context,
  new MaterialPageRoute(builder: (context) => Screen2('meandni')),
);

// Screen2
class Screen2 extends StatelessWidget {
  final String data;
  // 使用构造函数接收数据
  Screen2(this.data);

  @override
  Widget build(BuildContext context) {
    return Scaffold(
      body: Center(
        // 文本组件展示接收的数据
        child: Text(
          'data: $data',
        ),
      ),
    );
  }
}
```

上面的代码中，Screen2 所请求的 data 参数将由 Screen2 的构造函数初始化，在使用组件路由打开 Screen2 时传入 data 要展示的数据即可。然而，由于命名路由不能在路由过程中直接使用目标页面的构造函数，因此不支持这种传递方式。一般情况下，命名路由的使用方式如下。

```
Navigator.pushNamed(context, "/calorietarget");
Navigator.pushReplacementNamed(context, "/Home");
// ...
```

上面的 pushNamed()与 pushReplacementNamed()方法都接受一个 BuildContext 对象和一个路由名称。其实，这些方法还可以接受第 3 个可选参数。

```
static Future<T> pushNamed(BuildContext context, String routeName, {Object arguments,})
```

这里，arguments 就表示命名路由过程中需要传递的数据。接下来，执行下面的操作，完成命名路由的参数传递。

```
Navigator.pushNamed(
  context,
  '/screen3',
  arguments: {
    "username": 'meandni'
  }
);
```

这里，向 arguments 传入了一个 Map 对象。接着，可以使用下面的方法在目标页面 Screen3 中接收数据了。

```
class Screen3 extends StatelessWidget {
  String username;
  @override
  Widget build(BuildContext context) {

    dynamic obj = ModalRoute.of(context).settings.arguments;
    if (obj != null && obj["username"] != null) {
      username = obj["username"];
    }
    return Scaffold(
      body: Center(
        child: Text(
          'username: $username',
          style: TextStyle(fontSize: 20.0),
        ),
      ),
    );
  }
}
```

上面的代码中，首先通过 ModalRoute.of(context).settings.arguments 获得上一个页面传递过来的参数，然后通过 Map 对象中的键名得到对应的数据并将它们展示出来。

8.4.2 数据返回

Navigator 中的相关 push 方法都会返回一个 Future 对象，从而接收新页面将会返回的数据。可以使用 Future 对象接受打开页面中返回的数据，使用方式如下。

```
// 打开页面，并使用 value 变量表示返回值
Future<String> value = Navigator.push<String>(
  context,
  new MaterialPageRoute(
      builder: (context) => Screen4()),
);

// 使用 Future 对象的 then 方法接收异步数据
value.then((result) {
  print(value);
});
```

这里通过 Navigator.push 指定了接收的数据类型为字符串类型。当在新页面中使用 pop 方法弹出路由时，就可以通过下面这种方式将数据返回一个页面中的 Future 对象 value 了。

```
Navigator.of(context).pop("hello");
```

value 对象接收到 Screen4 中返回“hello”字符串后，就会将在控制台中输出该字符。

8.5 路由监听器

在整个应用的运行过程中，需要时刻关注路由操作，因为它负责管理所有页面，路由操作是我们了解用户行为的一种有效方式。例如，我们可以通过观察用户打开某个页面的时间来判断当前页面内容是否受欢迎。路由监听器 NavigatorObserver 类就可以帮助我们实现这个功能。每当用户中执行打开或者关闭路由的操作时，就可以通过这个类得到一个通知。

首先，定义一个自己的路由监听器。

```
class MyRouteObserver extends RouteObserver<PageRoute<dynamic>> {

  // 监听导航器的 push 操作
  @override
  void didPush(Route<dynamic> route, Route<dynamic> previousRoute) {
    super.didPush(route, previousRoute);
    if (previousRoute is PageRoute && route is PageRoute) {
      print('${previousRoute.settings.name} => ${route.settings.name}');
    }
  }

  // 监听导航器的 replace 操作
  @override
  void didReplace({Route<dynamic> newRoute, Route<dynamic> oldRoute}) {
    super.didReplace(newRoute: newRoute, oldRoute: oldRoute);
    if (newRoute is PageRoute) {
      print('${oldRoute.settings.name} => ${oldRoute.settings.name}');
    }
  }

  // 监听导航器的 pop 操作
  @override
  void didPop(Route<dynamic> route, Route<dynamic> previousRoute) {
    super.didPop(route, previousRoute);
    if (previousRoute is PageRoute && route is PageRoute) {
      print('${route.settings.name} => ${previousRoute.settings.name}');
    }
  }
}
```

上面的 MyRouteObserver 就是一个自定义的路由监听器，它继承自 RouteObserver，泛型类型为 PageRoute。MyRouteObserver 能监听 CupertinoPageRoute 和 MaterialPageRoute 两种类型的路由了。每当使用监听的导航器完成 push、replace、pop 操作时，就会调用上面的 didPush、didReplace 和 didpop 函数。

每个 Navigator 对象都可以接收一个 NavigatorObserver 对象数组。这里，如果选择监听根组件 MaterialApp 中的路由操作，可以将 MyRouteObserver 对象以数组的形式传递给 MaterialApp 的 navigatorObservers 属性。

```
class RouteObserverApp extends StatelessWidget {
  @override
  Widget build(BuildContext context) {
    return MaterialApp(
      theme: ThemeData(),
      navigatorObservers: [MyRouteObserver()],
      home: Screen1(),
      routes: {
        'screen2': (context) => Screen2(),
        'screen3': (context) => Screen3(),
      });
  }
}
```

上面的 MaterialApp 中，路由首页为 Screen1，在路由表中声明了 Screen2、Screen3 两个页面。Screen1、Screen2、Screen3 页面的效果如图 8.19 所示。

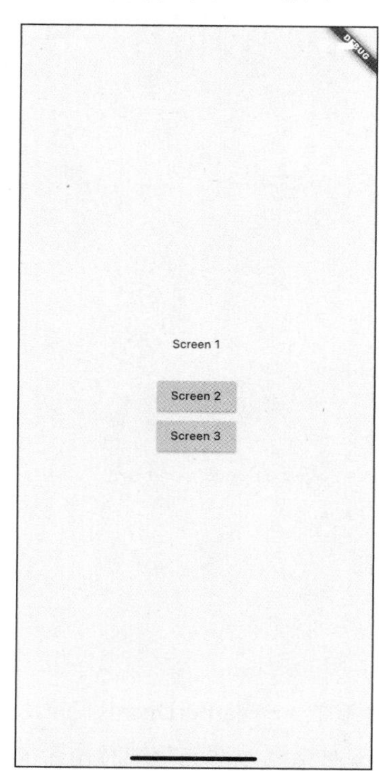

图 8.19　Screen1、Screen2、Screen3 页面的效果

如果在 Screen1 中打开 Screen2，回退后再进入 Screen3，路由监听器就会调用相应的函数

做出反馈，并在控制台中输出下面这段内容。

```
flutter: / => screen2
flutter: screen2 => /
flutter: / => screen3
flutter: screen3 => /
```

8.6 弹窗路由

在应用中，除了使用 MaterialPageRoute 和 CupertinoPageRoute 这两个继承自 PageRoute 的对象来打开一个完整的路由页面外，还可以通过继承自 PopupRoute 的弹窗路由_DialogRoute 对象打开 Flutter 中的对话框窗口。_DialogRoute 对象同样属于路由家族中的成员。

但是，与直接使用 Navigator 打开页面不同的是，在 Flutter 中打开对话框时并不需要直接操作_DialogRoute，而可以使用更加简单的 showDialog()方法。下面就是 showDialog()方法具体的使用方式。

```
showDialog(
// 单击对话框外部的空间时不关闭对话框，默认能够关闭
  barrierDismissible: false,
  context: context,
  builder: (context) => Dialog(
    child: Column(
      mainAxisSize: MainAxisSize.min,
      children: <Widget>[
        Container(
          alignment: Alignment.center,
          height: 100.0,
          color: Colors.white,
          child: Text('对话框内容'),
        ),
        FlatButton(
          onPressed: () => Navigator.of(context).pop(),
          child: Text("确认"),
        )
      ],
    ),
  )
);
```

showDialog()方法主要接受 3 个参数——barrierDismissible、context 和 builder。barrierDismissible 参数接受一个布尔值，表示用户单击对话框外部的空间时是否关闭对话框，若指定为 false，表示不关闭。Context 参数表示当前 BuildContext 对象，这与打开页面时的 context 一致。而 builder 参数接受一个有一个参数的构建函数，可以在这个函数中返回想要在弹窗中展示的组件内容。

这里使用了 Dialog 组件，它是一个无状态组件，使用方法与其他组件的使用方法类似，该组件可以显示一个 Material 风格的对框框。如图 8.20 所示，单击“打开 SimpleDialog 对话框”按钮后，调用 showDialog 方法，就会打开这样一个对话框。

图 8.20　单击“打开 SimpleDialog 对话框”按钮，打开一个对话框

这里，确认按钮使用 FlatButton 组件，单击后就会调用 Navigator.of(context).pop()关闭对话框。

为了使开发者能够快速打开拥有固定结构的对话框，Flutter 还提供了 AlertDialog 和 SimpleDialog 这两个对话框组件，如图 8.21（a）与（b）所示。

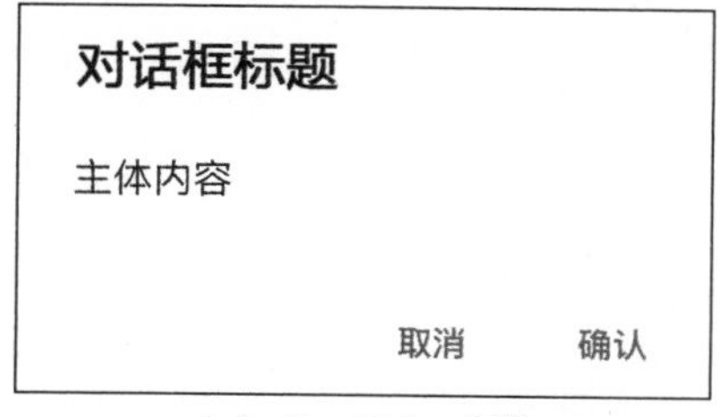

（a）AlertDialog 组件

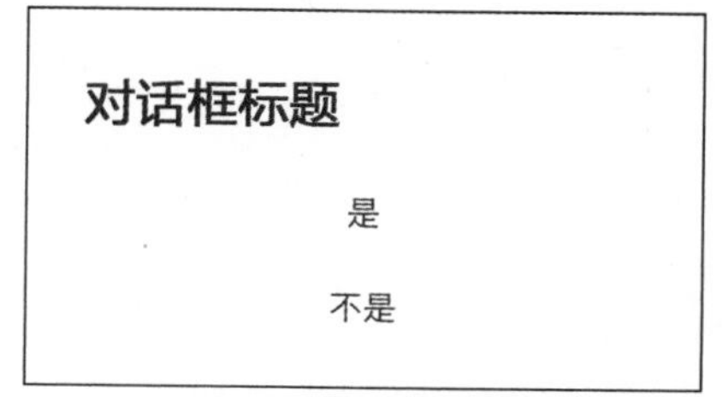

（b）SimpleDialog 组件

图 8.21　AlertDialog 组件和 SimpleDialog 组件

AlertDialog 可以构建由对话框标题、对话框主题以及 Action 按钮组成的对话框，而

SimpleDialog 可以构建由对话框标题和可供用户选择的选项组成的对话框。AlertDialog 的使用方法如下。

```
showDialog(
  barrierDismissible: false,
  context: context,
  builder: (context) => AlertDialog(
        title: Text('对话框标题'),
        content: Text('主体内容'),
        backgroundColor: Colors.white,  // 背景色
        elevation: 8.0,                 // 阴影
        // 边框，这里表示对话框四周的边框粗细为 1.0
       shape: Border.all(width: 1.0),
       actions: <Widget>[
          FlatButton(
            onPressed: () => Navigator.of(context).pop(),
            child: Text("取消"),
          ),
          FlatButton(
            onPressed: () => Navigator.of(context).pop(),
            child: Text("确认"),
          )
        ],
      )
);
```

这里，AlertDialog 的 title 属性用来设置对话框标题，content 属性用来设置对话框主题内容，而 action 属性接受一组组件。一般情况下，我们会使用一组 FlatButton 与用户交互，这些按钮会默认放置在主体内容底部的右侧，而 backgroundColor、elevation、shape 等属性则用来设置对话框的样式。

下面是 SimpleDialog 的使用方式。

```
var _options = ['是', '不是'];

showDialog<String>(
  barrierDismissible: false,
  context: context,
  builder: (context) => SimpleDialog(
        title: Text('对话框标题'),
        children: _options
            .map((option) => SimpleDialogOption(
                  onPressed: () => Navigator.of(context).pop(option),
                  child: Center(child: Text(option)),
                ))
            .toList())
);
```

这里，SimpleDialog 的 title 属性用来设置对话框标题，而 children 属性接受一组组件。一般情况下，children 属性中会放置一组可供用户单击的 SimpleDialogOption 组件，与按钮类似，SimpleDialogOption 组件也有一个 onPress 属性，用于接收用户单击时的回调函数。

为了构建一组 SimpleDialogOption 组件，上面的代码通过 map()方法遍历_options 列表中的每一项并在 SimpleDialogOption 组件中返回其中的每一项。最后只要调用 toList()方法就可以构建出由列表_options 生成的一组 SimpleDialogOption 组件了。此时，如果要添加选项，只需要在_options 中添加数据即可。

对话框的数据

showDialog()方法与 Navigator.of(context).push()方法类似，同样返回一个 Future 对象。可以使用泛型指定返回对象的数据类型，如下所示。

```
Future<String> result = showDialog<String>(...);
```

这里表示接受一个 String 类型的返回值。在对话框中，同样使用 Navigator.of(context).pop()方法将数据传递给 result。

```
Navigator.of(context).pop(option);
```

这里的 option 就是_options 中的某个值，单击后，关闭对话框，返回这个值。可以用下面这种方式接受这个值，并且使用该值来更新页面。

```
result.then((result) {
  setState(() {
    selected = result;
  });
});
```

8.7 小结与心得

学习完本章后，不知道你有没有感受到路由化腐朽为神奇的功效？通过导航器可以将各个 Flutter 页面巧妙地整合到一起，于是我们离开发完整的应用又近了一步。另外，路由家族中还包括路由栈管理、路由通知、窗口路由这些成员，开发人员需要熟悉它们各自的用法和特性。当然，光学习理论知识还远远不够，你不妨对照源代码动手实践一下，这样你会快速掌握这方面的内容。

路由本身的操作非常简单，因此本章还结合 veggieseasons 这个完整应用讲解了部分内容。作为官方开源的应用，veggieseasons 非常值得学习，即使部分读者并不能使用 iOS 模拟器运行它，也可以对照本章提供的页面截图直接分析它的源代码，看看官方应用是如何使用组件和自定义组件的。其中包含了下一章要学习的状态管理方面的知识，因此，对于还不太理解的代码，可以暂时标记出来，相信学习完下一章之后，你就能够完全理解了。

第9章 状态管理

前面的章节重点讨论了 Flutter 中的组件，从各个维度介绍了 UI 中的组件，组成动画的 4 个要素以及路由等，看似内容繁多，但只使用它们我们还并不能开发一个完整的应用，我们并没有将它们整合起来。如果说上一章中的路由管理打通了应用的各个页面，那么本章介绍的状态管理将针对的是数据，这是应用程序中必不可少的一部分，甚至是它的灵魂所在。

状态管理是各类响应式框架中一个永恒的主题，因为它不止一种，并且各具特色，没有任何一个开发者能提出一个完美的解决方案。本章将重点讨论几种具有代表性的状态管理方式，它们不专门针对 Flutter，但特别适用于 Flutter，Google 在开发 Flutter 时专门为此提供了很多方面的技术支持，读者可以通过本章走进 Flutter 的状态世界。

9.1 初探状态

我们对状态这个概念并不陌生，Flutter 中的 StatefulWidget 总会伴随着一个 State 对象而存在，State 对象是 StatefulWidget 中状态的掌管者，使用它可以实现一种非常简单的状态管理方式——每个组件分离，它们各自管理自己内部的状态。State 对象中有一组用于管理其中状态的生命周期回调函数，如图 9.1 所示。

下面我们一起来对 StatefulWidget 做一个具体的描述。StatefulWidget 通过构造函数初始化之后就会被放入组件树中，之后调用 createState()函数创建它对应的 State 对象，创建的 State 对象会被 Element 对象持有。这时，我们就认为 StatefulWidget 已经挂载（mounted），也表示 StatefulWidget 的 BuildContext 对象（即 Element 实例）已经初始化。

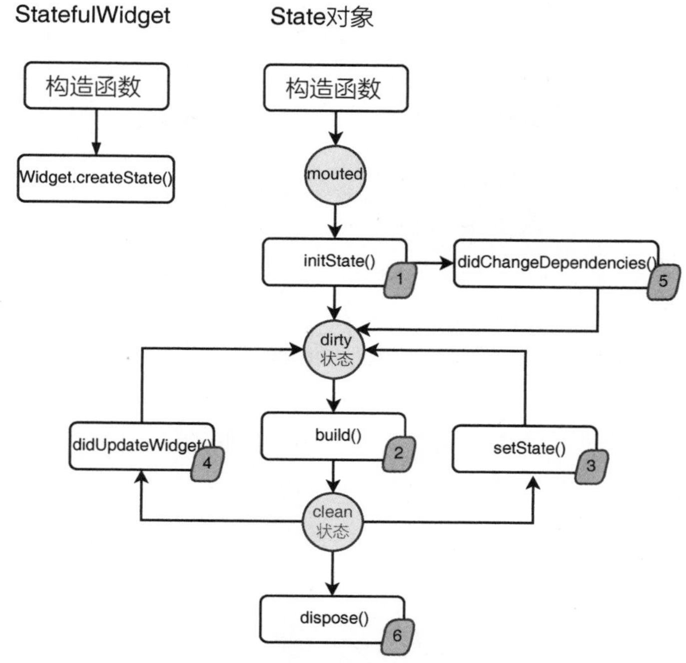

图 9.1 State 对象中的生命周期回调函数

接下来，Flutter 就会继续调用图 9.1 中 State 对象的一系列生命周期函数（调用顺序参见图 9.1 中的编号）。首先调用的是 initState()函数，这个函数只被调用一次，子类可以继承该函数来实现自己内部状态的初始化。此时，State 对象就已经初始化。之后就可以调用 build()函数返回组件树来做实际的组件渲染工作。

在使用组件的过程中，可以通过调用 setState()函数来更新 State 对象的状态值，在该方法内部调用了 Element.markNeedsBuild()函数，将它对应的 Element 对象标记为 dirty 状态，表示它内部数据已经改变，之后就会触发 build()重建新的 Widget 对象。

新的 Widget 对象创建后，就会调用 State 对象的 didUpdateWidget()函数。这个函数会以旧的 Widget 对象作为参数，开发者可以重写这个函数以执行组件更新的操作，如新旧组件的动画过渡等。最后会调用 build()函数完成 Widget 对象的重建，状态恢复为 clean。

最后，如果在重建过程中包含 State 对象的 Widget 对象被移除（即组件类型或者 key 已经改变），Flutter 就会调用 dispose()函数释放这个 State 对象，我们可以在状态类中重写这个函数完成资源的释放，如停止正在活跃的动画等。

在 State 对象的整个生命周期中，一个名为 didChangeDependencies 的函数尤为特殊，我们在之前的分析中并没有提及它，因为它在调用 initState()后执行一次，并不会因为 State 对象本身的状态改变而调用，仅仅在它所依赖的对象发生改变时才调用。State 对象所依赖的对象就与下一节介绍的 InheritedWidget 息息相关。

梳理完 State 对象中各个方法的作用后，我们的脑海里便会对它的状态管理方案有了一个清晰的认识，这不但对我们日常针对有状态的开发有非常大的帮助，而且为我们将要接触的一些更复杂的状态管理方案打下了坚实的基础。

9.2 统一管理——InheritedWidget

前一节介绍了单个组件的 State 对象，所谓“只得一人心”，State 对象只负责管理自己的状态，而应用显然不会只有一个组件，因此这种方案一定不适用于开发一个完整的 Flutter 应用，我们需要的是一个能连接多个组件并且有效管理它们内部状态的方案。

传统的做法是通过构造函数传递属性实现多个组件间的联系，我们可以将需要管理的各个状态值保存在根组件中并统一管理，并且通过逐层传递的方式将某些状态值传递到需要它们的组件中，如图 9.2 所示。

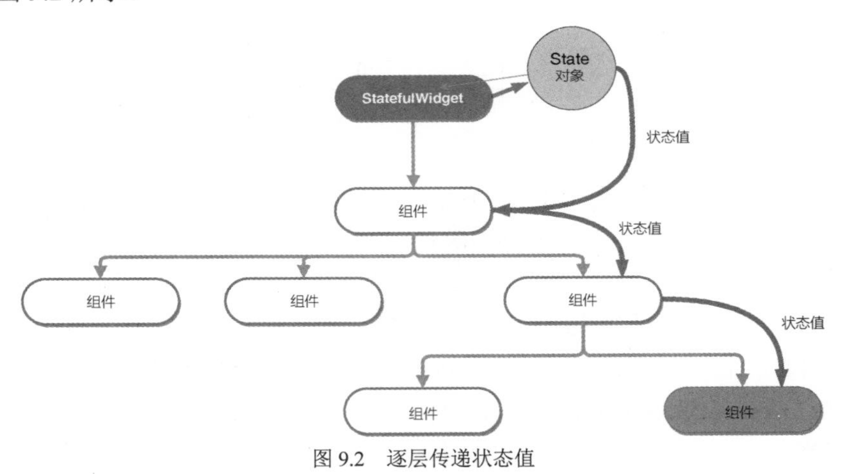

图 9.2　逐层传递状态值

这种方式下，如果底层组件想要获得顶层组件中的状态数据，就必须依次传递，如果底层的组件需要改变数据并且通知顶层，必须要逐层传递一个与之对应的回调函数。这种方案维护起来非常困难，编码也十分麻烦，尤其是需要在路由间共享状态时，必须手动重写多段重复的代码。当应用有超过一个页面或者其中多个组件共享状态时，就可以放弃使用这种状态管理方案了。

取而代之的是 Google 精心设计的可遗传组件——InheritedWidget，从名称就可以看出它的功能，继承它的任意子组件都具有它的内部状态。如图 9.3 所示，需要顶层数据的组件可以直接通过某种方式获得底层 InheritedWidget 中的状态数据。

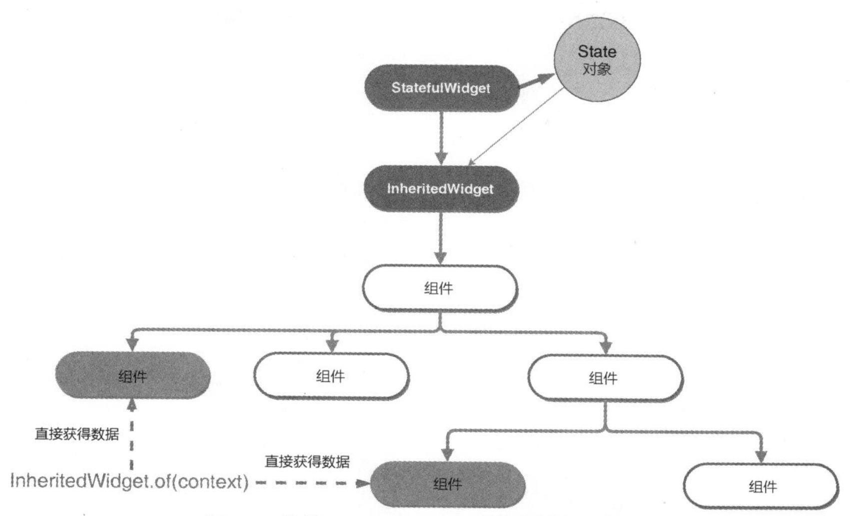

图 9.3 使用 InheritedWidget 直接获得全局状态

InheritedWidget 是 Flutter 中除了无状态组件和有状态组件之外的第三类组件，它是一个抽象类，我们可以继承它，实现这种遗传数据的功能。Flutter 在源代码中使用 InheritedWidget 实现了很多重要的功能，如 Theme、MediaQuery 等。之前我们使用 Theme 获取根组件的主题数据时，并不需要通过父类传递，而可以直接通过 Theme.of(context) 方法得到 ThemeData 对象，其中的奥秘就来自 InheritedWidget。这个特性对我们如何管理应用状态很有意义，下面我们将深入理解 InheritedWidget 内部的实现手段。

9.2.1 数据仓库

上面介绍的状态管理方案的一个特点是将应用的各部分状态放在统一的地方管理，这个地方可能是应用顶层，也可能是其他任意的地方。而 InheritedWidget 的子组件就可以通过非逐层传递的方式得到全局的状态数据。另外，当状态值发生改变后，使用这些状态的组件可以得到响应并完成页面的更新。依照这个理论，我们首先需要通过以下代码创建一个可以统一存放状态的数据仓库（见图 9.4）。

按照 InheritedWidget 的特性，数据仓库非他莫属。上面的代码中，我们通过继承 InheritedWidget 实现了自己的可遗传组件_InheritedStateContainer。其中，data 变量用于存放全局状态数据。_InheritedStateContainer 以 child 参数作为它的子组件，这里，child 表示的子组件都能够以某种方式得到全局状态数据。

另外，要继承 InheritedWidget，还必须在_InheritedStateContainer 中重写 updateShouldNotify() 函数。这个函数返回一个布尔值，作用就是当_InheritedStateContainer 本身重建时决定是否通知使用全局数据的子组件来更新状态。这个解释有点难理解，我们可以将目光转移到图 9.5，StatefulWidget 中的组件重建时并不能更新它对应 State 对象中的状态值。

```
class _InheritedStateContainer extends InheritedWidget {
  final StateContainerState data;

  _InheritedStateContainer({
    Key key,
    @required this.data,
    @required Widget child,
  }) : super(key: key, child: child);

  @override
  bool updateShouldNotify(_InheritedStateContainer old) => true;
}
```

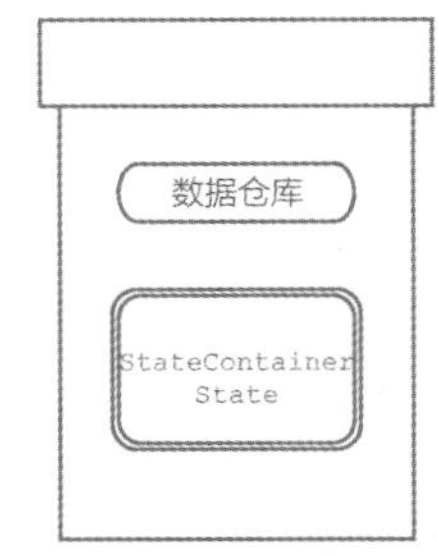

图 9.4　继承自 InheritedWidget 的数据仓库

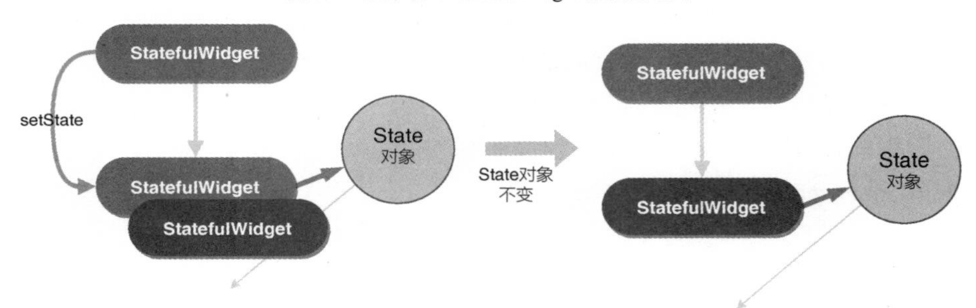

图 9.5　重建 Widget，而复用 State 对象

而当 updateShouldNotify()返回 true 后，就会主动触发子组件的 State 对象的生命周期函数，使它们能够展示最新的全局状态值。在上面的代码中，updateShouldNotify()函数总是返回 true，表示每次重建后都会更新状态，我们可以通过比较仓库内的新旧状态数据来决定是否需要通知子树更新。

非常值得注意的是，InheritedWidget 并不能触发触发自身的重建，所以在使用_InheritedStateContainer 时，通常还需要在它的外部使用一个有状态组件作为容器，用于管理它自身的生命周期。下面是具体的实现代码。

```
class StateContainer extends StatefulWidget {
  final AppState state;
  final Widget child;

  StateContainer({
    @required this.child,
    this.state,
  });
```

```
  @override
  State<StatefulWidget> createState() => StateContainerState();
}

class StateContainerState extends State<StateContainer> {
  AppState state;

  @override
  void initState() {
    if (widget.state != null) {
      state = widget.state;
    } else {
      state = AppState();
    }
    super.initState();
  }

  // ...

  @override
  Widget build(BuildContext context) {
    return _InheritedStateContainer(
      data: this,                          // 传入状态对象
      child: widget.child, // 可遗传组件的子组件
    );
  }
}
```

上述代码中定义了一个有状态组件 StateContainer，它接受一个 child 参数和一个 state 对象。这里，在 StateContainerState 的 build()函数中直接使用了已定义的可遗传组件_InheritedStateContainer，并且传入了当前 StateContainerState 对象 this 和在 StateContainer 中接受的 child 参数。这时，就可以将 StateContainerState 看作整个数据仓库的 State 对象，在它内部，可以存放一些实际的状态值，例如，这里的 state 对象。AppState 的实现如下。

```
class AppState {
  List<Item> items;
  AppState({
    this.items = const <Item>[],
  });

}

class Item {
   String title;
   Item(this.title);
}
```

AppState 中存放了一个 items 列表数组。在 StateContainerState 对象中，可以提供一些操作

这些状态数据的函数，如 addItem()、removeItem()，当子组件获取到这个状态对象后，就可以调用这些函数来触发 StateContainerState 重建。

```
void addItem(Item item) {
  // 更新状态，触发可遗传组件的重建
  setState(() {
    state.items.add(item);
  });
}

void removeItem(Item item) {
  setState(() {
    state.items.remove(item);
  });
}
```

这样，当用户调用这些改变状态的函数时，借助有状态组件的 State 对象调用 setState()函数触发可遗传组件_InheritedStateContainer 的重建。

最后，我们只需要将这个管理状态的容器作为应用的根组件，用于为所有的子组件提供全局状态数据，方法如下。

```
void main() {
  runApp(
    new StateContainer(
      state: AppState(),
      child: HomeApp()
    ),
  );
}
```

这里，向 StateContainer 传入了一个 state 对象的初始值，因此 HomeApp 下的所有组件就都可以共用这个数据仓库中的状态数据了。

9.2.2　子组件注册

接下来，我们来一起探究子组件如何获取在数据仓库中定义的状态。为了与 Flutter 官方推荐的代码风格一致，我们参照 Theme 类在 StateContainer 中添加了一个 of()方法，作为子组件获取状态的入口。这个方法的实现如下。

```
class StateContainer extends StatefulWidget {

      // ...
  static StateContainerState of(BuildContext context) {
    return context
        .dependOnInheritedWidgetOfExactType<_InheritedStateContainer>()
        .data;
  }
```

```
  @override
  State<StatefulWidget> createState() => StateContainerState();
}
```

of()方法是一个静态方法，它以一个 BuildContext 对象作为参数，表示需要获取数据的子组件的上下文，这里调用了 dependOnInheritedWidgetOfExactType()方法。这个方法会从传入的 context 开始向上遍历整个组件树，找到离该子组件最近的可遗传组件_InheritedStateContainer，这样我们就得到了全局唯一的数据仓库对象。而_InheritedStateContainer.data 就是有状态组件对应的 StateContainerState 状态对象 。

每当子组件需要获得数据仓库中的数据时，就可以通过 StateContainer.of(context) 直接获取 StateContainerState 对象，例如，可以通过下面这种方法获得 AppState 对象中的 items，并在 ListView 中展示出来。

_buildList()方法的具体代码如下。

```
ListView _buildList(BuildContext context) {
  // 通过 of()方法获得顶层有状态组件中的 data
  final container = StateContainer.of(context);
  // 获得 AppState 对象中的 items
  final items = container.state.items;

  // 在 ListView 中展示
  return ListView.builder(
    itemCount: items.length,
    itemBuilder: (BuildContext context, int index) {
      final item = items[index];
      return ItemView(
        item: item,
      );
    },
  );
}
```

另外，StateContainer.of(context)方法还有另外一个特别的作用。当在某一个子组件中使用这个方法获取到全局数据后，就表示这个组件依赖可遗传组件。每当可遗传组件重建并且 updateShouldNotify 返回 true 时就会对这个子组件发出通知，直接调用它的生命周期函数 didChangeDependencies()，表示依赖的数据已经改变，这就是可遗传组件更新子组件状态的方法。

因此，一般情况下，当有状态组件依赖全局数据时，都在生命周期函数 didChangeDependencies() 中初始化全局状态对象。具体代码如下。

```
class _AddScreenState extends State<AddScreen> {

  StateContainerState container;

  @override
  void didChangeDependencies() {
```

```
    super.didChangeDependencies();
    // 获取最新的全局状态
    container = StateContainer.of(context);
  }

  // ...
}.
```

执行上述代码后，每次全局状态发生变化，都会调用这里的 didChangeDependencies()函数。这时，组件内部的 container 变量就会被重新赋值为最新的全局状态。由 9.1 节可知，此时，状态对象会被标记为 dirty 状态并继续执行下面的生命周期函数。

因为 didChangeDependencies()调用后同样会触发 build()函数的重新执行，所以有时可以直接在 build()函数中初始化 container 变量。但是当需要执行耗时的操作时，出于性能考虑，我们依然会选择重写 didChangeDependencies()。而在无状态组件中，因为没有生命周期，所以我们总会在 build()函数中初始化它，我们称这一步为子组件的注册操作。

9.2.3 状态更新

完成了状态数据的获取、展示，我们来实现对状态数据的更新操作，这里，我们可以实现一个向 items 列表中添加数据的页面。通过之前的描述，我们已经实现了数据仓库的创建、状态的获取与子组件的注册。如果我们需要更加规范地完成状态更新，就必须要做到仅当数据改变时，才会触发已经注册的子组件的重建，因此使用下面这种方式重写 updateShouldNotify()方法。

```
@override
bool updateShouldNotify(_InheritedStateContainer old) =>
    data.state != old.data.state;
```

上面的代码中，我们就通过比较新旧组件中的 state 对象来决定是否发出通知。最后在 _AddScreenState 组件的 State 对象中，可以添加如下代码实现对 items 列表的新增。

```
class _AddScreenState extends State<AddScreen> {
  StateContainerState container;


  @override
  void didChangeDependencies() {
    super.didChangeDependencies();
    container = StateContainer.of(context);
  }

  @override
  Widget build(BuildContext context) {

    return Scaffold(
      body: // ...
```

```
        floatingActionButton: FloatingActionButton(
          child: Icon(Icons.add),
          onPressed: () {
            if (_formKey.currentState.validate()) {
              _formKey.currentState.save();
              container.addItem(Item(_task,));
              Navigator.pop(context);
            }
          },
        ),
      );
    }
  }
```

至此，我们实现了基于可遗传组件的状态管理方案，这种方案成功解决了应用中数据混乱的问题。

9.2.4 ScopeModel

现在，可遗传组件实现的状态数据统一管理并非全部依靠 InheritedWidget。为了能够实现子树的重建，需要一个有状态组件，作为管理它生命周期的容器，并且必须在它的状态对象中提供修改数据的方法并调用 setState()。在编码过程中这个部分过于模板化，因此 Google 考虑到了开发者在这方面的困扰，在可遗传组件的基础之上开发了一个第三方库——ScopeModel。

要使用 ScopeModel，首先需要添加 scoped_model 依赖库。

```
dependencies:
  flutter:
    sdk: flutter
  scoped_model: ^1.0.1
```

更新依赖并且安装后，就可以使用 scoped_model 来统一管理状态。scoped_model 默认提供了一个 ScopedModel 类作为数据的载体，我们只需要将全局数据传递进去。

```
runApp(ScopedModel<DataModel>(
  model: AppState(),
  child: HomeApp(),
));
```

上面的代码中，把 ScopedModel 放入应用的顶部，它就相当于之前定义的 StateContainer。model 参数用来接受一个全局数据的初始值，child 为子组件。

此时，定义的 AppState 就必须继承自 Model，AppState 里面定义了我们需要针对状态执行的所有操作。

```
class AppState extends Model {
  List<Item> items;

  AppState({
```

```
    this.items = const <Item>[],
  });

  static AppState of(BuildContext context) =>
      ScopedModel.of<AppState>(context);

  void addItem(Item item) {
 items.add(item);
    notifyListeners();
  }

  void removeItem(Item item) {
 items.remove(item);
    notifyListeners();
  }
}
```

AppState of(BuildContext context) 用来为子组件提供 Model 类的对象，在 addItem()、removeItem() 等需要改变状态的方法中，可以直接调用 notifyListeners()来通知子组件的重建，因此 AppState 天生具有感知数据变化的能力。当要在子组件中使用或者更新全局状态数据时，可以使用 AppState.of()函数，也可以直接使用 ScopeModel 提供的后代组件 ScopedModelDescendant。

```
// 使用 AppState.of(context) 操作状态
floatingActionButton: FloatingActionButton(
  child: Icons.add),
  onPressed: () {
    final form = _formKey.currentState;
    if (form.validate()) {
      form.save();
      var model = AppState.of(context);
      model.addItem(Item(item));
      Navigator.pop(context);
    }
  },
)
// 使用 ScopedModelDescendant 操作状态
ScopedModelDescendant<AppState>(
  builder: (BuildContext context, Widget child, TodoListModel model) {
    return Button(
      onPress: () {
        var model = AppState.of(context);
        model.addItem(Item(item));
        Navigator.pop(context);
      },
    );
  },
)
```

这样，只需要简单的几步，就通过 ScopeModel 这个外部库实现了可遗传组件的所有功能。ScopeModel 库大幅度提高了我们的开发效率，读者可以参考它的官方文档和源代码进一步探究它的其他特性及原理。

9.3 局部更新——BLoC

状态管理本身其实并不属于开发的一部分，它更像是一种设计模式，按照不同的模式可以呈现出别样的效果，各种模式各有利弊，能存留下来的必定是前人经过若干尝试后的智慧结晶。可遗传组件一定程度上解决了我们在开发时会面临的数据共享问题，但是在性能方面有所牺牲。因为使用可遗传组件时，任何一个状态数据更新后，势必会通知所有依赖 InheritedWidget 的子组件去重建，而它们可能并不需要这些已经改变的数据。追求极致的开发者并不能接受这种做法，当项目到达一定规模时，这会造成应用实际性能的下降。

9.3.1 流

因为可遗传组件暴露出来的问题，开发者非常希望有一种能在状态更新时仅对需要的组件做局部重建的状态管理方式。谷歌使用“流”（stream）解决了这个问题。Dart 语言原生支持“流”这个概念。简单来说，流就是 Dart:async 包中一个用于异步操作的类，我们可以使用它实现 Dart 中的响应式编程。

我们可以将流看作一个可以连接两端的传送带。如果开发者在传送带的一端放入数据，流就会将这些数据传送到另一端（见图 9.6）。

和现实中的情况类似，如果传送带的另一端没有人接收数据，这些数据就会被程序丢弃。因此，我们通常会在传送带末端安排一个接收数据的对象，在响应式编程中，它称为数据的观察者，如图 9.7 所示。

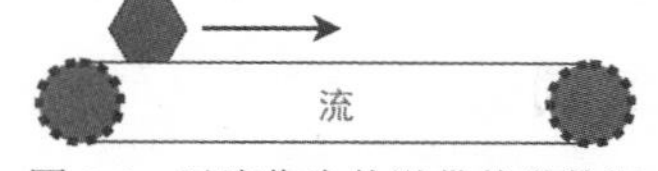

图 9.6 以流作为传送带传递数据

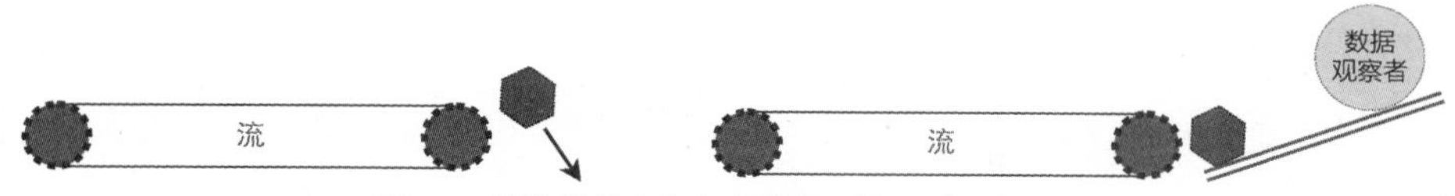

图 9.7 流的数据观察者会接收到数据到达的通知

在 Dart 中，流处理的任务都是异步任务，因此当我们将数据放入流后，并不需要同步等待它将数据传送到终端，我们可以在数据传递的过程中做其他任何事情，当数据到达终端后，数据观察者自然就会接收并处理该任务的执行结果。

在应用中，流事件随处可见，如网络请求、用户的单击事件等，下面我们就一起学习如何在代码中实现一个真正的流事件。在 Dart 中，可以使用 StreamController 来创建流。

```
var controller = new StreamController<int>();

controller.add(1); // 将数据放入流中
```

如上面的代码所示，创建 StreamController 时必须指定泛型类型来定义可以加入流的数据对象，上面的 controller 可以接受 int 类型的数据，使用它的 add()方法就可以将数据放入它的传送带中。如果我们直接运行上面的两行代码，最终并不会不到任何结果，因为我们还没有为传送带设置接收数据的对象。

```
var controller = new StreamController<int>();

controller.stream.listen((item) => print(item));

controller.add(1);
controller.add(2);
controller.add(3);
```

上面的代码中，通过调用 StreamController 内部的 stream 对象的 listen()方法，就可以为 controller 对象添加监听这个流事件的观察者。listen()方法接受一个回调函数，这个回调函数又接受一个在 new StreamController<String>()泛型中声明的数据对象。当再次通过 add()方法将数据放入传送带后，就会调用这个回调函数，并输出传递的数据。

```
1
2
3
```

另外，还可以使观察者在某个时间段后停止监听流中传递的数据。以上代码中的 listen()方法会返回一个 StreamSubscription 类型的订阅对象，调用它的 .cancel()后，就会释放这个观察者，使它不能再接收数据。

```
var controller = new StreamController<String>();

StreamSubscription subscription = controller.stream.listen((item) => print(item));

controller.add(1);
controller.add(2);
controller.add(3);

await Future.delayed(Duration(milliseconds: 500));

subscription.cancel;
```

为了丰富流的使用，Google 官方还推荐了基于 ReactiveX 而实现的 Dart 语言第三方库——RxDart。RxDart 库为开发者提供了加强版的 StreamController——Subjects，内部实现了 Map、Where、Expand 等操作符，以帮助我们对流事件的输入做映射、过滤、扩展等各种操作。RxDart

库还提供了流的另一种实现——Observable，实现了真正的响应式编程。关于 Observable 的具体细节超出了本书的范围，因此这里并不会做详细的介绍，读者可以参考官方文档或者博文。

9.3.2 实现 BLoC

理解流的真正含义后，我们就可以尝试在 Flutter 应用程序中使用它。这里可以首先创建一个提供流对象的 ItemsBloC 类。

```
class ItemsBloC {

  List<Item> items = <Item>[];

  StreamController _addItemStreamController = new StreamController<List<Item>>();

  // 获得流对象的 getter 函数
  Stream<List<Item>> get itemsStream => _addItemStreamController.stream;

  void addItem(Item item)
  {
    items.add(item);
    _addItemStreamController.add(items);     // 向流中发送数据
  }

  // 释放资源
  void close() {
    _addItemStreamController.close();
  }
}
```

在 ItemsBloC 类中，管理一个 items 数组并提供一个 StreamController 对象_addItemStreamController，itemsStream 是_addItemStreamController 内部的 stream 变量。每当调用 ItemsBloC 的 addItem()时，就会向 items 中添加一个新的 item 对象，并调用`_addItemStreamController.add()方法向流中添加最新的列表数组对象，此时订阅它的观察者就可以接收到这个数据。

接下来，就可以在 Flutter 的组件中使用 ItemsBloC。

```
class _MyHomePageState extends State<MyHomePage> {

  int _count;
  StreamSubscription streamSubscription;
  @override
  void initState() {
    _count = 0;
    streamSubscription = MyApp.bloc.itemsStream.listen((items) => setState(() {}));
```

```
    super.initState();
  }

  // ...
  @override
  void dispose() {
    streamSubscription?.cancel();
    super.dispose();
  }
}
```

可以在 initState()中调用 listen()方法为 ItemsBloC.itemsStream 添加观察者回调函数。一旦向_addItemStreamController 中传入数据，就会调用这个观察者回调函数，这里使用 setState()重建组件，以更新状态。另外，还应当在 dispose()中释放 StreamSubscription 观察者。这里，当单击页面中的 FloatingActionButton 按钮后，就会向 ItemsBloC 的 items 列表中添加新的 item。

```
floatingActionButton: FloatingActionButton(
  onPressed: _addItem,
  tooltip: 'Increment',
  child: Icon(Icons.add),
)
```

_addItem()方法如下。

```
void _addItem() {
  _count++;
  MyApp.bloc.addItem(new Item('item $_count'));
}
```

在该组件中，使用 ListView 来展示 items 列表，这里调用 ItemsBloC.addItem()方法后就会更新 items 数组并且向_addItemStreamController 中放入最新的 Item 数组。此时，就会重建显示这些数据的 ListView，以更新状态。

```
Widget _buildList(BuildContext context) {

  List<Item> items = MyApp.bloc.items;
  return ListView.builder(
    itemCount: items.length,
    itemBuilder: (BuildContext context, int index) {
      final item = items[index];
      return ItemView(
        item: item,
      );
    },
  );
}
```

StreamBuilder

除了在组件中使用 initState()和 setState()来操作流对象之外，Flutter 还提供了一个可以直接使用流对象的组件 StreamBuilder，它接受一个 builder()函数，用于构建观察流对象的组件。每当流中有数据传入时，就会触发 builder()函数的重建，而且会在组件构建过程中自动创建和销毁流对象。

```
Widget _buildList(BuildContext context) {

  return StreamBuilder<List<Item>>(
    stream: MyApp.bloc.itemsStream,
    initialData: <Item>[],
    builder: (context, snappShot) {
      List<Item> items = snappShot.data;
      return ListView.builder(
        itemCount: items.length,
        itemBuilder: (BuildContext context, int index) {
          final item = items[index];
          return ItemView(
            item: item,
          );
        },
      );
  },);
}
```

如上面的代码所示，我们将之前的_buildList 修改为使用 StreamBuilder 实现。builder()函数接受两个参数，context 表示当前上下文对象，snappShot 表示流入流对象中的数据，这里表示最新的 items 数组。

同时，StreamBuilder 接收到流中的数据后，仅会调用 builder()函数来重建需要这个流对象中数据的组件，而我们之前使用 setState()函数触发整个组件的重建。从这个方面考虑，StreamBuilder 在一定程度上能够提升应用的性能。另外，由于_buildList 会在组件的 builder()函数中调用，而 Stream 是异步的事件流，因此 StreamBuilder 有时并不能立即接收到 Item 数组。于是，可以使用 initialData 为 StreamBuilder 设置一个初始值。可以通过判断 snappShot 是否有效判断是否来显示列表，在数据没到达时，使用加载框代替。

```
StreamBuilder<int>(
  stream: MyApp.bloc.itemsStream,
  builder: (context, snappShot) {
    if (snappShot != null && snappShot.hasData) {
      List<Item> items = snappShot.data;
      return ListView.builder(
```

```
        itemCount: items.length,
        itemBuilder: (BuildContext context, int index) {
          final item = items[index];
          return ItemView(
            item: item,
          );
        },
      );
    }

    // 在流数据没到达时，显示加载框
    return CircularProgressIndicator ();
}),
```

这样，我们就能利用流局部更新仅使用某些状态的组件，而且这种局部更新在多个流之间并不冲突。目前，在我们实现的应用中仅使用了一个 StreamController 对象_addItemStreamController。当操作_addItemStreamController 对象时，仅有监听它内部流的观察者组件才会重建。当有多个流时，不会触发其他的观察者。多个流之间互不冲突，传递数据并且通知组件更新，可以用图 9.8 来表示这种模式。

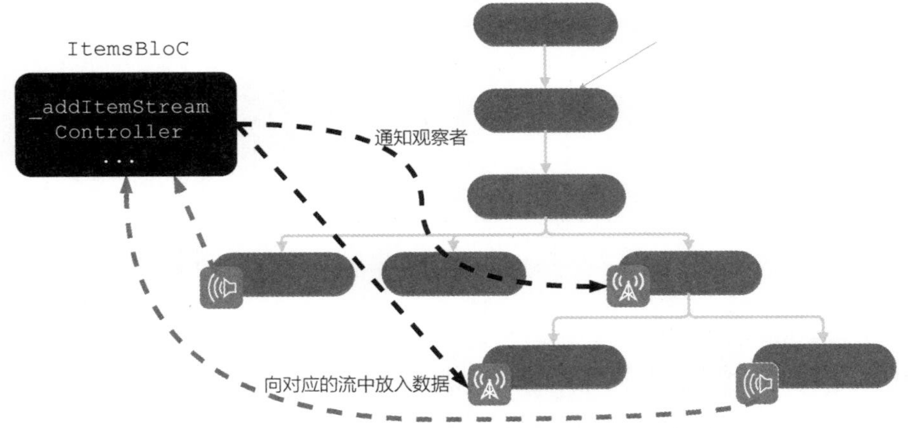

图 9.8　多个流之间互不冲突，传递数据并且通知组件更新

Flutter 基于这种特性提出了一种新的状态管理方式——业务逻辑组件（Business Logic Component，BLoC）。在这种管理方式下，业务逻辑代码能够完全与组件脱离，这里，代码中 Widget 的唯一职责是将它监听的数据展示出来，而 BLoC 可以承担所有的逻辑操作。在 ItemsBloC 中可以提供多个数据传送带 StreamController，在需要发布数据的组件中只需要使用 StreamController.add()方法将数据放入某个传送带，数据就会经由 BLoC 自动传送到那些接收流对象的观察者组件。这里，我们甚至不需要 StatefulWidget 就能轻松根据状态变更来局部地重建 UI。

9.3.3 提供 BLoC 实例

上一节中，我们已经实现了一个简单的 BLoC 应用程序，但其中一个很重要的方面还没有涉及，就是子组件应该如何得到 BLoC 实例。之前的例子中，我们在根组件 MyApp 中实例化了一个静态 ItemsBloC 的 bloc 对象。这时，在各个需要使用 ItemsBloC 实例的组件中就可以通过 MyApp.bloc 获取这个 ItemsBloC 实例。

```
class MyApp extends StatelessWidget {

  static ItemsBloC bloc = new ItemsBloC();
  @override
  Widget build(BuildContext context) {
    return MaterialApp(
      title: 'BloC Demo',
      home: MyHomePage(title: 'BloC Sample'),
    );
  }
}
```

虽然使用这种方式可以使所有的子组件都得到统一的 BLoC 实例，但是不能在不需要 BLoC 实例内部资源的时候及时释放，这样，在稍微复杂的程序中，将会有大量的全局静态对象占用着内存，所以这种提供 BLoC 实例的方式并不能满足大部分开发者的需求。

这里，提供 BLoc 实例的方式有下面两个特点。

- 可以在任意子组件中引用。
- 可以在不需要的时候释放。

能满足这两个要求的方案有很多，但是目前我们最熟悉的方案就是使用可遗传组件。InheritedWidget 的特性与上面的第一点完全吻合，通过有状态组件，可以做到资源的及时释放。

从图 9.9 中可以看出，使用这种方式主要需要在应用中实现一个 BlocProvider 组件，我们将它定义为一个有状态组件。下面是 BlocProvider 具体的代码实现。

```
class BlocProvider extends StatefulWidget {
  final Widget child;
  final ItemsBloC bloc;

  BlocProvider({Key key, @required this.child, @required this.bloc})
      : super(key: key);

  @override
  _BlocProviderState createState() => _BlocProviderState();

  // 可遗传组件的 of() 方法返回里面的 BLoC 实例
```

```
  static ItemsBloC of(BuildContext context) {
    return context
        .dependOnInheritedWidgetOfExactType<_BlocProviderInherited>()
        .bloc;
  }
}

class _BlocProviderState extends State<BlocProvider> {
  @override
  Widget build(BuildContext context) {
    // 返回一个可遗传组件
    return _BlocProviderInherited(bloc: widget.bloc, child: widget.child);
  }

  @override
  void dispose() {
    // 释放 bloc 对象中的资源
    widget.bloc.close();
    super.dispose();
  }
}

// 可遗传组件，用来提供全局的 BLoC 实例
class _BlocProviderInherited extends InheritedWidget {
  final ItemsBloC bloc;

  _BlocProviderInherited({
    Key key,
    @required this.bloc,
    @required Widget child,
  }) : super(key: key, child: child);

  @override
  bool updateShouldNotify(_BlocProviderInherited old) => bloc != old.bloc;
}
```

上面的 BlocProvider 与 InheritedWidget 实现的状态管理中的 StateContainer 非常相似，只不过这里并不需要提供更新状态的接口和数据，也不需要调用 setState()函数重建子树，只需要提供一个 bloc 对象。可以在根组件中使用 BlocProvider 提供一个初始的 bloc 对象。

```
class MyApp extends StatelessWidget {

  @override
  Widget build(BuildContext context) {
    return BlocProvider(
      bloc: ItemsBloC(),
      child: MaterialApp(
```

```
      // ...
        home: MyHomePage(title: 'BloC Sample'),
      ),
    );
  }
}
```

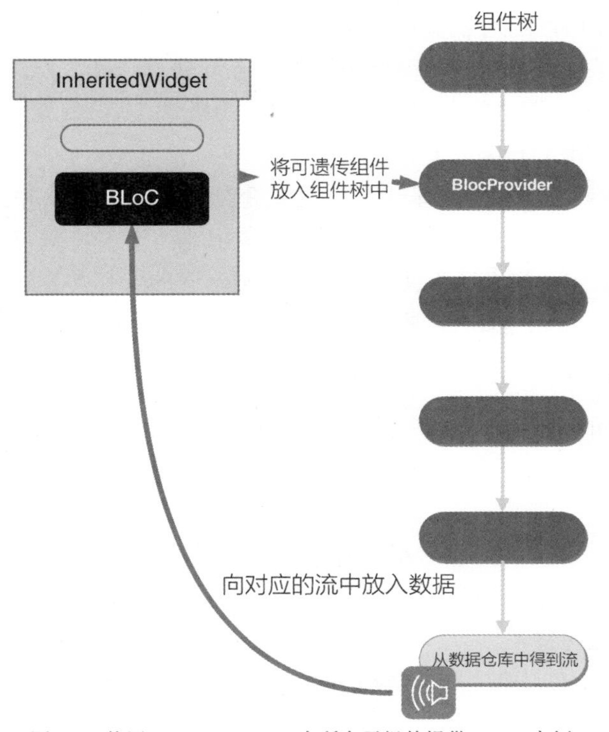

图 9.9 使用 InheritedWidget 为所有子组件提供 BLoC 实例

这时，在任何子组件中，都可以通过 of()方法得到_BlocProviderInherited 的 bloc 对象中的流对象。

```
StreamBuilder<List<Item>>(
  // 获得 ItemsBloC 中的 itemsStream
  stream: BlocProvider.of(context).itemsStream,
  initialData: <Item>[],
  // ...
);
```

当需要更新数据时，只可以调用它的 addItem()向流中发布数据。

```
void _addItem() {
  // ...
  BlocProvider.of(context).addItem(new Item('item $_count'));
}
```

9.4 化繁为简——provider 库

到现在，我们似乎已经掌握了关于状态的所有内容，从可遗传组件到流再到 BLoC，本章分析了它们的原理与作用，这对我们理解 Flutter 本身的原理有很大的好处。但是，后来的很多开发者对谷歌提出了抗议，他们觉得使用这些状态管理方法都太麻烦了，例如，使用 BLoC 时就必须了解流、RxDart 等这些之前可能并不知道的概念。后来，Flutter 的开发团队博采众议，从许多的方案中选择了 provider 库。

provider 意为提供者，它的实现基于我们已经介绍的可遗传组件并且在此基础上实现了局部更新的功能，而此时，我们并不需要学习流的相关概念。本节将重点介绍 provider 的使用方法。使用 provider 库之前，我们还需要添加对 provider 库的依赖并安装该库。

要使用 provider 库，首先需要在项目根目录下的配置文件 pubspec.yaml 中添加对该库的依赖。

```
dependencies:
  provider: ^4.0.4
```

这里，在 dependencies 部分下添加了对 provider 库的依赖并且指定了对应的版本号。接下来，我们只需要在项目根目录下执行命令 flutter pub get，provider 库就会安装在本地，供我们在项目中使用了。

和已经介绍的其他方案一样，provider 库同样需要有一个统一存放数据的数据仓库。然而，在 provider 库中，除了存放数据外，这个仓库还可以作为一个被观察者，当它管理的数据发生变化时会通知监听它的观察者。通过对前面内容的学习，读者应该完全能够理解这句话的含义。这种功能依赖 Flutter SDK 中原生支持的 ChangeNotifier 类来实现。例如，下面创建一个数据仓库 ItemListModel。

```
class ItemListModel extends ChangeNotifier {
  List<Item> items = <Item>[];

  void addItem(Item item) {
    items.add(item);
    notifyListeners();
  }

  // ...
}
```

ItemListModel 持有整个 TodoList 列表的数据并且继承自 ChangeNotifier，ChangeNotifier 提供了 notifyListeners()方法来帮助这个数据仓库通知它的监听者响应数据的变化。每次添加一个 Item 就会调用 addItem()方法，这样，用于展示这个列表的组件就会因为数据的改变而局部更新。

现在，按照惯例，我们还需要将数据仓库放入组件树中来为它们提供数据，这里，可以使用 provider 库提供的 ChangeNotifierProvider 组件，它的作用非常单纯，就是为后代组件提供获得数据仓库的方法。

```
void main() {
  runApp(
    ChangeNotifierProvider<ItemListModel>(
      create: (context) => ItemListModel(),
      child: MyApp(),
    ),
  );
}
```

ChangeNotifierProvider 的功能和上一节中自定义的 BlocProvider 非常相似。这里，需要为 ChangeNotifierProvider 的 create 参数传递一个用来初始化 ItemListModel 的构建（build）函数，child 参数用来传递它的子组件，将 ChangeNotifierProvider 放在应用程序顶部后，它的后代组件就都可以获得初始化的 ItemListModel 对象。另外，provider 库中还提供了放入多个数据仓库的组件 MultiProvider。

```
void main() {
  runApp(
    MultiProvider(
      providers: [
        ChangeNotifierProvider<ItemListModel>(create: (context) => ItemListModel()),
        Provider<int>.value(value: 0)
      ],
      child: MyApp(),
    ),
  );
}
```

上面的代码中，为 MultiProvider 的 providers 传入了多个 Provider，其中 Provider<int>.value() 是内置的一个可以存放单个值的数据仓库。此时，由于我们没有定义自己的 Model 类，因此存放了单个值的数据仓库只能作为数据提供者，子树并不能更改里面的数据。

到此为止，我们应该已经理解了各类状态管理方案的使用套路，我们还需要做的就是想办法在子组件中得到数据。在 provider 库中这个过程与 InheritedWidget 和 BLoC 中非常相似，Provider 类默认提供了 of()方法来获取上层的 Model 对象。可以使用 ListView 将存放在 ItemListModel 中的数据展示出来。

```
Widget _buildList(BuildContext context) {
  ItemListModel itemListModel = Provider.of<ItemListModel>(context);
  List<Item> items = itemListModel.items;

  return ListView.builder(
    itemCount: items.length,
    itemBuilder: (BuildContext context, int index) {
```

```
        final item = items[index];
        return ItemView(
          item: item,
        );
      },
    );
}
```

上面的代码中，通过 Provider.of<ItemListModel>(context)获到了顶层提供的 ItemListModel 对象。同时，根据需要，可以通过 Provider.of<int>(context) 得到顶层提供的单个整数值。通过这种方式得到全局的 Model 对象需要传入当前的 context 对象。也就是说，一旦数据改变，将会重建整个组件。provider 库为此提供了与 StreamBuilder 类似的 Consumer 组件，它表示一个需要使用数据的组件，具体使用方式如下。

```
Consumer<ItemListModel>(
  builder: (context, itemListModel, child) => ListView.builder(
    itemCount: itemListModel.items.length,
    itemBuilder: (BuildContext context, int index) {
      final item = itemListModel.items[index];
      return ItemView(
        item: item,
      );
    },
  ),
);
```

这时，只需要把需要数据的组件使用 Consumer 包裹，就可以在 builder()函数中得到数据仓库对应的 Model 对象。和之前一样，使用 Consumer 时，通过泛型传入仓库的类型，这里具体指的就是 itemListModel，就可以使用 ListView 将里面的数据展示出来。另外，有时候，也可以使用 Consumer.builder 函数中的第三个参数缩小组件的更新范围。例如，当 Consumer 的子组件并不需要全部重建时，可以使用下面这种方式。

```
return Consumer<ItemListModel>(
  builder: (context, itemListModel, child) => Listview(
        children: [
          child,
          Text(itemListModel.items.length),
        ],
      ),
  // 与状态无关的子组件在数据更新时将不会重建
  child: OtherExpensiveWidget(),
);
```

上面这种情况下，当状态改变时，Listview 组件并不会重建。尽管这种方式有一定的成效，但是官方推荐我们尽可能在小范围内使用 Consumer 来减少这种不必要的麻烦。

最后，实现向数据仓库中添加 Item 项的方法 addItem()。

```
void _addItem() {
  // ...
Provider.of<ItemListModel>(context, listen: false).addItem(new Item('item $_count'));
}
```

这时就会触发 ItemListModel 中的 addItem()方法，因为在调用这个方法更新数据后，悬浮按钮并不需要重建，所以为 of()方法的参数 listen 传入 false，表示不监听数据。当触发 notifyListeners()时，这个组件将不会重建，这样在满足功能完整性的同时也提升了性能。

9.5 小结与心得

至此，关于状态管理的内容就已经介绍完了，我们从单个有状态组件的状态对象延伸到了对整个应用的状态管理，给出了 3 种常用的实现方案，希望你能把握整体脉络，理解每个方案。状态管理本身是一种思想，因此本章没有分散地讲解每一个方案的实现，而是一环扣一环地介绍各个方案下的实现场景与优劣势。相比实际的开发场景，本章介绍的案例可能相对简单，但每个开发者都会有自己的学习方法。建议从给已有的实例中总结出自己的一套实现方案，也可以以本书的案例中学习大部分情况下的状态管理方案。

同时，关于各个状态管理方案孰优孰劣，没有一个明确的答案。官方的建议是根据开发者自身的喜好选择。建议根据项目规模和业务场景选择状态管理方案。部分开发者在只有一个页面的演示项目中还使用 BLoC 作为状态管理方案，这属于小题大做。有时你会发现使用不合适的状态管理方式不但不会提高开发效率，反而还会加大代码量。

第 10 章　数据存储与通信

到了本章，你已经学习完了各类与 UI 相关的组件以及状态管理方案，关于 Flutter 的部分已经大致结束了，而遗留下来的就是移动应用开发中的一些共性知识，不仅包括本章将介绍的文件操作、数据库操作、网络通信等技术，还包括下一章要讲述的测试知识。

对于已经具备一定开发经验的读者来说，相信你已经熟悉了文件操作、数据库操作、网络通信等概念。本章结合代码探究这些内容与 Flutter 会摩擦出哪些火花，以及它们与其他平台开发的区别。

10.1 数据持久化

数据持久化是 Android 与 iOS 原生开发中经常需要关注的话题。目前，在我们开发的应用中，用户可以执行某些操作来改变组件内的状态值。然而，关闭并重新打开应用后，你会发现所有数据又还原为初始状态。例如，我们在计数器应用中单击“+”按钮可以增加数值，但是应用重启后初始值依然为 0。出现这种现象的原因就是我们没有采取一些措施让数据持久化，数据持久化就是能够让数据保存在本地而不丢失的一种方式。

熟悉前后台通信的读者一定知道应用中的数据一般来自网络服务器中的数据库，但我们不必每次访问应用时都发送一次网络请求，这会很消耗用户的流量。因此，很多应用会默默地在背后将我们浏览过的一些数据在本地保存下来，这样，当我们再次访问应用时就会看到之前的状态，并且在没有网络的状态下也能浏览部分存储在本地的数据。

接下来，我们就一起来学习 Flutter 中实现数据持久化的 3 种方法。

10.1.1　读写文件

保存数据的原始方法就是以文件作为媒介，通过对文件的读写来实现数据的存储、读取。Dart 语言中的 I/O 库提供了一系列 API 来方便开发者执行文件读写操作。同时，为了能够在 Flutter 中轻松地访问手机中的存储路径，还需要导入一个外部库 path_provider。

要使用外部库 path_provider，首先需要在项目根目录下的配置文件 pubspec.yaml 中添加对该库的依赖。

```
dependencies:
  flutter:
    sdk: flutter
  ...
  path_provider: ^1.1.2
```

添加对 path_provider 库的依赖并通过执行命令 flutter pub get 安装该库后，就可以使用它内部的方法了。

在实际操作之前，要清楚我们能够用来保存文件的路径。下面是在手机中常使用的两个目录。

- 临时目录：该目录下的文件可以被系统随时清除。在 iOS 开发中，可以通过 NSTemporaryDirectory()方法获得该目录；在 Android 开发中，可以使用 getCacheDir()获得该目录。
- 文档目录：应用中直接管理文件的路径，只有当应用被卸载后该目录下的文件才会被清除。在 iOS 环境下该目录对应 NSDocumentDirectory，在 Android 环境下对应 AppData。

可以使用 path_provider 包提供的两个方法获得这两种目录。

```
// 导入path_provider库
import 'package:path_provider/path_provider.dart';

// 获得临时目录
Directory tempDir = await getTemporaryDirectory();
String tempPath = tempDir.path;

// 获得文档目录
Directory appDocDir = await getApplicationDocumentsDirectory();
String appDocPath = appDocDir.path;
```

上面的代码中，getTemporaryDirectory()方法可以获得本机中的临时目录，这个方法是一个异步方法，因此需要使用 await 关键词。同样地，getApplicationDocumentsDirectory()返回文档目录的路径。我们通常会将需要持久存储数据的文件放到文档目录中，因此可以用下面的方式创建一个存储数据的文件的引用变量。

```
// 获得文档目录的函数
Future<String> get _localPath async {
```

```
  final directory = await getApplicationDocumentsDirectory();
  return directory.path;
}

// 获得具体存储数据文件的路径，在文档目录的 counter.txt 文件中
Future<File> get _localFile async {
  final path = await _localPath;
  return File('$path/counter.txt');
}
```

上面的代码中，使用 Dart 语言 I/O 库中的 File 类作为文件的引用类型，_localFile 具体指的就是文档目录下的 counter.txt 文件。接下来，我们就可以使用_localFile 在文件中写入数据。

```
Future<File> writeCounter(int counter) async {
  // 获得文件路径
  final file = await _localFile;

  // 将 counter 变量的值写入文件中
  return file.writeAsString('$counter');
}
```

writeCounter()方法中，只需要调用 file 对象的 writeAsString 就可以将传入的数字写入 counter.txt 文件中。

读取文件中的数据很简单，通过下面的 readCounter()就可以读取 counter.txt 文件中的内容。

```
Future<int> readCounter() async {
  try {
    final file = await _localFile;

    // 读文件
    String contents = await file.readAsString();

    return int.parse(contents);
  } catch (e) {
    // 如果产生异常，返回 0
    return 0;
  }
}
```

因为读文件是一个耗时的任务，所以使用 async 修饰的异步函数执行这个操作，然后通过调用 file 对象的 readAsString()方法就可以读取指定文件中的内容了。

接下来，以计数器应用为例，开发一个可以使用文件存储数据的应用。首先，根据已经介绍的文件读写操作，创建一个专门用来和文件交互数据的操作类 CounterStorage。

```
import 'package:path_provider/path_provider.dart';

class CounterStorage {
  // 获得文档目录
  Future<String> get _localPath async {
```

```
    final directory = await getApplicationDocumentsDirectory();

    return directory.path;
  }

  // 获得 counter.txt 文件的引用
  Future<File> get _localFile async {
    final path = await _localPath;
    return File('$path/counter.txt');
  }

  // 读取保存在文件中的计数值
  Future<int> readCounter() async {
    try {
      final file = await _localFile;
      // 读取文件
      String contents = await file.readAsString();

      if(contents == null) return 0;

      return int.parse(contents);
    } catch (e) {
      // 如果产生异常，返回 0
      return 0;
    }
  }

  // 写入计数值
  Future<File> writeCounter(int counter) async {
    final file = await _localFile;

    // 写入文件
    return file.writeAsString('$counter');
  }
}
```

可以看到，在 CounterStorage 类中包含了获取存储路径、文件引用、读取文件和写入文件的 4 个方法。下面就可以在计数器应用的组件中使用这些方法。

```
class _MyHomePageState extends State<MyHomePage> {

  // 实例化 CounterStorage 类
  CounterStorage storage = new CounterStorage();
  int _counter;

  @override
  void initState() {
    super.initState();
```

```
    // 初始化_counter 为从文件中读取的数据
    storage.readCounter().then((int value) {
      setState(() {
        _counter = value;
      });
    });
  }

  Future<File> _incrementCounter() {
    setState(() {
      _counter++;
    });
    // 将最新的_counter 变量写入文件中
    return storage.writeCounter(_counter);
  }

  @override
  Widget build(BuildContext context) {
    return Scaffold(
      appBar: AppBar(
        title: Text(widget.title),
      ),
      body: Center(
        child: Column(
          mainAxisAlignment: MainAxisAlignment.center,
          children: <Widget>[
            Text(
              'You have pushed the button this many times:',
            ),
            Text(
              '$_counter',
              style: Theme.of(context).textTheme.display1,
            ),
          ],
        ),
      ),
      floatingActionButton: FloatingActionButton(
        onPressed: _incrementCounter,
        tooltip: 'Increment',
        child: Icon(Icons.add),
      ),
    );
  }
}
```

在_MyHomePageState 中有一个 CounterStorage 对象 storage，当要执行文件操作时就可以调用这个对象的方法。在 initState()中，将_counter 变量初始化为从文件读取的数据，并在读取之后调用 setState()方法，更新页面数据为本地存储的数据。

在_incrementCounter 中，首先调用 setState()来更新状态，然后调用 storage 的 writeCounter()方法将_counter 变量里的最新数据写入文件中，这样，即使应用关闭，当用户重新打开该应用时，依然能够读取存储在文件中的最新数据。

10.1.2 存储键值对

使用文件存储固然是一个可行的操作方式，但要存储具有一定格式的数据会非常困难。不同于对文件的直接读写，Flutter 官方提供的 shared_preferences 插件可以实现对键值对的存储。也就是说，当要存储一条数据时，可以给这条数据提供对应的键值对，这样，下次要读取这条数据时，只需要提供键值对即可。

shared_preferences 的使用方法非常简单。在 Android 平台上，这个插件与原生的 SharedPreferences 交互；在 iOS 平台上，这个插件与 NSUserDefaults 交互。按照惯例，使用之前，需要在 pubspec.yaml 中添加关于该插件的依赖。

```
dependencies:
  flutter:
    sdk: flutter
  shared_preferences: ^0.5.3
```

接下来，就可以在代码中使用 shared_preferences 插件存储数据了。

SharedPreferences 类是 shared_preferences 插件提供的用来存储键值对的核心类。可以使用 SharedPreferences 类的 setter 方法将各种基本类型的数据存储到本地，例如，可以使用 setInt 存储整型数据，使用 setString 存储字符串数据。具体使用方法如下所示。

```
// 获得 SharedPreferences 对象
final prefs = await SharedPreferences.getInstance();

// 存储 int 数据并将键命名为 "counter"
prefs.setInt('counter', 1);
```

可以看到，存储数据之前，使用 SharedPreferences.getInstance()方法得到一个全局的 SharedPreferences 对象，然后就能通过 setter 方法存储 counter 对应的整型数据了。

存储完之后，我们就可以想办法在合适的地方将已经保存的数据独取出来。这里，同样可以使用 SharedPreferences 对象中与 setter 方法对应的 getter 方法，例如 getItn()、getBool()、getString()等方法，在读取时还需要传入想要获取的数据的键名。通过下面的代码，就可以获取到存储的 counter 值。

```
final prefs = await SharedPreferences.getInstance();

// 读取键值为 counter 的整型数据，如果不存在，则返回 0
final counter = prefs.getInt('counter') ?? 0;
```

应用一般还会有清除本地缓存的功能，因此需要将本地保存的键值对数据清空，

SharedPreferences 对象的 remove()方法可以实现这个功能。

```
final prefs = await SharedPreferences.getInstance();

prefs.remove('counter');
```

通过上面的 remove('counter') 方法，可以将已经保存的 counter 数据清除了。

相信你已经感受到了 SharedPreferences 对象的便利性。使用上述方法，可以轻松实现对基础数据类型的存储，但应该注意，使用 SharedPreferences 对象的方法只能存储 int、double、bool、string 和 stringList 类型的数据。另外，出于读取、写入的性能原因，SharedPreferences 对象的方法不能存储较大的数据量，因此可以使用数据库存储技术——Flutter 推荐的本地化存储方式。

10.1.3　数据库

目前，在 Flutter 运行的 Android、iOS 两个平台上都内置了自己的 SQLite 数据库。SQLite 数据库是一种轻量级的关系型数据库，支持 SQL 语法，同时，开发者不需要在系统中做任何配置就可以在应用中使用它。只需要掌握基本的 SQL 语句，就可以轻松在本地数据库中实现增删改查的功能了。

首先，同样需要导入允许操作本地数据库的 sqflite 库。

```
dependencies:
  // ...
  sqflite: ^1.1.6
```

添加依赖并且执行 flutter pub get 后，就可以在项目中使用本地数据库了。在本章中，我们将使用数据库开发一个用于记录待办事项的 TodoList 应用，它可以当作便利贴。每当有重要的事情时，就可以将这件事（也称为 todo）记录在这个应用中。

执行数据库操作主要依赖的是 sqflite 库中的 Database 类，它提供了一系列操作数据库的方法，如创建表、删除表以及增删改查数据的方法。在执行数据库的读写操作之前，首先需要执行 sqflite 库中的 openDatabase()方法以打开数据库。

```
Future<Database> initializeDatabase() async {
  // 数据库的路径，这里使用 path 包下的 join 方法拼接路径字符串
  String path = join(await getDatabasesPath(), 'todos.db');

  // 创建并打开数据库
  Future<Database> todosDatabase = openDatabase(path, version: 1, onCreate: _createDb);
  return todosDatabase;
}
```

上面的代码中，通过 sqflite 库中的 getDatabasesPath()方法获取了数据库文件默认的存放路径，join()方法可以将路径与文件名拼接成一个完整的路径字符串。openDatabase()方法的第一个参数接受一个完整的数据库文件路径 path，这样，就成功创建并打开了名为 todos.db 的

数据库。

另外，openDatabase()方法是一个异步方法，因此它接受的是一个 Database 类型的 Future。这里将 Future 作为 initializeDatabase()方法的返回值。

通常情况下，我们希望在创建数据库时一起创建数据表。openDatabase()方法的 onCreate 参数可以接受一个回调函数，会在第一次创建数据库时调用这个方法，因此可以在里面执行创建表的操作。

```
void _createDb(Database db, int newVersion) async {
  // 在数据库中执行创建表的 SQL 语句
  await db.execute(
    "CREATE TABLE todo_table
   (id INTEGER PRIMARY KEY AUTOINCREMENT, title TEXT, description TEXT, date TEXT)",
  );
}
```

以上代码中的 createDb()方法就是传入 onCreate 参数的回调函数，创建数据库时它就会立即执行。createDb()方法接受两个参数，一个是具体的 Database 对象，另一个是当前数据库版本。在函数体内，可以调用 Database 对象的 execute 方法执行创建 todo_table 表的 SQL 语句，这里将主键 id 设置为整型、自增长，这样就实现了创建数据库时一起创建数据表的功能。

为了方便对表中的数据做增删改查操作，在项目中可以创建一个与数据库表相对应的 Todo 类。Todo 类的属性与表的每个字段对应，具体内容如下。

```
// lib/models/todo.dart
class Todo {
      int id;
      String title;
      String description;
      String date;

      Todo(this.title, this.date, [this.description] );

  // 将 Todo 对象转换为 Map 对象
      Map<String, dynamic> toMap() {
            var map = Map<String, dynamic>();
            if (id != null) {
                  map['id'] = id;
            }
            map['title'] = title;
            map['description'] = description;
            map['date'] = date;

            return map;
      }
```

```
    // 根据 Map 对象生成 Todo 对象
        Todo.fromMapObject(Map<String, dynamic> map) {
              this.id = map['id'];
              this.title = map['title'];
              this.description = map['description'];
              this.date = map['date'];
        }
}
```

如果要对数据库表执行插入操作，可以直接调用 Database 对象的 insert()方法传入表名和 Todo 对象对应的 Map 对象。

```
Future<int> insertTodo(Todo todo) async {
  Database db = await this.database;
  var result = await db.insert('todo_table', todo.toMap());
  return result;
}
```

基于上面这个 insertTodo()方法，可以实现添加待办事项的功能。Database 类中同样还提供了查询（query）、删除（delete）、更新（update）数据库中数据的方法，可以将这些方法放在 DatabaseHelper 类中并统一管理。

```
//-- lib/utils/database_helper.dart
class DatabaseHelper {

  // 查询 todo_table 表中的所有 todo 列表
  Future<List<Map<String, dynamic>>> getTodoMapList() async {
    Database db = await this.database;
    var result = await db.query('todo_table', orderBy: 'id ASC');
    return result;
  }

  // 更新数据库中的某个 todo 对象
  Future<int> updateTodo(Todo todo) async {
    var db = await this.database;

    var result = await db.update(
      'todo_table',                    // 更新数据的表名
      todo.toMap(),                    // 存放新值的 Map 对象
      // 匹配值的条件，这里可以通过 id 唯一指定要更新的 todo 项
      where: "id = ?",
// 传入需要更新的 todo 项的 id 值，这里对应 where 参数中的 "?"
whereArgs: [todo.id],
    );
    return result;
  }

  // 从数据库表中删除指定 id 的 todo 项
  Future<int> deleteTodo(int id) async {
```

```
    var db = await this.database;
    // 删除置指定 id 的 todo，返回删除后表中的 todo 数
    int result = wait db.delete(
      'todo_table',
       where: 'id = ?',
       whereArgs: [id]
    );
    return result;
  }
}
```

从上面的代码中可以看出，利用 Database 提供的接口，可以快速完成对 todo_table 表的操作。下面实现利用 DatabaseHelper 类添加事项的组件 AddTodo。

```
class AddTodo extends StatefulWidget {
  @override
  State<StatefulWidget> createState() {
    return AddTodoState();
  }
}

class AddTodoState extends State<AddTodo> {
  DatabaseHelper helper = DatabaseHelper();

  Todo todo = new Todo();
  String title = '';
  String description = '';

  void _save() async {
    todo.title = title;
    todo.description = description;
    todo.date = DateTime.now().toString();

    // 将 todo 对象插入表中
    await helper.insertTodo(todo);
    Navigator.pop(context, true);
  }

  @override
  Widget build(BuildContext context) {
    return Scaffold(
      appBar: AppBar(
        title: Text('添加待办事项'),
      ),
      body: ListView(children: <Widget>[
        // 输入标题的文本框
        TextField(
          onChanged: (value) {
```

```
              title = value;
            },
            decoration: InputDecoration(labelText: '请输入标题'),
          ),
          // 输入描述的文本框
          TextField(
            onChanged: (value) {
              description = value;
            },
            decoration: InputDecoration(labelText: '请输入描述'),
          ),
          RaisedButton(
            child: Text('保存'),
            onPressed: () {
              _save();
            })
        ]));
  }
}
```

从代码中，我们可以看到 AddTodoState 中保存了两个状态，分别表示用户输入的标题和事项描述。当用户单击页面中的“保存”按钮后，就会将文本框中的值保存到 todo 对象中并调用 DatabaseHelper 的 insertTodo()方法将它插入数据库表当中，如图 10.1 所示。

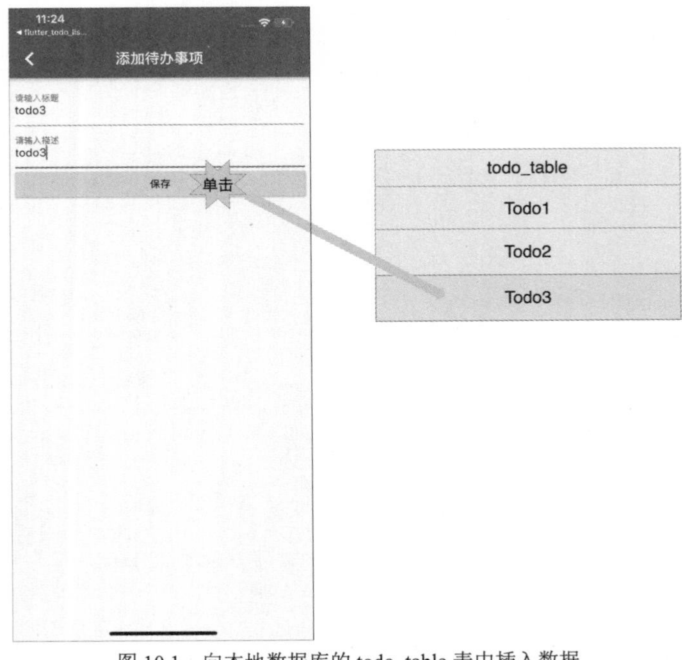

图 10.1　向本地数据库的 todo_table 表中插入数据

由于 Database 中的 query 方法返回的是一个 Map<String, dynamic> 类型的列表，因此可以使用下面这个方法将它转换成 List 类型的列表。

```
Future<List<Todo>> getTodoList() async {
  var todoMapList = await getTodoMapList();
  int count = todoMapList.length; table

  List<Todo> todoList = List<Todo>();
  for (int i = 0; i < count; i++) {
    todoList.add(Todo.fromMapObject(todoMapList[i]));
  }
  return todoList;
}
```

这样，我们就可以使用下面这个 TodoList 组件将这个列表在 ListView 展示出来了。

```
class TodoList extends StatefulWidget {
  @override
  State<StatefulWidget> createState() {
    return TodoListState();
  }
}

class TodoListState extends State<TodoList> {
  DatabaseHelper databaseHelper = DatabaseHelper();
  List<Todo> todos;

  @override
  void initState() {
    super.initState();
    todos = List<Todo>();
    updateListView();
  }

  void updateListView() {
    final Future<Database> dbFuture = databaseHelper.initializeDatabase();
    dbFuture.then((database) {
      Future<List<Todo>> todoListFuture = databaseHelper.getTodoList();
      todoListFuture.then((todoList) {
        setState(() {
          this.todos = todoList;
        });
      });
    });
  }

  void _delete(BuildContext context, Todo todo) async {
    int result = await databaseHelper.deleteTodo(todo.id);
```

```
      if (result != 0) {
        updateListView();
      }
    }

    @override
    Widget build(BuildContext context) {
      return Scaffold(
        appBar: AppBar(
          title: Text('待办事项'),
        ),
        body: getTodoListView(),
        floatingActionButton: FloatingActionButton(
          onPressed: () {
            navigateToDetail();
          },
          child: Icon(Icons.add),
        ),
      );
    }

    ListView getTodoListView() {
      return ListView.builder(
        itemCount: todos.length,
        itemBuilder: (BuildContext context, int index) {
          return ListTile(
                title: Text(
                  this.todos[index].title,
                  style: TextStyle(fontWeight: FontWeight.bold),
                ),
                subtitle: Text(this.todos[index].description),
                trailing: IconButton(
                  icon: Icon(Icons.delete_outline),
                  onPressed: (){
                  _delete(todos[index])
                }));
        });
    }
  }
```

TodoList 组件中，首先在 initState()中初始化了数据库对象，并通过 getTodoList()方法得到了数据库中存储的所有事项，在 build()方法中，通过 ListView.builder 将 todos 数组展示了出来。另外，在展示每个事项的 ListTile 组件中，还在 trailing 上放了一个“删除”按钮，当用户单击这个按钮时，就会调用这里的_delete()方法在表中删除对应事项。

数据库更新

在 Flutter 中使用数据库实现 TodoList 应用的基本功能后，还需要更新数据库。之前提到，todo_table 会在数据库建立后立即创建，而 openDatabase()方法中的 onCreate 参数接受的回调函数仅仅在数据库第一次创建时调用，如果要改变 todo_table 表的结构，比如添加一列或者修改列名，该怎么办呢？

这时，我们需要关注 openDatabase()方法的 version 参数了，它用来设置数据库版本号。如果需要修改已经建好的数据库中的表结构或新建一张新表，并不能简单地在 onCreate 参数表示的回调函数中执行一条新的 SQL 语句以重新运行应用，因为 onCreate 参数表示的回调函数仅在第一次创建数据库时调用。这时，如果希望再次调用 onCreate 参数表示的回调函数，就需要更改版本号为更新的版本（如 +1 表示更新一个版本）。如下面的代码所示，为了在 todo_table 表中添加一个 completed 字段，将 version 版本号设置为 2，重新打开数据库，便会重新调用 onCreate 参数表示的回调函数。

```
Future<Database> database = openDatabase(
  join(await getDatabasesPath(), 'todo_table.db'),
  onCreate: _createDb,
  version: 2, // 更新版本号，再次调用_createDb
);

void _createDb(Database db, int newVersion) async {
  // 修改 SQL 语句，添加字段
  await db.execute(
    "CREATE TABLE todo_table
   (id INTEGER PRIMARY KEY AUTOINCREMENT, title TEXT, description TEXT, date TEXT,
   completed TEXT)",
  );
}
```

10.2 网络通信

现在，虽然我们已经熟练使用 Flutter 构建了一款精致的应用，但是还不能真正地使用 Flutter 与网络打交道，应用中的数据都来自本地。尽管通过前部分的学习，我们可以将数据永久地保存在手机中供我们反复使用，但这依然只是一个人的狂欢。

通过网络通信，我们便可以让全世界各地的数据一起加入进来，我们能够通过 HTTP 向后端发送一个网络请求，经过一系列操作，后端就会返还给我们需要的数据，我们可以在应用中将这些数据呈现出来。同样地，也可以通过 HTTP 将数据发送到网络中，后端的工程师可以将这些数据保存在服务器的数据库中，这样，其他人也可以看到这些数据。我们经常接触的登录、注册等功能都需要依赖网络通信。

10.2.1　http 库

在 Flutter 中，使用 Dart 中的 http 库可以轻松实现与应用的网络交互。本节介绍 HTTP 库的使用方法。

首先，在配置文件 pubspec.yaml 中添加对 http 库的依赖。

```
dependencies:
  http: 0.12.0+4
```

通过执行 flutter packages get 安装 http 库后，就可以在项目中使用其中的所有方法了。下面是在文件中使用 http 库发出一个 GET 请求的 fetchData()方法。

```
// 导入 http 库
import 'package:http/http.dart' as http;

Future<String> fetchData() async {
  // 使用 http 中的 get 方法，发出网络请求
  final response = await http.get('https://meandni.com');

  if (response.statusCode == 200) {
    // 请求成功
    return response.body.toString();
  } else {
    throw Exception('请求失败！');
  }
}
```

由于网络请求是一个耗时的任务，因此在异步方法 fetchData()中使用 await 关键词修饰 http.get()方法，表示等待请求的数据，http.get()接受一个请求地址，并返回一个 Response 类型的变量，它就表示此次网络请求返回的结果。

Response 对象中通常会包含请求头与请求体两部分内容。请求体通常就是客户端部分所需要的主体数据，这里目标网站的 HTML 数据存储在 Response 对象的 body 属性中。请求头包含了这次请求的相关参数，如数据类型、数据长度等，存储在 Response 对象的 headers 属性中，使用 Map 类型的对象以键值对的形式来保存它们对应的参数值。

在 fetchData()中使用 statusCode 属性表示请求的状态值，可以使用 statusCode 属性来判断此次请求是否成功。如果 statusCode 属性的值为 200，表示请求成功，这里将请求到的主体数据作为 fetchData()方法的返回值；否则，请求失败，这里可以使用 throw 关键词向系统抛出一个请求失败的异常。

在组件中，可以使用 FutureBuilder 组件来接受网络请求中 Future 类型的异步数据。

```
FutureBuilder<String>(
  future: fetchData(),
  builder: (context, snapshot) {
    // 数据请求失败，展示错误消息
```

```
    if (snapshot.hasError) return Text("${snapshot.error}");

    if (snapshot.hasData) {
      // 请求数据到达，在文本中展示出来
      return Text(snapshot.data);
    }

    // 使用加载框，表示等待请求结果
    return CircularProgressIndicator();
  },
)
```

当请求数据到达时，请求结果就会在屏幕中以文本的形式展示出来，如图 10.2 所示。

图 10.2　数据请求结果

可以使用 http 库中的 post 方法发出 POST 请求，从而将数据提交到后端，例如下面的 postData()方法。

```
Future<http.Response> postData(String data) {
  // 发出 POST 请求
  return http.post(
    'https://jsonplaceholder.typicode.com/albums',    // 请求连接
    headers: <String, String>{                        // 请求头
      // 指定数据类型
      'Content-Type': 'application/json; charset=UTF-8',
    },
    body: data                                        // 主体数据
  );
}
```

当发送 HTTP 的 POST 请求时，可以指定具体的请求连接，也可以自定义请求头的参数值。post()方法接受的 body 参数就是要传递的数据，这样，服务器接收这个请求时，就能够获取这部分数据，做其他任何事情了。

GET 请求通常用来请求网络中的数据。当在浏览器中访问某个网站时，就会向对应网站的服务器发出一个 GET 请求，这样服务器就会返回一条 HTML 数据，浏览器能够将这些数据解析、渲染出来。而 POST 请求主要用来向服务器提交信息，如用户注册、个人信息的提交等。

10.2.2　JSON

学完网络请求之后，我们就可以使用 Flutter 客户端应用在网络中请求数据了，后端接收到这个请求后，会做出相应的响应，传递给我们一个 Response 对象。这种方式称为前后端分离，由于它的实用性和可维护性目前几乎被所有商用软件所使用。

但一款应用的客户端通常不止一种，可能会包括 Web 端、Android 端还有 iOS 端，它们各自如何与后端交换数据，以及数据格式的不一致成为程序员需要面对的问题。

通过对数据的格式化就可以解决这个问题。试想一下，如果网络中传递的数据都将会有一个约定俗成的格式，那么各个客户端只要遵循这个格式将这些数据解析出来就会在各个平台中得到统一的结果了。JavaScript 对象标记（JavaScript Object Notation, JSON）就是一种轻量级的数据交换格式，以前很长一段时间里，XML 是最常用的交互格式。然而，因为 XML 笨重、不易维护，很快它就被 JSON 所代替。可以把 JSON 作为前后端交换数据的约定格式。JSON 的基本结构如下。

```
{
  "id": 1,
  "title": "看书",
  "completed": true
}
```

JSON 的每个对象使用花括号包裹，它与 Dart 中的 Map 对象非常相似，对象中每一项也

会以键值对的形式存在，其中键的数据类型是字符串，而值可以是各种数据类型的值。如果接收一组 JSON 对象，可以使用下面这个格式。

```
[
  {
    "id": 1,
    "title": "看书",
    "completed": true
  },
  {
    "id": 2,
    "title": "写字",
    "completed": false
  }
]
```

这里，JSON 字符串中的每个对象用中括号括起来，就表示拥有两个对象的 JSON 数组。当在 Flutter 中在通过网络请求得到这个字符串之后，就需要解析这段字符串，让它们能够在应用中使用。接下来，介绍在 Flutter 中解析 JSON 字符串的两种方法。

1. 手动解析

解析 JSON 字符串的第一个方法是使用 Flutter 内置的 dart:convert 库。这个库中的 jsonDecode()方法可以帮助我们轻松实现对 JSON 字符串的解析。jsonDecode()方法的使用方式如下。

```
import 'dart:convert';
String jsonString='[{"id":": 1}, {"title":"看书"}, {"completed": false}]';

Map<String, dynamic> todoMap = jsonDecode(jsonString);
print('标题为${todoMap['title']}'); // 标题为"看书"
```

上面的代码中，给 jsonDecode()方法传入了表示一个 JSON 对象的字符串 jsonString，就会得到一个 Map 类型的返回值，它里面就保存了 JSON 对象中的键值对。这样，就可以通过这个 Map 对象的属性名得到对应的值了，这里成功获得了键为 title 的值。另外，值得注意的是，返回的 Map 对象的键总为字符串类型，而值类型并不确定，所以这里将它定义为 dynamic 类型。

直接使用这个 Map 对象引发的问题是，大部分情况下我们并不能感知到它内部拥有哪些属性，也不知道它的值类型是什么，所以对于 JSON 字符串中的对象，我们通常会在程序中创建一个模型类来表示它在对应程序中的类型。这里，可以创建一个与 JSON 对象对应的 Todo 类。

```
class Todo {
      int id;
      String title;
```

```
      bool completed;
      Todo(this.id, this.title, this.completed);

  // 将 Map 对象解析成 Todo 对象
      Todo.fromJson(Map<String, dynamic> map) {
    // 为每个对象赋值
            this.id = map['id'];
            this.title = map['title'];
            this.completed = map['date'];
      }

  // 将 Todo 对象解析成 Map 对象
  Map<String, dynamic> toJson() {
    return <String, dynamic>{
      'id': id,
      'title': title,
      'completed': completed,
    };
  }
}
```

解析 JSON 字符串并得到 Map 对象后，就可以直接使用 Todo.fromJson()构造函数得到一个对应的 Todo 对象了。

```
Map<String, dynamic> todoMap = jsonDecode(jsonString);

Todo todo = Todo.fromJson(userMap);
print('标题为${todo.title}!');
```

如果请求到的是一个 JSON 数组，可以使用下面这种方式解析。

```
List<Todo> parseTodos(String responseBody) {
  // 解析 JSON 字符串，得到一个动态类型的列表
  List<dynamic> parsed = jsonDecode(responseBody);

  // 将列表中的每一个 Map 对象解析为 Todo 对象，生成 List<Todo> 类型的列表
  return parsed.map<Todo>((json) => Todo.fromJson(json)).toList();
}
```

在网络中请求完整的 JSON 字符串之后，可以使用这个方法解析 List 对象。

```
Future<List<Todo>> fetchData() async {
  http.Response response = await http
      .get('https://my-json-server.typicode.com/meandni/demo/todos');

  if (response.statusCode == 200) {
    return parseTodos(response.body.toString()); // 解析 List<Todo>
  } else {
    throw Exception('请求失败！');
  }
}
```

我们仍然可以在 FutureBuilder 中使用 fetchData()函数返回的异步对象。

```
FutureBuilder<List<Todo>>(
  future: fetchData(),
  builder: (context, snapshot) {
    // 请求失败
    if (snapshot.hasError) print(snapshot.error);

    if (snapshot.hasData) {
      // 请求数据 Todo 列表
      List<Todo> todos = snapshot.data;
      return ListView.builder(
          itemCount: todos.length,
          itemBuilder: (context, index) {
            return ListTile(
              leading: Checkbox(value: todos[index].completed, onChanged: null),
              title: Text(todos[index].title),
            );
          });
    }

    return Center(child: CircularProgressIndicator());
  },
)
```

请求的数据解析完成后，就可以将这个列表在 ListView 中展示出来了（见图 10.3）。

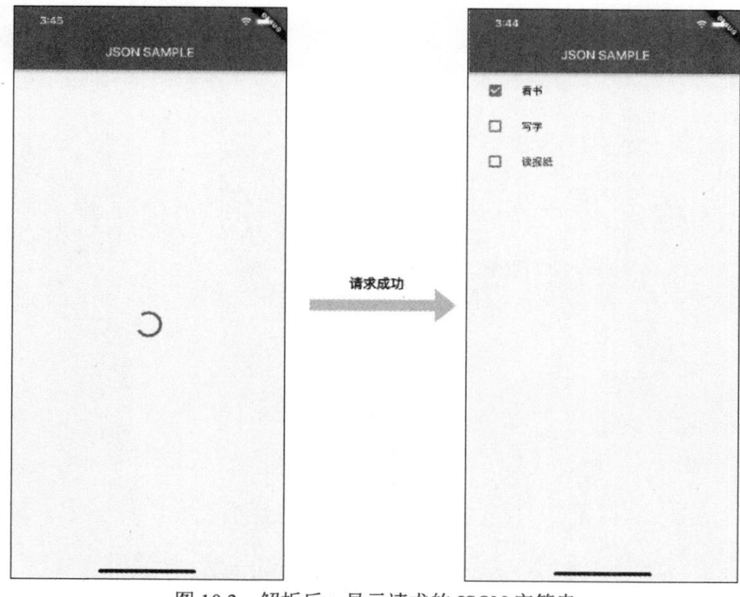

图 10.3　解析后，显示请求的 JSON 字符串

2. 自动解析

手动解析 JSON 字符串的方式在很多情况下非常方便，但是随着项目规模变大，当请求的 JSON 对象的属性增加到了 20 个甚至更多时，这种方式显然不便于解析，因为在 fromJson 的构造函数中需要手动输入很多为属性赋值的代码，并且属性值的拼写错误可能会导致错误的解析结果。

Flutter 社区提供了很多可以帮我们自动生成解析 JSON 的第三方库。本节会重点介绍常使用的 json_serializable 库。当使用这个库时，我们依然需要自己创建模型类 Todo。然而，里面的 fromJson()和 toJson()这两个方法就会由这个库根据传递过来的 JSON 字符串来自动生成，我们就不用再为每个属性赋值了。

按照惯例，使用 json_serializable 之前，要添加依赖库。

```
dependencies:
  json_annotation: ^3.0.0

dev_dependencies:
  build_runner: ^1.0.0
  json_serializable: ^3.2.0
```

这里，需要添加 3 个依赖库 ，包括 dependencies 下的 json_annotation 库以及 dev_dependencies 中的 build_runner 与 json_serializable。安装这些依赖库之后，我们便可以开始做自动解析的操作了。首先，需要修改 Todo 类的内容。

```
import 'package:json_annotation/json_annotation.dart';

/*
* 允许 Todo 类访问生成的文件中的私有成员，
* 以 *.g.dart 结尾的文件为自动生成的文件。
*/
part 'todo.g.dart';

// 注解，用于标识该类需要自动生成代码
@JsonSerializable()
class Todo {
  final int userId;
  final int id;
  final String title;
  bool completed;

  Todo(this.userId, this.id, this.title, this.completed);

  // 工厂构造函数，用于根据 Map 生成对应的类对象，这里，会调用自动生成的方法_$TodoFromJson
  factory Todo.fromJson(Map<String, dynamic> json) => _$TodoFromJson(json);
```

```
  Map<String, dynamic> toJson() => _$TodoToJson(this);
}
```

在上面的代码中，删除了之前自己手动创建的 fromJson()和 toJson()方法，并用注释标注了需要添加的代码段。如果在新项目中加入上述代码，因为代码还没有自动生成，上面引用的外部文件和两个方法都还不存在，所以会显示图 10.4 这样的错误。

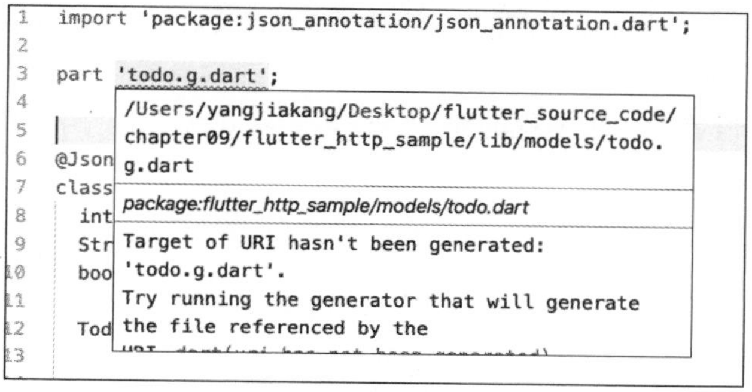

```
1   import 'package:json_annotation/json_annotation.dart';
2
3   part 'todo.g.dart';
4          /Users/yangjiakang/Desktop/flutter_source_code/
5   |      chapter09/flutter_http_sample/lib/models/todo.
6   @Json  g.dart
7   class  package:flutter_http_sample/models/todo.dart
8     int  
9     Str  Target of URI hasn't been generated:
10    boo  'todo.g.dart'.
11         Try running the generator that will generate
12    Tod  the file referenced by the
13
```

图 10.4　修改 Todo 后 IDE 的错误提示

这时，需要在项目根目录下的终端中执行下面这个命令。

```
$ flutter packages pub run build_runner build
```

执行这个命令后，build_runner 脚本就会搜索项目中的所有文件，找到所有需要自动生成代码的类（通过上面的@JsonSerializable()注解），然后就会在 todo.dart 所在的目录下创建 todo.g.dart 文件。todo.g.dart 文件的部分内容如下。

```
// **************************************************************************
// JsonSerializableGenerator
// **************************************************************************

Todo _$TodoFromJson(Map<String, dynamic> json) {
  return Todo(json['userId'] as int, json['id'] as int, json['title'] as String,
      json['completed'] as bool);
}

Map<String, dynamic> _$TodoToJson(Todo instance) => <String, dynamic>{
      'userId': instance.userId,
      'id': instance.id,
      'title': instance.title,
      'completed': instance.completed
    };
```

上面的两个方法就是 build_runner 根据类属性自动生成的 JSON 解析代码。这时 Todo 类便可以直接使用 fromJson()和 toJson()这两个方法，如果 Todo 类中很多个属性，使用这个方法将会比通过手写赋值方便得多。

10.3 小结与心得

本章是相对独立的章节，因为数据持久化与网络通信本身也并不是 Flutter 独有的特性，作为移动开发的基础知识，我们应当重点关注它们实际的应用场景。这里针对每种数据持久化方案，都展示了一个实例，可以参考附录 A 的代码，继续探究持久化的使用技巧。另外，本章还大量使用了 Dart 语言中异步编程的相关特性，读者可以结合所学继续加强这部分的练习。

第11章 应用测试

测试是一个优秀的开发工程师必备的技能，不论是在平时工作还是求职面试过程中，它都具有重要的作用。然而，测试是常被我们忽视的一个环节，有的开发者认为没必要花太多时间去测试他们写的程序，这可能就是一场重大的线上事故的起因。

在国内软件行业日渐趋于稳定的市场环境下，每个公司都会配备测试团队，但作为程序的开发人员，我们仍然要确保“质量保证人员应该找不到任何错误”，《代码整洁之道》甚至提醒我们要做到“测试驱动开发”。也就是说，我们必须要写出易于测试的代码。很多公司将程序的健壮性与程序员的职称挂钩，这是衡量我们能否参与某个重大项目的重要指标。本章介绍Dart与Flutter中的相关测试方法，帮助读者成为更好的开发人员。

11.1 单元测试

单元测试是指对软件中的最小可测试单元进行检查和验证。本节介绍的单元测试方法并不局限于Flutter，对于以Dart语言编写的任何程序都适用，这里的“单元”通常指的就是Dart中的一个类、函数或者方法。

执行具体测试操作之前，先准备一个待测试的类。

```
class Counter {
  int value = 0;

  void increment() => value++;
  void decrement() => value--;
}
```

上面的Counter类可以用于记录我们已经完成的todo数量，内部逻辑非常简单，只有两个分别用于增加和减小数量的方法。通过对这个类的测试，我们就可以了解Flutter的单元测试了。

首先，需要在测试的项目中添加依赖的外部库，在本节中，需要使用 test 库。通过以下代码中 pubspec.yaml 中添加依赖的库。

```
dev_dependencies:
  flutter_test:
 sdk: flutter
  flutter_driver:
 sdk: flutter
  test: any
```

执行 flutter pub get 后，为了将测试代码和开发代码分离，还需要指定用于存放测试文件的文件夹。一般情况下，使用项目根目录下的 test 目录。在其中创建测试文件，文件结构如下。

```
counter_app/
  lib/
    counter.dart
  test/
    counter_test.dart
```

为了和被测试文件相互区分，存放测试代码的文件的名称通常会以_test 结尾。接下来，我们就可以在里面编写真正的测试代码了。

Dart 语言的单元测试主要涉及 test 库中的 3 个方法——test、expect 和 group。我们所做的测试用于检测函数是否能得到和预期一样的正确执行结果。下面这段代码使用 test()方法，测试 Counter 类中的 increment()方法的执行结果是否正确。test()方法接受两个参数。第一个参数是描述这个测试脚本的一段字符串；第二个参数是一个销毁函数，里面存放了将要执行的脚本代码。

```
void main() {
  // 测试方法
  test('数值增加测试',
    (){
      final counter = Counter();    // 创建被测试类的实例
      counter.increment();          // 调用方法
      expect(counter.value, 1);     // 验证结果
    }
  );
}
```

上面的回调函数中使用 3 个基础的步骤完成了测试。首先实例化 Counter 的一个实例，然后调用它的 increment 方法，最后调用 test 库中的 expect()方法检测执行结果是否与预期结果相等。

expect()方法也接受两个参数。第一个参数为需要测试的变量，第二个参数为预期结果。如果两个参数的值相等，则该测试脚本通过（PASS）；否则，就表示测试失败（FAIL）。

基于同样的做法，如果要测试 decrease()方法，可以执行下面这段较复杂的测试代码。

```
test("数值减少", () {
```

```
    final counter = Counter();

    counter.increaseCounter(); // +1
    counter.increaseCounter(); // +1
    counter.decreaseCounter(); // -1
    counter.increaseCounter(); // +1
    counter.increaseCounter(); // +1
    counter.decreaseCounter(); // -1
    expect(counter.completed, 2);     // 验证测试结果
  });
```

如果针对同一个类或者函数要执行多段测试代码，可以使用 group()方法，它里面可以存放多个 test()方法。下面就是针对 Counter 类测试的一个示例。

```
void main() {
  group('测试 Counter 类', () {
    final counter = Counter();
    test('初始值为 0', () {
      expect(counter.value, 0);
    });

    test('测试 increment 方法', () {
      counter.increment();
      expect(counter.value, 1);
    });

    test('测试 decrement 方法', () {

      counter.decrement();
      expect(counter.value, 0);
      counter.decrement();
      expect(counter.value, -1);
    });
  });
}
```

group()方法同样接受一段测试描述字符串和一个回调函数。在上面的这个函数中，多个 test()方法统一存放在一个 group()方法中，这种方式有助于更加模块化地编写测试代码。通常，有些测试代码能够通过，而有些则会失败。可以根据这个结果对各部分代码进行更具体的分析。

最后，编写完整的测试代码之后，就可以运行这些测试函数了。一般情况下，使用 IntelliJ 或者 Visual Studio Code 这类 IDE 打开测试文件后，就可以直接运行这些测试代码了。另外，也可以在命令行工具或终端程序中打开项目根目录，执行下面这个测试命令。

```
flutter test test/counter_test.dart
```

这时，Flutter 程序就会自动执行 test/counter_test 中的测试代码了，控制台也会输出类似于图 11.1 的测试结果，这里表示所有测试用例通过（passed）。

```
00:04 +0: 测试 Counter 类 初始值为 0
00:04 +1: 测试 Counter 类 初始值为 0
00:04 +1: 测试 Counter 类 测试 increment 方法
00:04 +2: 测试 Counter 类 测试 increment 方法
00:04 +2: 测试 Counter 类 测试 decrement 方法
00:04 +3: 测试 Counter 类 测试 decrement 方法
00:04 +3: All tests passed!
```

图 11.1　测试代码输出的结果

11.2 模拟请求

网络请求是应用程序中必不可少的功能，但是经常会出现前后端开发进度不统一的情况，当我们想测试存在网络请求的 Dart 类或者函数时，后端的同事可能并不能完全配合我们进行有效的单元测试。例如，我们要验证当网络接口失效时 Flutter 中的处理逻辑是否正确，或者当请求正确时结果是否符合预期，这种为了测试而改动后端代码的情况应该尽量避免，因此可以用模拟（mock）的方式来测试这部分代码。

模拟就是返回一个虚构的请求结果。Mockito 库可帮助我们实现这个功能。

为了实现模拟功能，首先，在配置文件中添加 Mockito 库的依赖。

```
dev_dependencies:
  // ...
  mockito: 4.0.0
  test: any
```

HttpServices 类的 getTodos()方法中就存在模拟网络请求的操作。

```
import 'package:http/http.dart';

class HttpServices {
  Future<List<Todo>> getTodos(Client client) async {
    final response =
      await client.get('https://my-json-server.typicode.com/meandni/demo/todos');

    if (response.statusCode == 200) {
      // 请求成功，解析 JSON 字符串
      var all = AllTodos.fromJson(json.decode(response.body));
      return all.todos;
    } else {
      throw Exception('请求失败');
    }
  }
}
```

在 getTodos()方法中，通过传入的 http 包中的 Client 类发出了一个 get 请求来获取 Json 数据。如果请求成功，就能够返回解析出来的 List 对象集合；如果请求失败，则会抛出异常。

接下来，在 test 文件夹中创建对应 Client 类的测试文件 http_test.dart，并在里面创建一个模拟 Client 类——MockClient。可以基于这个 MockClient 来模拟网络请求的结果。下面是具体的测试代码。

```
// 创建 MockClient 类，这个类实现了 http 库中的 Client 类并且继承自 Mock 类
// 每次需要模拟网络请求时，都需要创建 MockClient 类的一个实例
class MockClient extends Mock implements http.Client {}

void main() {
  group('getTodos', () {
    test('returns a list of todos if the http call completes', () async {
      // 创建 MockClient 类的实例
      final client = MockClient();

      // 使用 Mockito 模拟一个成功的请求
      when(client.get('https://my-json-server.typicode.com/meandni/demo/todos'))
          .thenAnswer((_) async => Response('[]', 200));

      // 比较返回结果与预期结果
      expect(await getTodos(client), isInstanceOf<List<Todo>>());
    });

    test('throws an exception if the http call completes with an error', () {
      final client = MockClient();

      // 模拟网络请求失败的情况
      when(client.get('https://jsonplaceholder.typicode.com/todos'))
          .thenAnswer((_) async => Response('Not Found', 404));

      expect(getTodos(client), throwsException);
    });
  });
}
```

上面的代码中，首先创建了一个继承自 Mock 的 MockClient 类，由于 MockClient 类实现了 http 库中的 Client 类，因此可以将 MockClient 类传入 getTodos()方法，用来发送模拟的网络请求。

这里的 group()函数中包含了两段测试代码。

第一段测试代码用来测试网络请求成功的情况下结果是否符合预期，这里使用 Mockito 库中的 when()方法来拦截模拟（Mock）类的函数调用。每当 getTodos()方法发出网络请求时，就可以使用 thenAnswer()方法模拟一个假的请求结果。

```
when(client.get('https://jsonplaceholder.typicode.com/todos'))
        .thenAnswer((_) async => Response('[]', 200));
```

这里，使用 client 对象发出请求后，when()方法就可以将返回结果模拟为 Response('[]', 200) 对象，这样，我们就成功模拟出了网络请求成功的情况。这个 Response 对象包含的请求体为

一个空的列表对象。

第二段测试代码用来模拟失败的请求。这里依然使用了 when/thenAnswer，只不过将返回结果改为 Response('Not Found', 404) ，表示请求失败，在 expect()方法中预期会抛出一个异常。

通过上述两段测试代码，可以测试 getTodos()方法在网络请求成功和失败两种情况下是否表现正常了。

在终端执行 flutter test test/http_test.dart 后，就会输出测试结果，如图 11.2 所示。

```
00:02 +0: getTodos http 请求完成后返回一个 Todo 列表
00:02 +1: getTodos http 请求完成后返回一个 Todo 列表
00:02 +1: getTodos 当 http 请求失败时，抛出异常
00:02 +2: getTodos 当 http 请求失败时，抛出异常
00:02 +2: All tests passed!
```

图 11.2　测试结果

11.3 组件测试

组件测试用来测试 Flutter 中的单个组件，包括它们的交互、布局和属性等。单元测试通常用于测试 Dart 中类、函数的逻辑单元是否正确，而并不能测试实际渲染在屏幕的组件，所以如果需要更加全面地测试 Flutter 应用，组件测试是非常重要的环节。

如果使用 Visual Studio Code 或者 IntelliJ/Android Studio 这类官方推荐的 IDE 新建 Flutter 项目，会发现它们已经自动添加了组件测试的相关依赖。

```
dev_dependencies:
  flutter_test:
    sdk: flutter
```

test 文件夹中会包含一个为默认计数器应用做组件测试的 widget_test.dart 测试文件，内容如下。

```
void main() {
  testWidgets('Counter increments smoke test', (WidgetTester tester) async {
    // 构建需要测试的组件
    await tester.pumpWidget(MyApp());

    // 验证初始的计数值是否为 0
    expect(find.text('0'), findsOneWidget);
    expect(find.text('1'), findsNothing);

    // 模拟单击“+”按钮并触发页面的重新绘制
    await tester.tap(find.byIcon(Icons.add));
    await tester.pump();

    // 验证计数值是否已经增加
    expect(find.text('0'), findsNothing);
```

```
    expect(find.text('1'), findsOneWidget);
  });
}
```

上面的代码验证了计数器应用的初始值以及单击“+”按钮后计数值是否符合预期。与单元测试的代码相似，组件测试中使用 testWidgets()方法来执行测试脚本。testWidgets()方法的第一个参数是用于描述这次测试的字符串，第二个参数依然为一个回调函数，这个函数接受 WidgetTester 类的一个对象作为参数。WidgetTester 类是我们与组件交互的一个关键类。

在回调函数中，首先调用了 WidgetTester 对象的 pumpWidget()函数，它接受需要测试的组件对象。调用该函数后，WidgetTester 就会在测试环境中新建一个传入的组件树用于测试。

组件测试中的 expect()方法依然接受两个参数，分别是 Finder（查找器）对象和 Matcher（匹配器）对象。初始情况下，计数器应用的组件树中应该存在一个值为 0 的 Text 组件，可以使用 Finder 对象来验证这个 Text 组件是否存在。flutter_test 包提供了一个 find 对象，以帮助我们创建符合要求的查找器。这里，由于需要查找的是 Text 组件，因此调用了 find.text('0') 方法，它可以检索组件树中带指定字符串的 Text 或者 EditableText 组件并且返回一个 Finder 对象。

而传入 expect()的第二参数 findsOneWidget 就是组件测试内置的匹配器，它用来确定组件树中是否有查找器需要查找的 Text 组件，这样，expect(find.text('0'), findsOneWidget) 就可以测试页面中是否有包含 ‘0’ 字符串的 Text 组件。除了 findsOneWidget 之外，表 11.1 还列举了 flutter_test 提供的几种常用的匹配器。

表 11.1 flutter_test 提供的几种常用的匹配器

匹配器	描述
findsNothing	匹配不到给定的组件
findsWidgets	匹配到一个或者多个组件
findsNWidgets	匹配到 *N* 个组件

另外，在上面的测试代码中，对查找到的 Icon 使用了 tap()方法，以模拟用户单击按钮的操作。之后，组件中的计数值状态会改变。在组件测试中，需要再次调用 WidgetTester 对象的 pump()方法来重建组件树，从而响应状态的改变，它的作用等同于在开发环境中调用的 setState()。状态更新后，在测试环境的相应组件中重建计数值，并且更新计数值。之后，页面中就会存在一个值为 1 的 Text 组件。

注意，传入 pumpWidget 的组件对象必须被 MaterialApp 或者 CupertinoApp 包裹，否则会抛出异常。因此，当测试一个单独的组件时，通常会采取下面这样的措施。

```
void main() {
Widget makeTestableWidget({Widget child}) {
 return MaterialApp(
   home: child,
 );
}
```

```
testWidgets('组件测试', (WidgetTester tester) async {
 await tester.pumpWidget(makeTestableWidget(child: TodoList()));
 // ...
});
}
```

这里使用了一个自定义的 makeTestableWidget 函数，将需要测试的组件使用 MaterialApp 包裹，使其能够测试。

另外，在测试环境下，使用 WidgetTester 对象模拟单击计数器应用中的“+”按钮后，在调用的方法中 setState 方法并不起作用。因此，要更新状态，必须手动调用 pump()方法。

11.3.1　查找组件

通过对计数器应用的默认测试脚本的介绍，我们已经接触了组件测试中几个重要的概念。查找器是帮助我们定位到组件树中某个具体组件的一个核心对象，我们可以在测试文件中直接使用它，在日常测试工作中，我们也经常使用它完成各种操作。

当我们需要与一个组件交互（如单击、拖曳等）时，首先需要找到对应组件，例如，在测试计数器应用的例子中，为了单击“+”按钮，首先使用 find 的 byIcon 找到带“+”图标的按钮，完成单击操作。

除了提供了 text、byIcon、byWidget、byType、widgetWithIcon 这类意义明显的方法外，find 对象还提供了通过组件的 key 直接定位组件的方法 byKey。byKey 的使用方法如下。

```
FloatingActionButton(
  key: Key("addButton"),
  // 通过单击触发_incrementCounter 函数
  onPressed: _incrementCounter,
  tooltip: 'Increment',
  // child 指定其子组件为一个“+”图标
  child: Icon(Icons.add),
)

testWidgets('finds a widget using a Key', (WidgetTester tester) async {
  // 定义一个待测试的 key 对象
  final testKey = Key('addButton');

  // 在测试环境中构建组件树
  await tester.pumpWidget(MyApp());

  // 通过测试 key 对象找到该组件
  expect(find.byKey(testKey), findsOneWidget);
  await tester.tap(find.byKey(testKey));
});
```

上面的代码中，可以将计数器应用的 FloatingActionButton 的 key 属性指定为 Key("addButton")。在测试代码中，可以使用 find 对象的 findKey()方法传入相同的 Key 对象，找到这个 FloatingActionButton 组件并模拟单击事件。

11.3.2 模拟用户与组件的交互

使用查找器找到组件后，通常还需要针对它们模拟用户的交互操作，例如，单击、拖曳等。这里面涉及了组件测试中一个重要的类——WidgetTester，它是组件测试函数 testWidgets 的回调函数中默认的参数，因此可以直接在代码中使用它。表 11.2 列举了 WidgetTester 提供的几个与组件交互的常用方法。

表 11.2 WidgetTester 提供的与组件交互的常用方法

方法	作用
enterText()	输入文本
tap()	单击
drag()	拖曳
longPress()	长按

本节中，我们会使用 WidgetTester 提供的这些方法测试下面这个待办事项组件 TodoList。

```
class TodoList extends StatefulWidget {
  @override
  _TodoListState createState() => _TodoListState();
}

class _TodoListState extends State<TodoList> {
  final todos = <String>[];
  final controller = TextEditingController();

  @override
  Widget build(BuildContext context) {
    return MaterialApp(
      home: Scaffold(
        appBar: AppBar(
          title: Text('ListView'),
        ),
        body: Padding(
            padding: const EdgeInsets.all(8.0),
            child: Column(children: [
              // 输入框
              TextField(
                key: Key("todo-text_field"),
```

```
                controller: controller,
              ),
              // ListView，使用 Expanded 将列表填满整个屏幕
              Expanded(child: ListView.builder(
                key: Key("listview"),
                itemCount: todos.length,
                itemBuilder: (BuildContext context, int index) {
                  final todo = todos[index];

                  return Dismissible(
                      key: Key('dismissible-$todo'), // 为 Dismissible 设置 Key
                      child: ListTile(
                          title: Text(
                            todo,
                            key: Key('$todo'),   // 为展示 todo 的 Text 设置 Key
                          ))
                  );
                },
              ))
            ])),
        floatingActionButton: FloatingActionButton(
          key: Key("add-button"),
          onPressed: () {
            setState(() {
              todos.add(controller.text);
              controller.clear();
            });
          },
          child: Icon(Icons.add),
        )));
  }
}
```

如图 11.3 所示，TodoList 组件中使用 ListView 来展示 todos 数组中的各个待办事项，列表上方还有一个输入框，用户可以在这个输入框中输入一段字符串，单击“+”悬浮按钮后，输入的字符串就会添加到 todos 数组中并展示在 ListView 中。

另外，ListView 中每一个子组件还使用 Dismissible 组件包裹，这样，用户水平滑动其中的每个列表项时就会触发 onDismissed 回调函数并移除该项。

要测试 Todolist 的这部分功能，首先需要使用 WidgetTester 的 pumpWidget()方法将 TodoList 组件放入测试环境中，然后使用查找器找到列表上方的输入框，并使用 enterText()方法向输入框中输入测试文字。

```
testWidgets('todolist 组件测试', (WidgetTester tester) async {
  // 构建组件
```

```
    await tester.pumpWidget(TodoList());

    // 在输入框中输入"hi"
    await tester.enterText(find.byType(TextField), 'hi');
  });
```

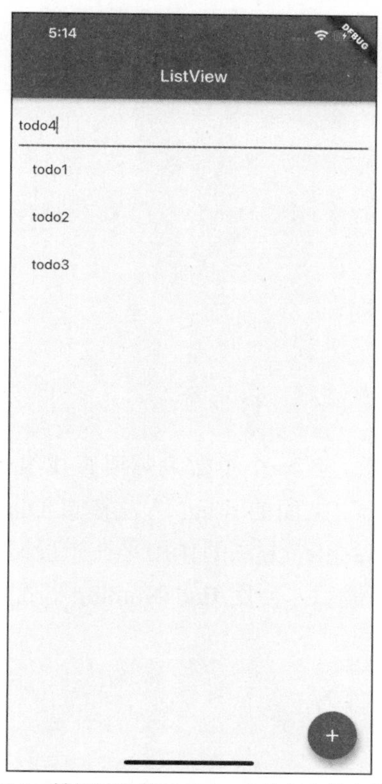

图 11.3　被测试组件 Todolist 中的各个待办事项

上面的代码中，使用 tester 的 enterText()方法向查找到的输入框中输入字符串“hi”。之后，需要触发“+”按钮的单击事件向列表中添加该字符串。

```
testWidgets('todolist 组件测试', (WidgetTester tester) async {
  // 在输入框中输入"hi"...

  // 单击"+"按钮并重建组件树
  await tester.tap(find.byType(FloatingActionButton));
  await tester.pump();

  // 测试是否存在含有字符串'hi'的文本组件
  expect(find.text('hi'), findsOneWidget);
});
```

单击“+”按钮后，输入的字符串便会添加到 todos 列表当中。之后，需要调用 tester 的

pump()方法重建组件，并使用 findsOneWidget 匹配器测试输入的字符串是否已经添加到组件中。到这里，添加事项的功能就已经测试完成了。

为了模拟删除某个事项的操作，需要模拟用户的拖曳手势，tester 的 drag()方法可以帮助我们轻松实现这个功能。

```
testWidgets('todolist 组件测试', (WidgetTester tester) async {
  // 在输入框中输入"hi"...
  // 单击"+"按钮并重建组件树...
  // 测试是否存在包含字符串 'hi'的文本组件...

  // 模拟滑动操作并移除事项
  await tester.drag(find.byType(Dismissible), Offset(500.0, 0.0));

  // 重建组件，直到移除动画结束
  await tester.pumpAndSettle();

  // 测试事项已经删除
  expect(find.text('hi'), findsNothing);
});
```

drag()方法依然接受两个参数。第一个参数为需要查找组件的查找器，第二个参数为一个 Offset 对象（表示滑动的偏移量）。上面的 drag()方法模拟 Dismissible 组件向左滑动 500 个单位的用户操作。tester 的 pumpAndSettle()方法的作用是在一段时间内一直调用 pump()重建组件，这里将会一直持续到事项删除。最后，使用 findsNothing 匹配器来验证是否删除成功。

11.4 驱动测试

通过前面的介绍，我们已经学会了使用单元测试和组件测试去测试单独的类、函数和 UI 组件。但是我们还并没有体验到这些测试方法的特殊之处，当使用组件测试时，我们依然只是调用系统提供的方法去模拟用户操作。

其实，在 Web 开发中就有一种直接交互式的测试方法。这种方式下，当开发者执行测试代码时，能够直接驱动页面进行自动化交互，并最终提供测试结果。同时，开发者可以在浏览器中清楚地看到测试的过程以及与页面的交互情况。Flutter 官方提供的 flutter_driver 库可以帮助我们实现这种效果，它能够将我们之前介绍的一些测试方法结合起来并对整个应用进行测试。在 Flutter 中，这种测试方法称为集成测试，也称为驱动测试。

从上面的描述中，我们知道通过驱动测试可以直接测试运行在模拟器或者真机上的应用，并且测试代码运行时可以完成对各个组件的自动化 UI 交互。本节中，我们依然对 TodoList 组件进行完整的驱动测试。

进行具体的操作之前，按照惯例，首先需要添加 flutter_driver 库的依赖。

```
dev_dependencies:
  flutter_driver:
    sdk: flutter
  // flutter_test // 取消对 flutter_test 的依赖，因为它和 flutter_driver 有一部分重复的声明
  test: any // flutter_driver 需要使用 test 库中的相关方法
```

和组件测试一样，更新依赖后，需要创建用于存放测试代码的文件。驱动测试的相关文件需要独立放置在一个文件夹当中，通常放在根目录下的 flutter_driver 文件夹。创建文件后，项目的文件结构应该像下面这样。

```
todolist/
  lib/
    main.dart
  test_driver/
    app.dart
    app_test.dart
```

在 tes_tdriver 中创建了两个文件，app.dart 用来存放运行可测试的应用的代码，app_test.dart 用来存放运行集成测试的具体测试代码。由于测试程序和可测试的应用运行在不同的进程中，因此必须将它们放在不同的文件中。

接下来，介绍这两个文件的代码如何编写。

app.dart 文件中的代码非常简单，它提供了一个可以被测试脚本驱动的应用的运行入口。

```
import 'package:flutter_driver/driver_extension.dart';
import 'package:counter_app/main.dart' as app;

void main() {
  // 使驱动插件生效
  enableFlutterDriverExtension();

  // 运行应用
  // 这里可以直接调用 runApp 方法并传入想要测试的组件
  app.main();
}
```

要使用驱动测试，在调用主程序的 main()运行应用前，需要调用 enableFlutterDriverExtension()使应用能够被测试程序驱动。

app_test.dart 文件用来存放真正的测试代码，这里与组件测试的代码非常相似，依然需要查找器、匹配器和一些 expect 函数的调用。然而，在进行集成测试前，需要做一些额外的准备工作。下面是 app_test.dart 文件中的部分内容。

```
import 'package:flutter_driver/flutter_driver.dart';
import 'package:test/test.dart';

void main() {
  group('TodoList 驱动测试', () {
    // 定义组件查找器，可以直接通过 Key 查找对应的组件
```

```
    final textFieldFinder = find.byValueKey('todo-text_field');
    final addButtonFinder = find.byValueKey('add-button');

    // 驱动对象
    FlutterDriver driver;

    // 测试代码执行前启动驱动器
    setUpAll(() async {
      driver = await FlutterDriver.connect();
    });

    // 测试完成后关闭驱动器
    tearDownAll(() async {
      if (driver != null) {
        driver.close();
      }
    });

    test('添加待办事项', () async {
      // 单击输入框
      driver.tap(textFieldFinder);

      // 循环向 ListView 中添加 10 个子项
      for (int i=0; i<30; i++) {
        await driver.enterText('todo$i');
        await driver.tap(addButtonFinder);
      }

      //  测试最后一个子组件是否存在，isNot("0") 表示组件存在
      final lastTodoFinder = find.byValueKey("todo9");
      expect(await driver.getText(lastTodoFinder), isNot("0"));
    });

}
```

按照上面的模板代码，在执行真正的测试脚本之前，应当首先调用 FlutterDriver.connect()启动驱动器。测试完成后，应当调用 close()函数关闭驱动器。

与组件测试中使用 WidgetTester 不同，驱动测试中使用 FlutterDriver 对象来驱动页面的交互测试。上面添加待办事项的测试代码中，首先调用 driver.tap()方法，单击输入框，这样，在下面调用 driver.enterText()方法后就能够直接输入字符串。然后，通过查看最后一个 tofo 在组件中是否存在来判断测试是否通过。

要运行驱动测试的代码，首先需要启动模拟器或将真实设备插入计算机的 USB 接口中。成功连接设备后，在项目根目录下执行下面这个命令，应用就会正常地运行在设备中了。

```
flutter drive --target=test_driver/app.dart
```

此时，一旦打开应用，就会自动执行 app_test.dart 中的驱动程序，我们能够直接看到自动把 10 个子项添加到列表当中。最终页面如图 11.4 所示。

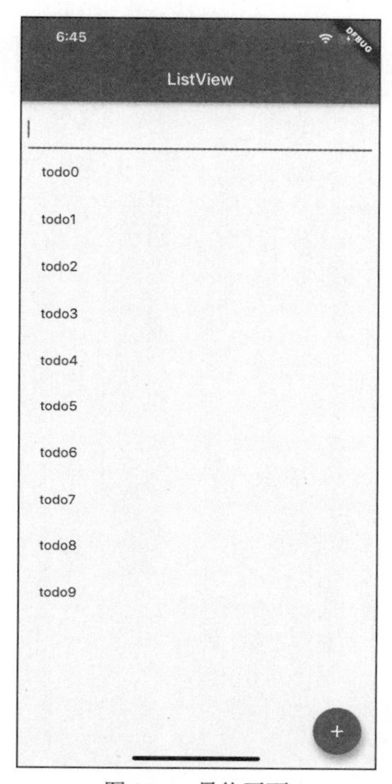

图 11.4　最终页面

驱动测试会在终端中输出测试结果，图 11.5 中的输出结果就表示本次测试全部通过。

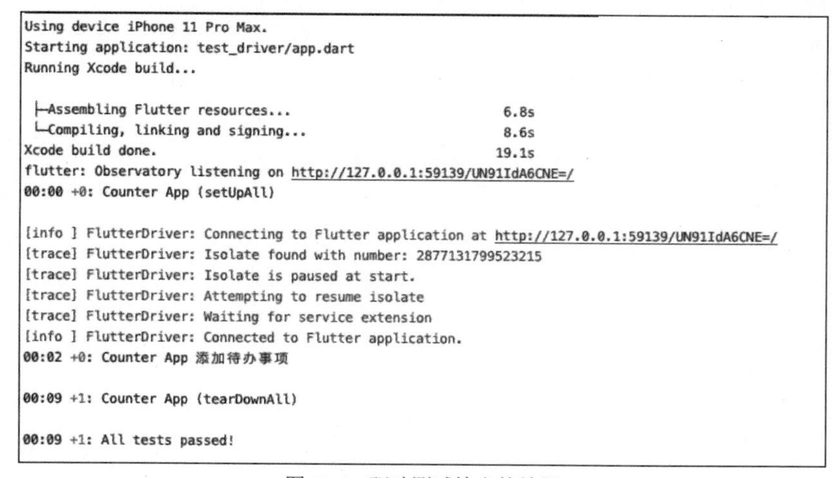

```
Using device iPhone 11 Pro Max.
Starting application: test_driver/app.dart
Running Xcode build...

 ├─Assembling Flutter resources...                         6.8s
 └─Compiling, linking and signing...                       8.6s
Xcode build done.                                         19.1s
flutter: Observatory listening on http://127.0.0.1:59139/UN91IdA6CNE=/
00:00 +0: Counter App (setUpAll)

[info ] FlutterDriver: Connecting to Flutter application at http://127.0.0.1:59139/UN91IdA6CNE=/
[trace] FlutterDriver: Isolate found with number: 2877131799523215
[trace] FlutterDriver: Isolate is paused at start.
[trace] FlutterDriver: Attempting to resume isolate
[trace] FlutterDriver: Waiting for service extension
[info ] FlutterDriver: Connected to Flutter application.
00:02 +0: Counter App 添加待办事项

00:09 +1: Counter App (tearDownAll)

00:09 +1: All tests passed!
```

图 11.5　驱动测试输出的结果

11.4.1　列表滚动

Flutter Driver 库中还提供专门针对列表滚动的驱动测试。这种方式下，可以直接模拟用户对列表的水平和垂直滚动。在 TodoList 组件中，展示 todo 列表的 ListView 就是一个可滚动组件。如果要使用 FlutterDriver 对象驱动 ListView 的滚动，就可以使用下面这种方式。

```
test('测试列表滚动', () async {
  // 查找 TodoList 中的 ListView
  final listFinder = find.byValueKey('list-view');
  final itemFinder = find.byValueKey('todo29');

  // 在列表中放入 30 个子组件
  driver.tap(textFieldFinder);
  for (int i=0; i<30; i++) {
    await driver.enterText('todo$i');
    await driver.tap(addButtonFinder);
  }

  // 滚动列表，直到 itemFinder 可见
  await driver.scrollUntilVisible(
    listFinder,         // 指定可滚动组件的查找器
    itemFinder,         // 滚动到某个具体的组件
    // 这个参数指定驱动程序每一次需要滚动多少像素，
    // 若 dyScroll 为负值，代表向下滚动，也可以指定 dxScroll，用于实现水平滚动
    dyScroll: -150.0,
  );

  // 验证是否能找到列表中最后一个子组件

  expect(
    await driver.getText(itemFinder),
    'todo29',
  );
});
```

如上面的代码所示，我们只需要在测试代码中调用 driver.scrollUntilVisible()方法就可以实现列表的滚动。这里将 dyScroll 设置为−150，表示每次驱动程序向下滚动 150 像素后在屏幕中查找目标项。如果查找不到，则在继续滚动 150 像素，直到查找到或者滚动到最底部为止。

11.4.2　性能跟踪

驱动测试具有检测应用程序性能的功能。列表通常是最消耗性能的组件之一，因为它在滚动时不断在渲染，为了保证用户的体验，应用程序需要保证每秒 60 帧的渲染速率。因此，可以在做驱动测试时再针对滚动列表做具体的性能检测。

驱动测试会在性能检测后提供一份数据结果，这些数据通常来自 UI 本身，包括渲染频率和耗时等。在真正的应用场景中，可以针对这些数据再做具体的分析。下面针对 TodoList 中的列表滚动做性能检测。

检测性能前，首先要准备好上一节中的集成测试环境，建立 FlutterDriver 驱动连接。完成这些操作后，就可以在 test()方法中编写具体的代码了。记录程序性能主要依靠的是 driver 对象的 traceAction()方法，它的使用方法如下。

```
test('can scroll to bottom',', () async {
  final timeline = await driver.traceAction(() async {
    await driver.scrollUntilVisible(
      listFinder,
      itemFinder,
      dyScroll: -300.0,
    );

    expect(await driver.getText(itemFinder), 'Item 50');
  });
});
```

这里调用了 driver.traceAction()方法，它接受一个异步方法，可以将需要做性能检测的相关代码放在这里面。上面的代码中，我们主要对列表进行滚动操作。traceAction()方法返回一个 timeline 对象，这个对象存储列表滚动的整个时间段内的详细性能信息。

要查看 timeline 对象中保存的结果，需要将它转换成 TimelineSummary 对象。

```
// 将 Timeline 对象转换为 TimelineSummary 对象
final summary = new TimelineSummary.summarize(timeline);

// 将检测结果保存到磁盘中，第一个参数指定文件名
summary.writeSummaryToFile('scrolling_summary', pretty: true);

// 可选操作，保存检测过程中的整个时间线文件，第一个参数指定文件名
summary.writeTimelineToFile('scrolling_timeline', pretty: true);
```

执行命令 flutter drive --target=test_driver/app.dart 使驱动测试运行后，项目根目录下的 build 文件夹中就会自动生成图 11.6 中加框的两个文件。

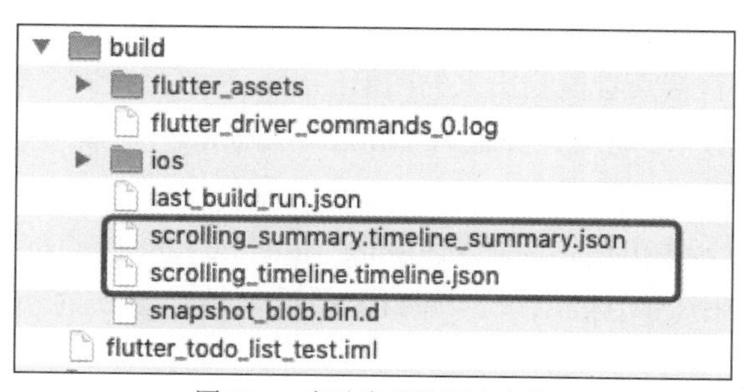

图 11.6　自动生成的两个文件

其中，scrolling_summary.timeline_summary.json 中保存了一段 JSON 字符串。可以使用编辑器查看 JSON 字符串的内容。

```
{
  "average_frame_build_time_millis": 4.743016666666668,
  "90th_percentile_frame_build_time_millis": 11.454,
  "99th_percentile_frame_build_time_millis": 19.494,
  "worst_frame_build_time_millis": 21.455,
  "missed_frame_build_budget_count": 5,
  "average_frame_rasterizer_time_millis": 12.459084415584423,
  "90th_percentile_frame_rasterizer_time_millis": 21.786,
  "99th_percentile_frame_rasterizer_time_millis": 30.211,
  "worst_frame_rasterizer_time_millis": 62.703,
  "missed_frame_rasterizer_budget_count": 51,
  "frame_count": 120,
  "frame_build_times": [
    1964,
    1217,
    3040,
    1329,
    2881,
  ],
  "frame_rasterizer_times": [
    11155,
    1,
    0,
  ]
}
```

这里的 JSON 字符串就是这次性能测试的结果。其中的每个属性代表一个性能指标，例如，frame_build_times 表示帧构建的时间，missed_frame_build_budget_count 表示遗失的渲染帧等。

直接查看 scrolling_summary.timeline_summary.json 中的 JSON 字符串不能很直观地帮助我们分析检测结果，因此可以使用 build 文件夹中的另外一个文件 scrolling_timeline.timeline.json。这个文件支持使用性能跟踪工具直接查看检测出来的图形结果。

打开 Chrome 浏览器，在地址栏中输入 chrome://tracing/ ，就可以打开 Chrome 浏览器内置的性能跟踪工具，如图 11.7 所示。

单击页面左上角的 Load 按钮，选择 scrolling_timeline.timeline.json 文件，具体的数据结果就会被这个工具加载并用图形渲染出来。图 11.8 是这次性能测试的图形结果。

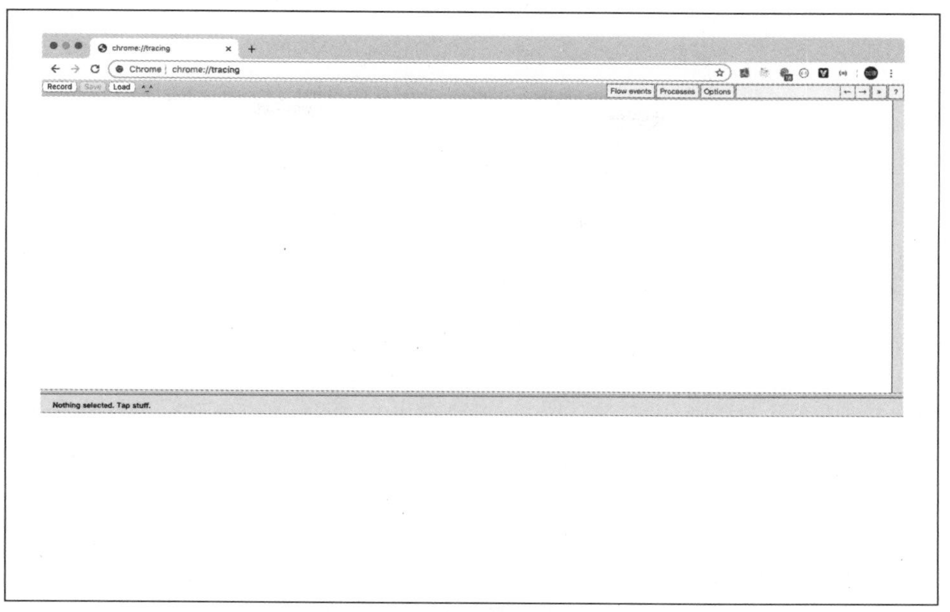

图 11.7 Chrome 浏览器内置的性能跟踪工具

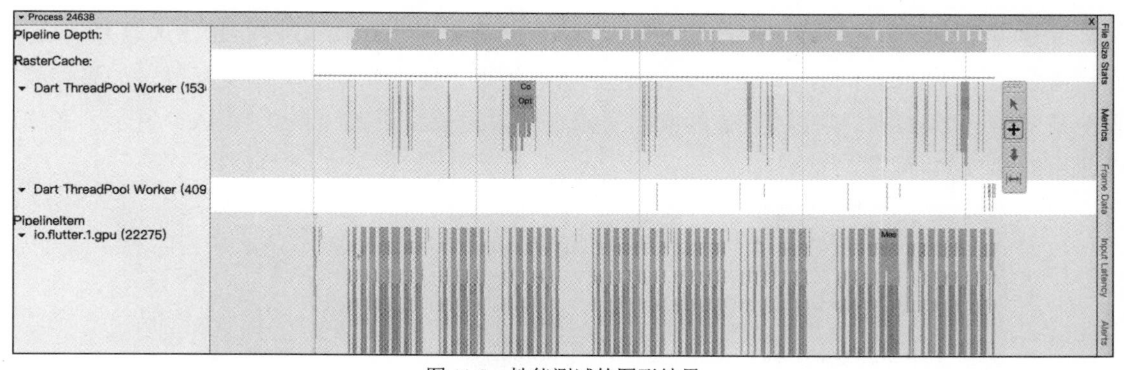

图 11.8 性能测试的图形结果

11.5 小结与心得

如果你在之前的学习过程中已经开发过一些 Flutter 应用了，完全可以使用本章介绍的单元测试、组件测试和驱动测试来测试一下这些应用，通过这个过程，你就会真正体验到如何编写出健壮并且性能良好的代码。

尽管你可能不是全职的测试工程师，但模拟网络请求以及驱动测试这些技能有助于提高应用的开发效率，在开发中充分利用它们，也能让你事半功倍。

第12章　完整案例

终于到最后一章了，完成Flutter各方面技术的学习后，你一定想尝试开发一个完整的应用了。本章就带领你开发一款完整的Flutter应用。通过这个过程，你可以体会如何使用Flutter开发出一款功能齐全并且页面美观的应用。这是查漏补缺的好机会，完整的应用中一定会涉及之前并没有接触过的一些组件和方法，完成这个阶段的学习后，相信你一定能收获更多。

本章中要开发的是一款在线商城应用，它具有浏览商品、购物车以及商品筛选等基础功能，并且需要使用 Flutter 的各个核心功能，包括状态管理、路由管理和动画交互等。如果你能完整地开发出这个应用，要完成其他的应用一定也会很轻松。图12.1（a）～（e）展示了在线商城应用的部分UI截图。

（a）登录页面

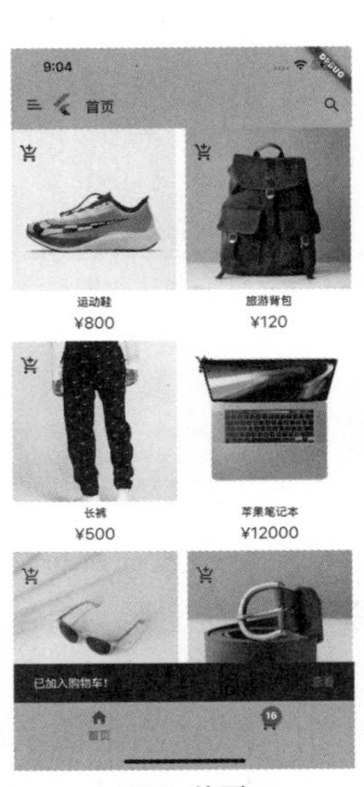

（b）首页

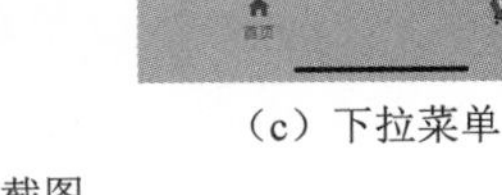

（c）下拉菜单

图12.1　在线商城应用的部分UI截图

（d）购物车页面

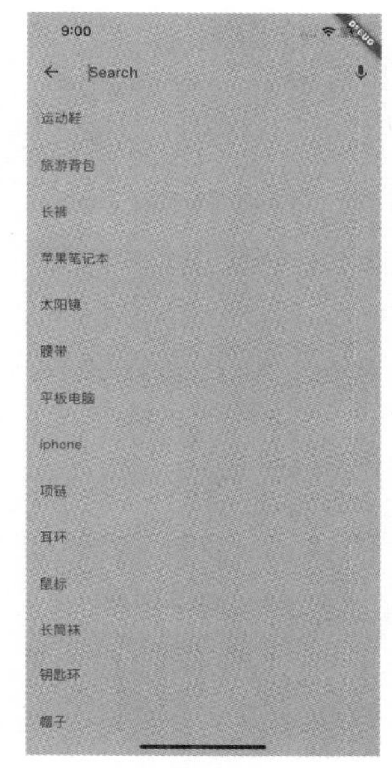

（e）搜索页面

图 12.1　在线商城应用的部分 UI 截图（续）

在展示的静态图片中，其实还加入了很多动画效果。本章会对这款应用的各个部分做详细的介绍。其中包括几个主要页面——登录页面、商品展示页面、购物车页面，要实现过滤商品、搜索商品、在购物车中添加/删除商品、管理状态等功能。

完成这款应用是一种挑战，更是我们总结零散的知识点的好机会。下面几节中，我们就一步一步实现该应用。

12.1 应用数据

在这个 Flutter 应用中，我们主要关注移动端的页面开发，因此商品数据会直接包括在代码当中。可以使用 ProductsRepository 类中的 loadProducts()方法得到指定种类的商品列表。

```
class ProductsRepository {
  static List<Product> loadProducts(Category category) {
    const List<Product> allProducts = <Product>[
      Product(
        category: Category.accessories,
        id: 0,
        name: 'Vagabond sack',
        price: 120,
      ),
      //多个商品
    ];
```

```
    if (category == Category.all) {
      return allProducts;
    } else {
      // 过滤出指定种类的商品
      return allProducts.where((Product p) => p.category == category).toList();
    }
  }
}
```

在实际场景中，可以通过网络请求获取后端数据库中的实际数据。这里的商品一共分为 4 类并使用 Category 枚举类表示。

```
enum Category {
  all,              // 全部商品
  digital,          // 数类累商品
  clothing,         // 服饰类商品
  home,             // 居家类商品
}
```

表示商品的 Product 类的具体代码如下。

```
class Product {
  const Product({
    @required this.category,         // 商品类别
    @required this.id,               // 商品 id
    @required this.name,             // 商品名称
    @required this.price,            // 商品价格
  });

  final Category category;
  final int id;
  final String name;
  final int price;

  String get assetName => '$id-0.jpg';
  @override
  String toString() => '$name (id=$id)';
}
```

每个商品包含了商品 id、名称以及价格等属性。可以通过 get assetName 方法得到商品在项目中的图片路径，这样，我们就可以在即将开发的页面中将商品展示出来。

12.2 主题样式

和开发一个个零散的页面不同，完整的应用通常会有统一的样式和颜色，因此可以使用一

个单独的类来统一管理整个应用的常用颜色。例如，使用在线应用商城中的 ShoppingColors 类。

```
class ShoppingColors {
  static const Color pink50 = Color(0xFFFEEAE6);
  static const Color pink100 = Color(0xFFFEDBD0);
  static const Color pink300 = Color(0xFFFBB8AC);
  static const Color pink400 = Color(0xFFEAA4A4);

  static const Color green200 = Color(0xFFA5D6A7);
  static const Color green400 = Color(0xFF66BB6A);
  static const Color green600 = Color(0xFF43A047);

  static const Color brown900 = Color(0xFF442B2D);
  static const Color brown600 = Color(0xFF7D4F52);

  static const Color errorRed = Color(0xFFC5032B);

  static const Color surfaceWhite = Color(0xFFFFFBFA);
}
```

另外，Flutter 中的 Theme 对象是使用可遗传组件实现的，因此在根组件 MaterialApp 中设置 theme 属性，定义全局的主题样式，这样，在子组件中就可以直接通过 Theme.of(context) 得到这里的主题数据了。

下面是在线商城中定义的一些全局样式。

```
MaterialApp(
  title: '在线商城',
  home: HomePage(),
  theme: _buildTheme(),     // 将主题数据传入根组件
)

ThemeData _buildTheme() {
  final ThemeData base = ThemeData.light();      // 以系统默认的亮色主题为基础
  return base.copyWith(
    primaryColor: ShoppingColors.pink100,        // 应用主色调，即顶部菜单栏等组件默认的背景色
    buttonColor: ShoppingColors.pink100,         // 默认的按钮颜色
    scaffoldBackgroundColor: Colors.white        // 全局 scaffold 的背景色
    textSelectionColor: ShoppingColors.pink100, // 文本框中选择的文本的颜色
    errorColor: ShoppingColors.errorRed,         // 错误提示文本的颜色
    buttonTheme: ButtonThemeData(                // 按钮主题
      textTheme: ButtonTextTheme.normal,         // 按钮中的字体主题
    ),
    appBarTheme: AppBarTheme(                    // 全局 Appbar 的样式
      brightness: Brightness.light,
      elevation: 0.0,
    ),
```

```
    primaryIconTheme: _customIconTheme(base.iconTheme),   // 默认图标主题
    inputDecorationTheme: InputDecorationTheme(           // 文本框默认样式
      hintStyle: TextStyle(color: Color(0xFF442B2D)),
      border: OutlineInputBorder(
          borderRadius: BorderRadius.circular(30.0),
          borderSide: BorderSide.none),
    ),
    textTheme: _buildTextTheme(base.textTheme),           // 默认文本主题
  );
}

// 文本主题
TextTheme buildTextTheme(TextTheme base) {
  return base.copyWith(
    // 定义默认的字体大小
    headline: base.headline.copyWith(fontWeight: FontWeight.w500),
    title: base.title.copyWith(fontSize: 18.0),
  ).apply(
    // 定义默认的字体主题和颜色
    fontFamily: 'Raleway',
    displayColor: ShoppingColors.brown900,
    bodyColor: ShoppingColors.brown900,
  );
}


// 图标主题
IconThemeData customIconTheme(IconThemeData original) {
  return original.copyWith(color: ShoppingColors.brown900);
}
```

代码中，以系统默认的亮色主题为基础，定义了可能会用到的各种主题样式，包括文本、按钮、图标以及文本框等组件。如果要在子组件中使用这些样式或者要在这些默认的全局样式上做一些修改，就可以使用下面这种方式。

```
// 使用全局文本样式
Text(
  'Flutter Shopping',
  style: Theme.of(context).textTheme.headline,
),

// 以默认文本样式为基础修改字体粗细
Text(
  '你的购物车是空的！',
  style: localTheme.textTheme.title
      .copyWith(fontWeight: FontWeight.w600),
)
```

Theme 对象的获取方式和在可遗传组件中获取全局状态相同，使用 Theme.of(context).textTheme 就可以获取全局的文本主题了。

另外，可以借助 DefaultTextStyle 组件实现局部文本样式的管理，它的使用方式如下。

```
DefaultTextStyle(
  style: Theme.of(context).primaryTextTheme.title,
  overflow: TextOverflow.ellipsis,
  child: Row(children: <Widget>[
    // ...
  ]),
)
```

这样，DefaultTextStyle 的所有子组件的文本样式就都受其 style 属性和 overflow 控制。通过继承 DefaultTextStyle 的各种样式，在内部其实也可以使用传遗传组件实现这个功能。从这个角度我们可以看出，可遗传组件不仅是状态管理中非常重要的一个解决方案，还在 Flutter 源代码中起到了相当大的作用。

为了像 DefaultTextStyle 管理局部的文本样式一样局部管理其他类型的主题样式，可以自定义一个 PrimaryColorOverride 组件。

```
class PrimaryColorOverride extends StatelessWidget {
  const PrimaryColorOverride({Key key, this.color, this.child})
      : super(key: key);

  final Color color;
  final Widget child;

  @override
  Widget build(BuildContext context) {
    return Theme(
      child: child,
      data: Theme.of(context).copyWith(primaryColor: color), // 定义新的主色调
    );
  }
}
```

PrimaryColorOverride 组件的作用就是使它的子组件继承一个新的 Theme 对象的主题数据，这样，它的子组件就可以使用这里的主题数据了。在代码中，可以这样使用 PrimaryColorOverride 组件。

```
PrimaryColorOverride(
  color: ShoppingColors.brown900,
  child: Container(
    decoration: _decoration,
    child: TextField(
      controller: _usernameController,
      decoration: const InputDecoration(
        prefixIcon: Icon(Icons.person),
```

```
          labelText: '输入用户名',
        ),
      ),
    ),
)
```

这样，这里的 TextField 组件就会使用新定义的颜色作为主色调了。

12.3 路由管理

在线商城主要由 4 个页面构成，分别是登录页面、商品展示页面、购物车页面以及搜索页面。当用户进入应用时，首先需要进入登录页面，因此可以在 MaterialApp 中使用下面这种方式定义它的路由。

```
MaterialApp(
  title: '在线商城',
  home: HomePage(),
  initialRoute: '/login',
  onGenerateRoute: _getRoute,
)

Route<dynamic> _getRoute(RouteSettings settings) {
  switch (settings.name) {
    case '/login':
      return MaterialPageRoute<void>(
        settings: settings,
        builder: (BuildContext context) => LoginPage(),
        fullscreenDialog: true,
      );
    default:
      return MaterialPageRoute(
        builder: (context) => Scaffold(
          body: Center(child: Text('没有找到这个页面：${settings.name}')),
        ),
      );
  }
}
```

这里将 MaterialApp 的 initialRoute 属性设置为 '/login'，这样，用户进入这个应用后就会首先使用命名路由的方式打开这个页面。在_getRoute 方法中，可以定义自己的路由逻辑。当打开的页面路由名称为 '/login' 时，返回一个打开登录页面的 MaterialPageRoute 就可以了。另外，这里还为其他没有定义的路由名称返回一个空页面。

在 MaterialApp 的 home 属性中传入了表示商城首页的组件 HomePage。值得关注的是，应用启动后，home 属性指定的首页会放在路由栈底部，而 initialRoute 指定的登录页面会覆盖在首页之上，因此打开应用后路由栈的初始状态如图 12.2 所示。

图 12.2　打开应用后路由栈的初始状态

在登录页面中，可以调用 Navigator.pop(context)进入商城首页，所以“登录”按钮是这样定义的。

```
RaisedButton(
  child: Text('登录'),
  onPressed: () {
    Navigator.pop(context);
  }
)
```

应用的搜索页面会使用不一样的方式打开。后面几节会介绍可以如何一步步完成整个应用。

12.4 状态管理方案

本节中，我们完成在线商城应用中的状态管理部分。第 9 章已经介绍了多种状态管理方案，由于在线商城应用的页面不多并且数据量也并不大，因此采用更加方便的 ScopeModel 作为这个项目的状态管理方案。在使用 ScopeModel 之前，需要先将 scoped_model 库添加到 dependencies 中。

```
dependencies:
  flutter:
    sdk: flutter
  scoped_model: ^1.0.1
```

接下来，将在线商城应用中使用 ScopeModel。

ScopeModel 是基于可遗传组件的一种实现方案。基于这种方案，应用中所有的状态会由一个 Model 数据仓库管理，因此可以定义如下 AppStateModel 类作为在线商城应用的数据仓库，这里面存放了应用各部分的状态信息。

```
class AppStateModel extends Model {
  // 所有商品列表
  List<Product> _availableProducts;

  // 当前选中的商品种类
```

```
  Category _selectedCategory = Category.all;

  // 对于购物车中的商品，同一种商品可能有多个，因此这里使用 Map 对象，键为商品 id，值为数量
  final Map<int, int> _productsInCart = <int, int>{};

  // ...
}
```

数据仓库中管理的状态主要围绕商城中被售卖的商品，包括全部商品列表、当前商品种类、购物车中的已选商品列表以及购物车中的商品数量。在应用顶层，可以使用 ScopedModel 组件将状态数据放入组件树中供所有的子组件使用。

```
void main() => runApp(ShoppingApp());

class ShoppingApp extends StatefulWidget {
  @override
  _ShoppingAppState createState() => _ShoppingAppState();
}

class _ShoppingAppState extends State<ShoppingApp> {
  AppStateModel model;

  @override
  void initState() {
    super.initState();
    // 实例化 AppStateModel 并加载初始数据
    model = AppStateModel()..loadProducts();
  }

  @override
  Widget build(BuildContext context) {
    return ScopedModel<AppStateModel>(
      model: model,
      child: MaterialApp(
        title: '在线商城',
        home: HomePage(),
        onGenerateRoute: _getRoute,
        theme: appTheme,
      ),
    );
  }
}
```

这样，我们就创建了在线商城全局的数据仓库。每次打开应用就会执行 initState()函数，初始化 AppStateModel()对象并调用它的 loadProducts()方法。loadProducts()方法的实现如下。

```
void loadProducts() {
  _availableProducts = ProductsRepository.loadProducts(Category.all);
```

```
    notifyListeners();
  }
```

这里，会把之前在 ProductsRepository 中定义的一系列数据放入数据仓库的_availableProducts 中。另外，为了方便子组件得到各种类型的状态信息，在充当数据仓库的 AppStateModel 类中还可以定义下面这些 getter 方法和自定义的方法。

```
// 获得购物车中的商品数量
int get totalCartQuantity => _productsInCart.values.fold(0, (int v, int e) => v + e);

// 当前选择的商品种类
Category get selectedCategory => _selectedCategory;

// 购物车中的商品总价
double get subtotalCost {
  double sum = 0;
  _productsInCart.keys.forEach((id) => sum += _productsInCart[id] *
  getProductById(id).price);
  return sum;
}

// 购物车中商品的物流费用
double get shippingCost {
  return totalCartQuantity * 7.0; // 每件商品的物流费用是 7 元
}

// 购物车中商品合计的费用
double get totalCost => subtotalCost + shippingCost;

// 根据当前已选的商品种类返回商品列表
List<Product> getProducts() {
  if (_availableProducts == null) {
    return <Product>[];
  }

  if (_selectedCategory == Category.all) {
    return List<Product>.from(_availableProducts);
  } else {
    return _availableProducts
      .where((Product p) => p.category == _selectedCategory)
      .toList();
  }
}
```

这些函数所获得的变量都是由基本的状态数据计算出来的，例如，totalCartQuantity 通过遍历购物车商品列表（_productsInCart）统计出了购物车中商品的总数量。如果要在子组件中得到购物车中的商品数量，可以直接使用 AppStateModel.totalCartQuantity。下面就是在购物车组件中获取商品数量的部分代码。

```
ScopedModelDescendant<AppStateModel>(
  builder: (BuildContext context, Widget child, AppStateModel model) {
    return Stack(
            children: <Widget>[
              Text('${model.totalCartQuantity} ITEMS'),
            ],
// ...
```

子组件中主要通过 ScopedModelDescendant 组件获得 Model 数据。这里，需要传入一个 builder 函数，用于返回需要数据的子组件。而 builder 函数的第三个参数 model 就是顶层的 AppStateModel 对象，这里使用 Text('${model.totalCartQuantity} ITEMS') 就可以成功将购物车中的商品数量在文本组件中展示出来，如图 12.3 所示。

图 12.3 购物车中的商品数量

同时，可以向购物车列表中添加或删除商品。这些操作可以修改和更新全局状态中的数据，因此可以在 AppStateModel 中提供一些像下面这样修改状态的方法。

```
// 向购物车中添加商品
void addProductToCart(int productId) {
  if (!_productsInCart.containsKey(productId)) {
    // 如果商品不在购物车中，将这个商品的数量设置为 1
    _productsInCart[productId] = 1;
  } else {
    // 如果商品不在购物车中，数量加 1
    _productsInCart[productId]++;
  }
 // 通知子组件更新
  notifyListeners();
}

// 移除购物车中的商品
void removeItemFromCart(int productId) {
  if (_productsInCart.containsKey(productId)) {
    if (_productsInCart[productId] == 1) {
      _productsInCart.remove(productId);
    } else {
      _productsInCart[productId]--;
    }
  }
```

```
    notifyListeners();
  }

  // 清空购物车
  void clearCart() {
    _productsInCart.clear();
    notifyListeners();
  }

  // 修改当前展示的商品种类
  void setCategory(Category newCategory) {
    _selectedCategory = newCategory;
    notifyListeners();
  }
```

在每个修改状态的函数中都需要调用 notifyListeners()来通知子组件更新，这样，页面中就会显示最新的状态数据了。在商城应用首页，用户可以直接单击商品将它添加到购物车中，这里依然可以使用 ScopedModelDescendant 组件获得 model 对象并调用 addProductToCart()方法将用户选中的商品添加进_productsInCart 这个 Map 对象中。

```
ScopedModelDescendant<AppStateModel>(
  builder: (BuildContext context, Widget child, AppStateModel model) {
    return GestureDetector(
      onTap: () {
        model.addProductToCart(product.id);
      },
      child: child,
    );
  },
  child: // ...
);
```

由于单击商品后，这部分组件并不需要重建，因此 GestureDetector 使用 builder 函数的第二个参数 child 作为子组件。于是，状态更新后 child 的内容就不需要重建，这在一定程度上提高了应用的性能。可以通过 ScopedModelDescendant 的 child 属性放入这部分需要展示的组件。

现在，我们已经完成了在线商城应用中 ScopedModel 状态的定义、获取和修改，以它为基础，我们可以实现整个应用中与数据相关的功能。下面我们一起来编写实际显示在页面中的 UI 组件。

12.5 登录页面

登录页面是用户进入在线商城应用后首先会看到的页面，它的功能非常简单——让用户输入用户名和密码。单击“登录”按钮，验证成功后，就会路由到商城首页。在这个 Flutter 在线商城应用中，我们仅实现它的布局组件。下面是 LoginPage 的部分实现代码。

```
class LoginPage extends StatefulWidget {
  @override
  _LoginPageState createState() => _LoginPageState();
}

class _LoginPageState extends State<LoginPage> {
  ... // 省略无关代码

  @override
  Widget build(BuildContext context) {
    return Scaffold(
      body: SafeArea(
        child: ListView(
          ... // 省略无关代码
        ),
      ),
    );
  }
}
```

从代码中我们可以看到整个登录页面以 Scaffold 组件作为根组件，它的 body 属性用来设置页面的主体内容，我们会将登录页面中的“用户名”文本框、“密码”文本框和“登录”按钮放在 ListView 中并纵向展示出来。

这里还使用 SafeArea 组件作为 ListView 的父组件，SafeArea 组件用于将它的子组件放置在屏幕的“安全区域”中。什么是安全区域呢？安全区域就是用来适配一些当下非常流行的刘海屏和全面屏等屏幕的组件，它会内置一些屏幕内边距，从而避免让它的子组件放置在状态栏或者刘海屏的后面。例如，下面的代码中，直接在 Scaffold 的 body 下放入一个子组件。

```
class TextWidget extends StatelessWidget {
  @override
  Widget build(BuildContext context) {
    return Scaffold(
      body: Container(
        child: Text("Test Text",
          style: TextStyle(fontSize: 80.0),),
      ),
    );
  }
}
```

当打开 TextWidget 组件的这个页面时，就会出现图 12.4（a）这种情况，组件会被状态栏遮挡。如果这里使用的是可单击的按钮，这一部分将会被遮挡，用户不能单击。

而如果在 body 属性下使用 SafeArea 组件包裹子组件，就能保证子组件不被刘海屏遮挡，页面如图 12.4（b）所示。

```
Scaffold(
  body: SafeArea(
    child: Container(
      child: Text(
        "Test Text",
        style: TextStyle(fontSize: 80.0),
      ),
    ),
  ),
)
```

（a）

（b）

图 12.4　使用 SafeArea 组件前后的页面

这就是在登录页面中使用 SafeArea 组件的原因，它可以让应用更灵活地适配多种手机屏幕。下面，我们就在 ListView 中纵向展示登录页面中的其他子组件。图 12.5 展示了登录页面的大致布局。

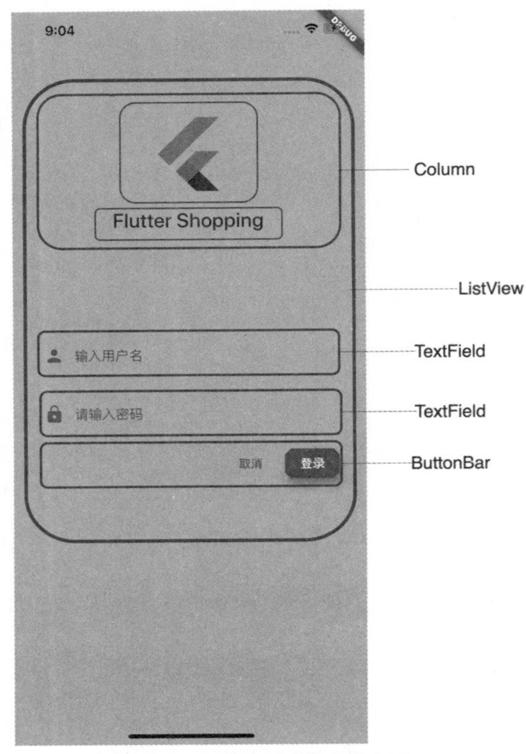

图 12.5　登录页面的大致布局

从图 12.5 中可以看出 ListView 的子组件包括了应用图标、应用名称、“用户名”和“密码”文本框以及“登录”“取消”按钮。下面是具体的代码。

```
ListView(
  children: <Widget>[
    const SizedBox(height: 80.0),
    // 应用图标与应用名称
    Column(
      children: <Widget>[
        FlutterLogo(
          size: 100.0,
        ),
        const SizedBox(height: 16.0),
        Text(
          'Flutter Shopping',
        ),
      ],
    ),
```

```
    const SizedBox(height: 120.0),
    // "用户名"与"密码"文本框
    PrimaryColorOverride(
      color: ShoppingColors.brown900,
      child: TextField(
        controller: _usernameController,
        decoration: const InputDecoration(
          prefixIcon: Icon(Icons.person),
          labelText: '输入用户名',
        ),
      ),
    ),
    const SizedBox(height: 12.0),
    PrimaryColorOverride(
      color: ShoppingColors.brown900,
      child: TextField(
        controller: _passwordController,
        decoration: const InputDecoration(
            prefixIcon: Icon(Icons.lock),
            labelText: '请输入密码',
            hoverColor: Colors.green),
      ),
    ),
    // "登录""取消"按钮
    ButtonBar(children: <Widget>[
      FlatButton(
        child: const Text('取消'),
        shape: const BeveledRectangleBorder(
          borderRadius: BorderRadius.all(Radius.circular(7.0)),
        ),
        onPressed: () {
          // 单击"取消"按钮，清空路由栈，退出应用
          Navigator.of(context, rootNavigator: true).pop();
        },
      ),
      RaisedButton(
          child: const Text('登录'),
          elevation: 8.0,
          shape: const BeveledRectangleBorder(
            borderRadius: BorderRadius.all(Radius.circular(7.0)),
          ),
          onPressed: () {
            Navigator.pop(context);
          })
    ])
  ]
);
```

这里使用了 SizedBox 组件。它是一个拥有固定宽度与高度的组件，可以仅用它来设置组件在垂直方向上的间隔，本身不在页面中展示。

在 ListView 组件中的最后一部分，使用 ButtonBar 组件来放置“登录”和“取消”两个按钮。ButtonBar 是 Flutter 的一个内置组件，当把多个按钮放在它的里面时，会把按钮水平摆放并且放置在主轴的尾部，它的作用和在 Row 组件中设置 MainAxisAlignment.end 相同。这里，单击“登录”按钮后，就可以直接进入商城首页了。

为了获取用户在文本框中输入的文本，还需要还分别为两个文本框传入文本控制器对象。

```
final TextEditingController _usernameController = TextEditingController();
final TextEditingController _passwordController = TextEditingController();
```

至此，我们就完成了登录页面。由于单纯的 Flutter 应用没有后台的支持，因此我们并没有在这部分实现与数据相关的逻辑。下一节介绍怎么实现真正的商城首页。

12.6 商城首页

商城首页使用底部导航栏将整个页面分为商品列表（即首页）和购物车两个部分，如图 12.6 所示。

图 12.6 首页底部的导航栏

下面是实现商城首页的代码。

```
class _HomePageState extends State<HomePage>
    with SingleTickerProviderStateMixin {
  int _curIndex;

  @override
  Widget build(BuildContext context) {

    return Scaffold(
      body: _curIndex == 0 ? backdrop : ShoppingCartPage(),
      bottomNavigationBar: BottomNavigationBar(
        currentIndex: _curIndex,
        showSelectedLabels: true,
        showUnselectedLabels: false,
        onTap: (index) {
          setState(() {
            _curIndex = index;
          });
        },
```

```
        items: [
          BottomNavigationBarItem(icon: Icon(Icons.home),
          title: Text('首页')),
          BottomNavigationBarItem(
              icon: ScopedModelDescendant<AppStateModel>(
                builder:
                    (BuildContext context, Widget child, AppStateModel model)
                    {
                  return CartButton(itemCount: model.totalCartQuantity,);
                },
              ),
              title: Text('购物车'))
        ]));}
}
```

这里使用_curIndex 来控制页面主体展示的内容。当_curIndex 为 0 时，显示带有下拉菜单栏的商品展示页面（这里使用 backdrop 变量表示商品展示页面）；否则，展示购物车页面。

BottomNavigationBar 组件中将 showSelectedLabels 属性设置为 true，还将 showUnselectedLabels 属性设置为 false，表示当前选择的 item 显示，而没被选择的 item 不显示。另外，还使用红色圆点展示当前购物车中的商品数量。这在代码中使用 CartButton 组件来实现。

CartButton 组件的 itemCount 属性接受一个要在圆点中展示的数字，这里使用 ScopedModelDescendant<AppStateModel>将全局数据中的 totalCartQuantity 传递给 itemCount 属性，这样每次向购物车中添加商品并改变全局状态时，这个组件就会重建，从而展示最新的状态值。

CartButton 组件的实现如下。

```
class CartButton extends StatefulWidget {
  final int itemCount;              // 展示的数字
  final Color badgeColor;           // 圆点的背景色
  final Color badgeTextColor;       // 数字的颜色

  CartButton({
    Key key,
    @required this.itemCount,
    this.badgeColor: Colors.red,
    this.badgeTextColor: Colors.white,
  })  : super(key: key);

  @override
  CartButtonState createState() {
    return CartButtonState();
  }
}
```

```
class CartButtonState extends State<CartButton>
    with SingleTickerProviderStateMixin {

  @override
  Widget build(BuildContext context) {
    if (widget.itemCount == 0) {
      return Icon(Icons.shopping_cart);
    }

    return Stack(
      overflow: Overflow.visible,// 溢出部分可见
      children: [
        Icon(Icons.shopping_cart),
        Positioned(
            top: -8.0,
            right: -3.0,
            child: SlideTransition(
                position: _badgePositionTween.animate(_animation),
                child: Material(
                    type: MaterialType.circle,           // 圆形
                    elevation: 2.0,                      // 阴影
                    color: Colors.red,                   // 颜色
                    child: Padding(
                        padding: const EdgeInsets.all(5.0),
                        child: Text(
                          widget.itemCount.toString(),
                          style: TextStyle(
                            fontSize: 12.0,
                            color: widget.badgeTextColor,
                            fontWeight: FontWeight.bold,
                          ),
                        ))))
        )
    ]);
  }
}
```

CartButtonState 的 build()方法中主要分为两部分内容。当传入的 itemCount 为 0 时，直接返回一个购物车图标，不显示红色圆点；而购物车中有商品后，就会返回一个带红色圆点的图标。这里使用 Stack 组件来实现，Stack 组件中有两个子组件，分别是 Icon 和 Positioned。Icon 依然是购物车图标，而 Positioned 就是可以在栈布局中自定义摆放的组件，这里设置的 top、right 属性都设置为负数，表示它的位置在栈布局之外。默认情况下，溢出部分不能显示（见图 12.7），因此这里需要将 Stack 组件的 overflow 属性设置为 Overflow.visible，使图标能够完全展示出来。

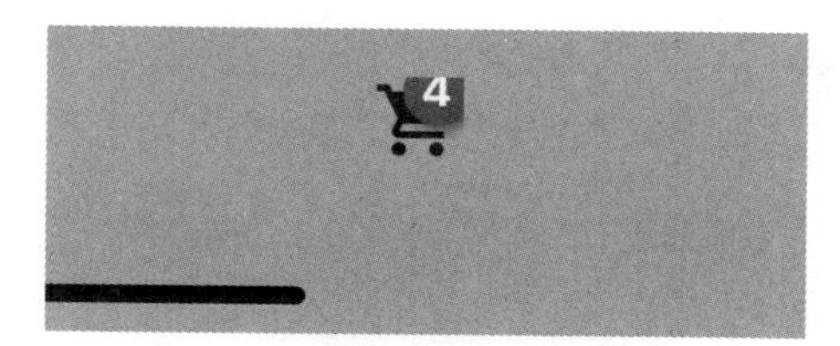

图 12.7 Stack 组件中溢出的部分不显示

Positioned 的子组件是一个 SlideTransition，它是一个可以实现平移动画的动画组件，它的 position 属性接受一个动画对象。这里，可以像下面的代码那样定义一个 Offset 对象的插值器 _badgePositionTween，并在 initState()方法中使用动画控制器创建一个指定曲线模型的动画对象 _animation，从而将带有这个插值器的动画对象传递给 SlideTransition 的 position 属性。

```
// 动画对象
AnimationController _animationController;
Animation<double> _animation;

// 初始化插值器对象
final Tween<Offset> _badgePositionTween = Tween(
  begin: Offset(-0.5, -0.5),        // 插值器开始偏移的位置
  end: Offset(0.0, 0.0),            // 插值器结束偏移的位置
);

// 释放动画控制器
@override
void dispose() {
  _animationController.dispose();
  super.dispose();
}

@override
void initState() {
  super.initState();
  // 初始化动画对象
  _animationController = AnimationController(
    duration: const Duration(milliseconds: 500),
    vsync: this,
  );
  // 指定曲线模型
  _animation =
      CurvedAnimation(parent: _animationController, curve: Curves.elasticOut);
}
```

另外，每次用户向购物车中添加商品时，为了播放这个动画，还可以在生命周期方法 didUpdateWidget()中判断 itemCount 的值是否有变化。如果有变化，就通过动画控制器重置这个动画并且重新播放。

```
@override
void didUpdateWidget(CartButton oldWidget) {
  // 一旦展示的数字改变，就重新播放动画
  if (widget.itemCount != oldWidget.itemCount) {
    _animationController.reset();
    _animationController.forward();
  }
  super.didUpdateWidget(oldWidget);
}
```

这样我们就完成了红色圆点的动画。SlideTransition 的子组件是一个 Material 组件，它是 material 库中一个具有特定功能的组件，可以用来剪裁子组件。上面的代码中，我们就通过将 Material 组件的 type 属性指定为 MaterialType.circle 让子组件剪裁成圆形，而它的 elevation 属性可以用来设置子组件的阴影效果，这样，红色圆点就制作完成了。是不是很容易呢？下一节介绍在首页主体中展示的两个组件的实现方法。

12.6.1　商城首页的幕布组件

在首页展示的主体页面中，我们实现了一个自定义的下拉幕布菜单栏。当单击左上角的导航图标后，幕布组件就会下拉，幕布组件与用户的交互效果如图 12.8 所示。

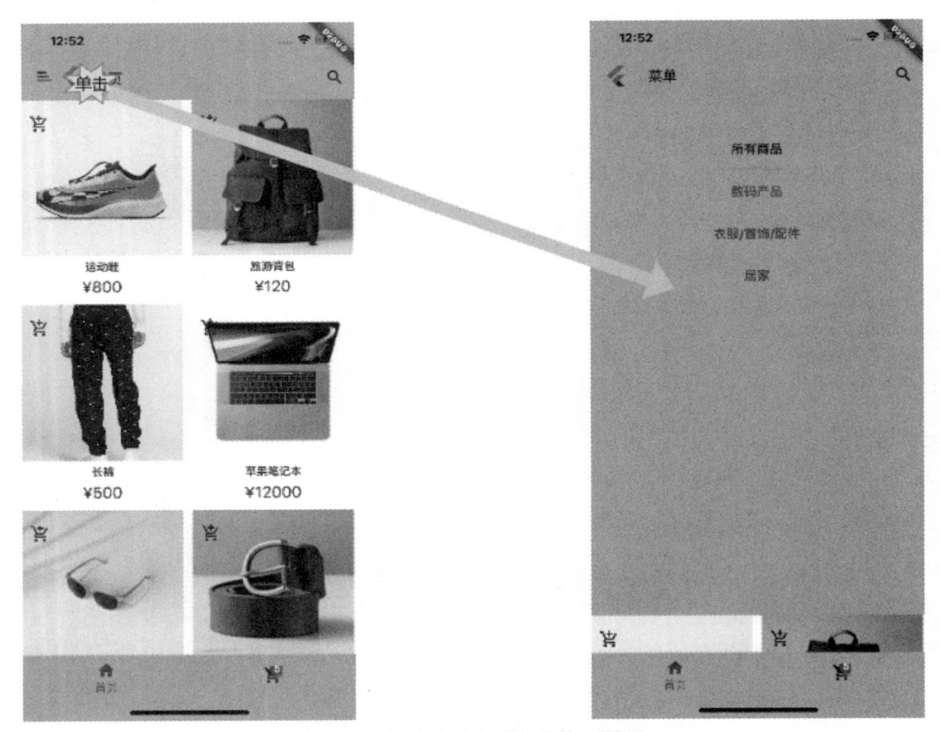

图 12.8　幕布组件与用户的交互效果

幕布组件实现的整个动画效果封装在了幕布组件 Backdrop 中，可以在首页中直接使用它。

```
Backdrop backdrop = Backdrop(
  frontLayer: ProductPage(),                          // 前台页面
  backLayer: CategoryMenuPage(onCategoryTap: () => _controller.reverse()),// 后台页面
  frontTitle: Text('首页'),                            // 前台页面的标题
  backTitle: Text('菜单'),                             // 后台页面的标题
  controller: _controller,                            // 动画控制器
);
```

Backdrop 主要接受 6 个参数。frontLayer 属性用来接受幕布下拉之前显示的前台页面，这里设置为 ProductPage 组件，用于展示商品列表。相对应的 backLayer 属性接受幕布下拉之后显示的后台内容，这里指定为菜单栏组件 CategoryMenuPage。而 frontTitle 属性用来设置菜单栏中幕布下拉前的标题。backTitle 属性设置菜单栏中幕布下拉后的标题。

由此可见，幕布组件总体分为前台和后台两层。当将商品列表页面作为前台时，它就会首先展示出来。另外，Backdrop 还有一个 controller 属性，用于接受一个控制整个动画执行过程的控制器，可以在 initState()方法中初始化该属性，这样，每当单击顶部的导航图标时，就会触发菜单栏中下拉动画的执行与返回。

```
AnimationController _controller;
@override
void initState() {
  super.initState();
  _controller = AnimationController(
    vsync: this,
    duration: const Duration(milliseconds: 1000),
  );
}
```

接下来，在 Backdrop 组件中实现菜单栏的下拉动画。

```
class Backdrop extends StatefulWidget {
  const Backdrop({
    @required this.frontLayer,
    @required this.backLayer,
    @required this.frontTitle,
    @required this.backTitle,
    @required this.controller,
  });

  final Widget frontLayer;
  final Widget backLayer;
  final Widget frontTitle;
  final Widget backTitle;
  final AnimationController controller;
```

```
  @override
  _BackdropState createState() => _BackdropState();
}

class _BackdropState extends State<Backdrop>
    with SingleTickerProviderStateMixin {
AnimationController _controller;
  @override
  void initState() {
    super.initState();
    // 初始化动画控制器
    _controller = widget.controller;
  }

  // 前台页面是否可见
  bool get _frontLayerVisible {
    final AnimationStatus status = _controller.status;
    // 这里表示当动画完成或者正在执行时前台内容可见
    return status == AnimationStatus.dismissed;
  }

  // 单击导航图标，执行动画，使幕布组件下拉
  void _toggleBackdropLayerVisibility() {
    setState(() {
      _frontLayerVisible ? _controller.forward() : _controller.reverse();
    });
  }

  @override
  Widget build(BuildContext context) {
    // ...
    return Scaffold(
      appBar: appBar,
      body: LayoutBuilder(
      builder: _buildStack,
      ),
    );
  }
}
```

在_BackdropState 的 build()方法中给出了幕布组件的具体实现，它在内部使用了 Scaffold。这里还为 Scaffold 组件设置了顶部导航栏（appBar）与页面主体。

页面主体中的 LayoutBuilder 是一个构建组件，它的 builder 函数可以接受父组件传递的布局约束，这样我们就可以使构建出来的组件适应父组件的大小。_buildStack()方法的实现如下。

```
Widget _buildStack(BuildContext context, BoxConstraints constraints) {
  // 遗留高度
```

```
    const double layerTitleHeight = 48.0;
    final Size layerSize = constraints.biggest;
    // 前台页面平移后相对于顶部的位置
    final double layerTop = layerSize.height - layerTitleHeight;

    _layerAnimation = _getLayerAnimation(layerTop);
    return Stack(
      key: _backdropKey,
      children: <Widget>[
        widget.backLayer,
        PositionedTransition(
          rect: _layerAnimation,
          child: Container(
            color: Colors.white,
            child: widget.frontLayer,
          ),
        ),
      ],
    );
  }
```

_buildStack()方法返回一个 Stack 组件，它有两个子组件，分别就表示前台页面与后台页面。其中，前台页面还使用动画组件 PositionedTransition 作为父组件，这个动画组件可以让它的子组件在 Stack 组件中实现位置平移的动画。从这里我们就可以看出，初始情况下，Stack 组件中的前台页面会覆盖在后台页面之上，而幕布组件能够下拉的原因就是前台页面使用平移动画将自己从上往下平移，这样前台页面就会逐渐下移，从而将后台页面呈现出来。

而触发 PositionedTransition 动画执行的动画对象可以使用传递给 Backdrop 的动画控制器_controller 实现。下面定义传递给 PositionedTransition 的 reac 属性的动画对象_layerAnimation，该动画对象由_getLayerAnimation()函数返回。_getLayerAnimation()函数的代码如下。

```
Animation<RelativeRect> _getLayerAnimation(double layerTop) {
  return RelativeRectTween(
    begin: RelativeRect.fill,
    end: RelativeRect.fromLTRB(0.0, layerTop, 0.0, 0.0),
  ).animate(_controller);
}
```

这里通过 RelativeRectTween 插值器对象指定前台页面 frontLayer 在动画开始时填满整个父组件，从而将后台页面全部覆盖，而动画结束时 frontLayer 距离顶部的距离为 layerTop 变量设置的值。

_buildStack()方法中的 layerTitleHeight 表示幕布下拉后的遗留高度（见图 12.9）。根据这个值和父组件传递过来的盒子约束中的组件高度，就可以计算出 layerTop 的值了。

图 12.9　幕布下拉后的遗留高度

到这里，我们就实现了幕布组件中 Scaffold 的主体内容。幕布组件的顶部导航栏的实现如下。

```
AppBar appBar = AppBar(
  title: _BackdropTitle(
    listenable: _controller.view,
    onPress: _toggleBackdropLayerVisibility,
    frontTitle: widget.frontTitle,
    backTitle: widget.backTitle,
  ),
  actions: <Widget>[
    IconButton(
      icon: Icon(Icons.search, semanticLabel: 'login'),
      onPressed: () {
        showSearch(context: context, delegate: MySearchDelegate());
      },
    ),
  ],
);
```

在 AppBar 的 title 属性中，传入了另一个自定义组件_BackdropTitle，在用户实现单击导航之后，该组件可以实现 Logo 过渡以及标题转换的动画。图 12.10（a）与（b）展示了幕布组件打开前后的两种不同样式的顶部导航栏。

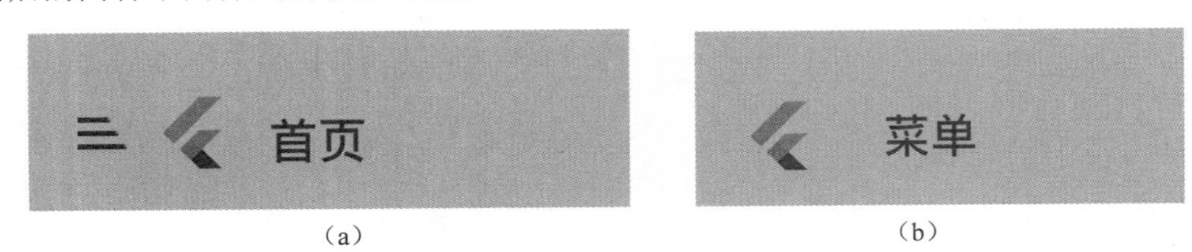

（a）　　（b）

图 12.10　幕布组件打开前后的顶部导航栏

代码如下。

```
class _BackdropTitle extends AnimatedWidget {
  const _BackdropTitle({
    Key key,
    Listenable listenable,
    this.onPress,
    @required this.frontTitle,
```

```
    @required this.backTitle,
  })  : assert(frontTitle != null),
        assert(backTitle != null),
        super(key: key, listenable: listenable);

  final Function onPress;
  final Widget frontTitle;
  final Widget backTitle;

  @override
  Widget build(BuildContext context) {
    final Animation<double> animation = CurvedAnimation(
      parent: listenable,
      curve: const Interval(0.0, 0.5),
    );

    return DefaultTextStyle(
      style: Theme.of(context).primaryTextTheme.title,
      softWrap: false,
      overflow: TextOverflow.ellipsis,
      child: Row(children: <Widget>[
        SizedBox(
          width: 72.0,
          child: IconButton(
            onPressed: onPress,
            // 菜单图标和 Logo 的布局
            icon: Stack(children: <Widget>[
              Opacity(
                opacity: 1 - animation.value,
                child: ImageIcon(AssetImage('images/slanted_menu.png')),
              ),
              FractionalTranslation(
                translation: Tween<Offset>(
                  end: Offset.zero,
                  begin: Offset(0.5, 0.0),
                ).evaluate(animation),
                child: FlutterLogo(size: 35,),
              )
            ]),
          ),
        ),
        // 两个标题的栈布局
        Stack(
          children: <Widget>[
            Opacity(
```

```
                opacity: animation.value,
                child: backTitle,
              ),
              Opacity(
                opacity: 1-animation.value,
                child: FractionalTranslation(
                  translation: Tween<Offset>(
                    begin: Offset(0.5, 0.0),
                    end: Offset.zero,
                  ).evaluate(animation),
                  child: frontTitle,
                ),
              ),
            ],
          ),
        ]),
      );
    }
}
```

这里，我们可以看出，_BackdropTitle 组件本身就是一个继承自 AnimatedWidget 的自定义动画组件，listenable 属性可以接受我们传入的动画控制器。这里，我们还使用曲线动画 CurvedAnimation 定义了动画播放时的曲线模型，生成了一个新的动画对象 animation。

在_BackdropTitle 返回的组件树中，使用 DefaultTextStyle 组件来定义子组件的默认文字样式，Row 组件中水平摆放了两个子组件。SizedBox 用来设置显示在左上角的导航图标，它拥有固定的宽度。这里使用 Stack 放置菜单图标和 Logo。根据栈布局的特性，默认情况下，两个图标应当重叠地显示在一起，但是这里 Logo 的父组件又使用了一个平移动画的组件 FractionalTranslation。这个组件可以使它的子组件在原位置的相对位置上展示，translation 属性用来接受动画对象。这里，使用 Offset 对象的插值器并将开始值设置为在水平方向向右平移 0.5 像素，因此就实现了图 12.10（a）中的效果。

而 Logo 前的菜单图标使用 Opacity 组件作为父组件，并使用传递过来的动画对象 animation 的插值设置透明度，所以，动画开始后，菜单图标就会随着透明度属性 opacity 的减小而消失，而 Logo 又会平移到原位置，这样，就会呈现出 Logo 逐渐代替菜单图标的效果。

同样的做法也可以应用在两个标题组件上。Row 组件的第二个子组件依然使用 Stack 来放置两个分别表示前台标题（frontTitle）和后台标题（backTitle）的文本组件，并且使用 FractionalTranslation 和 Opacity 对两个标题组件实现了同样的动画效果。

整个动画的启动入口设置在了菜单图标的 IconButton 上。单击菜单图标后，就会调用传入的 onPress()方法，最终会调用 Backdrop 中的_toggleBackdropLayerVisibility()方法来执行动画。

```
void _toggleBackdropLayerVisibility() {
  setState(() {
```

```
    // 如果当前前台可见，执行动画；否则，回滚动画
    _frontLayerVisible ? _controller.forward() : _controller.reverse();
  });
}
```

到这里，我们就完全实现了幕布组件，轻松实现了一个炫酷的效果。接下来，我们继续实现传递给幕布组件的菜单组件并展示商品列表。

12.6.2 商城首页的菜单组件

通过对幕布组件的分析，我们已经知道了商城首页的大致结构，本节中我们实现在线商城中经过 Backdrop 的 backLayer 属性传入的后台页面——菜单组件。菜单组件的实现非常简单，只需要定义一个无状态组件，展示商品种类列表即可。代码如下。

```
class CategoryMenuPage extends StatelessWidget {
  const CategoryMenuPage({
    Key key,
    this.onCategoryTap,
  }) : super(key: key);

  final VoidCallback onCategoryTap;
  // ...

  @override
  Widget build(BuildContext context) {
    return Center(
      child: Container(
        child: ListView(
          children: Category.values.map((Category c) =>
                                  _buildCategory(c, context)).toList(),
        ),
      ),
    );
  }
}
```

这里使用 Center 和 Container 组件控制列表的布局与样式，ListView 里通过遍历枚举类 Category 就可以得到所有的商品种类，这里每个种类使用_buildCategory()方法来构建一个组件列表。_buildCategory()方法的实现如下。

```
Widget _buildCategory(Category category, BuildContext context) {
  // 使用 ScopedModelDescendant 得到全局数据
  return ScopedModelDescendant<AppStateModel>(
    builder: (BuildContext context, Widget child, AppStateModel model) =>
        GestureDetector(
          onTap: () {
            // 改变全局状态，切换当前选中的商品种类
```

```
            model.setCategory(category);
            if (onCategoryTap != null) {
              onCategoryTap(); // 关闭幕布
            }
          },
          child: model.selectedCategory == category
            ? Column(
                children: <Widget>[
                  SizedBox(height: 16.0),
                  Text(
                    categoryString,
                    style: theme.textTheme.body2,
                    textAlign: TextAlign.center,
                  ),
                  SizedBox(height: 14.0),
                  Container(
                    width: 70.0,
                    height: 2.0,
                    color: ShoppingColors.pink400,
                  ),
                ],
              )
            : Padding(
                padding: EdgeInsets.symmetric(vertical: 16.0),
                child: Text(
                  categoryString,
                  textAlign: TextAlign.center,
                ),
              ),
        ),
  );
}
```

对于菜单栏中的每一项，当用户单击某个商品种类时，商品列表组件就需要展示相应类别的商品。这里可以使用 AppStateModel 的 setCategory()来设置当前选中的商品类别。这里还调用副组件传递过来的 onCategoryTap()方法，它能够使幕布关闭，并回滚之前打开幕布的动画。

```
CategoryMenuPage(onCategoryTap: () => _controller.reverse())
```

另外，菜单项分为两类，分别是选中的商品类别和没有选中的商品类别，在菜单栏中选中的商品类别不会显示一条下划线并有不一样的文本样式（见图 12.11）。代码中，通过 model.selectedCategory 获得当前选中的商品类别，并且与每个菜单项的类别进行比较。如果相等，则在种类标题下使用 Container 组件作为选中的下划线。至此，这个菜单组件就大功告成了。

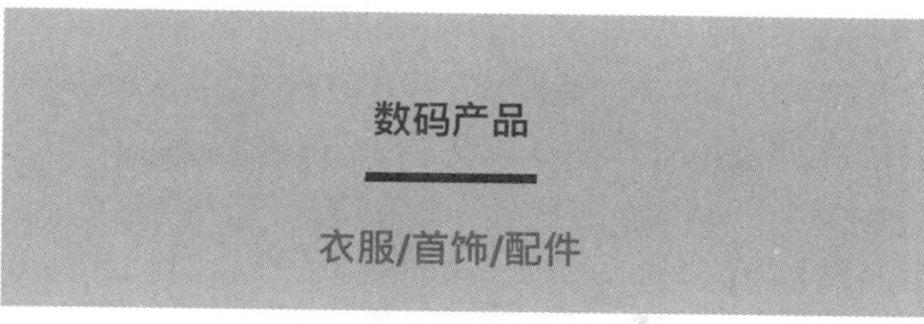

图 12.11 选中的商品类别

12.6.3 商城首页的商品展示

商品展示就是传入幕布组件的前台页面，在代码中使用 ProductPage 组件来实现。下面就是 ProductPage 组件的全部代码。

```
class ProductPage extends StatelessWidget {

  @override
  Widget build(BuildContext context) {
    return ScopedModelDescendant<AppStateModel>(
        builder: (BuildContext context, Widget child, AppStateModel model) {
      return ProductList(products: model.getProducts());
    });
  }
}
```

可以看到，这个无状态组件使用 ScopedModelDescendant<AppStateModel> 组件将全局数据中的商品列表传递给 ProductList 组件。ProductList 组件的实现如下。

```
class ProductList extends StatelessWidget {
  const ProductList({Key key, this.products}) : super(key: key);
  final List<Product> products;

  @override
  Widget build(BuildContext context) {
    // 以网格布局展示所有商品
    return GridView.builder(
        itemCount: products.length,
        gridDelegate: SliverGridDelegateWithFixedCrossAxisCount(
          crossAxisCount: 2,        // 副轴上列表项的数量
          mainAxisSpacing: 10,      // 主轴上列表项的间隔
          crossAxisSpacing: 10,     // 副轴上列表项的间隔
          childAspectRatio: 0.8,    // 列表项长宽比
        ),
        itemBuilder: (BuildContext context, int index) {
          return Container(
            color: Colors.white,
```

```
                child: ProductCard(
                  product: products[index],
                ),
              );
            });
    }
}
```

ProductList 组件接受一个 Product 对象列表，这里只需要将它们在网格布局中展示出来就可以了。网格布局中的每一项使用 ProductCard 组件来展示。图 12.12 展示了 ProductCard 组件的结构。

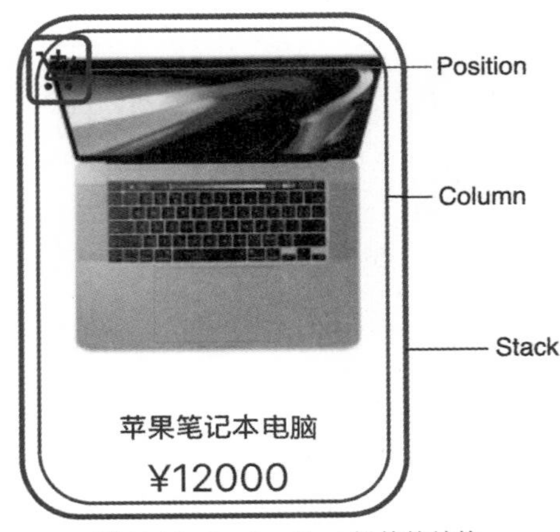

图 12.12　ProductCard 组件的结构

这里依然使用了 Stack 组件，它里面有 Position 和 Column 两个子组件。Position 可以用来将购物车图标放置在 Stack 组件的左上角，而 Column 用来纵向放置商品图片、名称以及价格。下面是具体的代码。

```
class ProductCard extends StatelessWidget {

  const ProductCard({@required this.product});
  final Product product;

  @override
  Widget build(BuildContext context) {

    return ScopedModelDescendant<AppStateModel>(
      builder: (BuildContext context, Widget child, AppStateModel model) {
        return GestureDetector(
          onTap: () {
            // 放入购物车
            model.addProductToCart(product.id);
          },
```

```
          child: child,
        );
      },
      child: Stack(
        children: <Widget>[
          Column(
            crossAxisAlignment: CrossAxisAlignment.center,
            mainAxisSize: MainAxisSize.min,
            children: <Widget>[
              Image.asset(
                product.assetName,
                fit: BoxFit.cover,
              ),
              SizedBox(height: 4.0),
              Text(
                product == null ? '' : product.name,
                maxLines: 1,
              ),
              SizedBox(height: 4.0),
              Text(
             product == null ? '' : MoneyUtil.withPrefix(product.price),
                style: theme.textTheme.caption,
              ),
            ],
          ),
          // 将购物车图标放置在左上角
          Positioned(
            top: 18.0,
            left: 10.0,
            child: Icon(Icons.add_shopping_cart),
          ),
        ],
      ),
    );
  }
}
```

这里依然使用了 ScopedModelDescendant<AppStateModel>，因为当单击每个商品后需要将它放入全局数据的购物车列表当中，所以使用 GestureDetector 接受用户的点按事件，并在里面调用 model 的 addProductToCart()将这个商品 id 放入购物车当中。

12.6.4 商城首页的购物车

关于商城首页，要介绍的最后一个组件就是 ShoppingCartPage 组件，它的结构如图 12.13（a）与（b）所示。

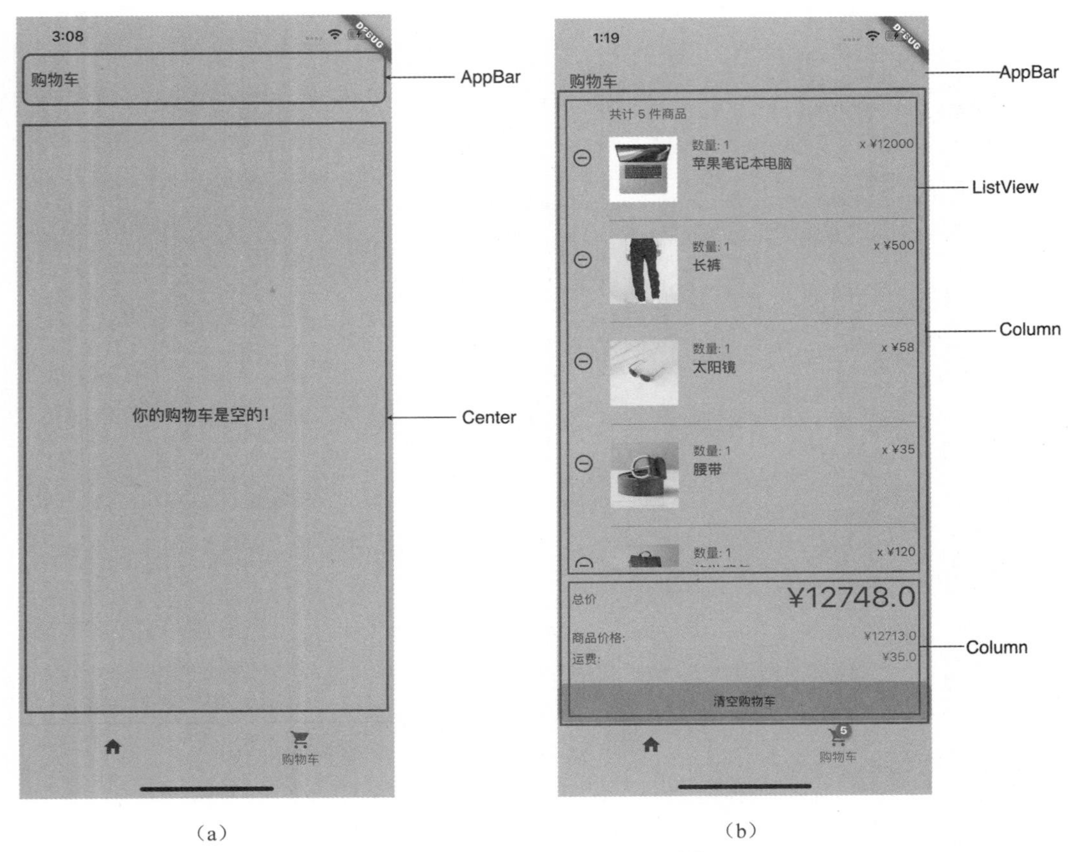

（a）　　　　　　　　　　　　（b）

图 12.13　ShoppingCartPage 组件的结构

购物车页面中主要需要的全局数据就是购物车商品列表以及购物中的商品数量。当购物中的商品数量为 0 时，展示一个空页面。这里，可以仅使用一个 Center 组件包裹 Text 组件，以告诉用户这个信息。

当购物车中商品不为空时，可以使用 ListView 组件放置商品列表，剩余的组件用来展示价格和按钮。下面是具体的代码。

```
class ShoppingCartPage extends StatefulWidget {
  @override
  _ShoppingCartPageState createState() => _ShoppingCartPageState();
}

class _ShoppingCartPageState extends State<ShoppingCartPage> {

  @override
  Widget build(BuildContext context) {
    return Scaffold(
```

```
appBar: AppBar(
  title: Text('购物车'),
  centerTitle: false,
),
body: ScopedModelDescendant<AppStateModel>(
    builder: (BuildContext context, Widget child, AppStateModel model) {
  return model.totalCartQuantity == 0
      ? Center(
          child: Text(
            '你的购物车是空的！',
            style: localTheme.textTheme.title
                .copyWith(fontWeight: FontWeight.w600),
          ),
        )
      : Column(children: <Widget>[Expanded(
          child: ListView(
            children: <Widget>[
              Row(
                children: <Widget>[
                  SizedBox(width: 60.0),
                  Text('共计 ${model.totalCartQuantity} 件商品'),
                ],
              ),
              SizedBox(height: 16.0),
              Column(
                // 商品列表
                children: _createShoppingCartRows(model),
              ),
              SizedBox(height: 100.0),
            ],
          )),
          // 底部的价格详情与"清空购物车"按钮
          Column(
              mainAxisSize: MainAxisSize.max,
              crossAxisAlignment: CrossAxisAlignment.stretch,
              children: <Widget>[
                ShoppingCartSummary(model: model),
                RaisedButton(
                  color: ShoppingColors.green400,
                  splashColor: ShoppingColors.brown600,
                  child: Padding(
                  padding: EdgeInsets.symmetric(vertical: 12.0),
                    child: Text('清空购物车'),
                  ),
```

```
                    onPressed: () {
                      model.clearCart();
                    },
                  )
                ])
              ]);
      }));
  }
}
```

这里使用 Expanded 组件使展示商品列表的 ListView 能够填满屏幕中剩余的全部空间。另外，商品列表的上方，使用一个 Row 组件展示一行文本，在文本之前，使用一个 SizedBox 占用一块遗留宽度，因此就会有图 12.14 这样的效果。

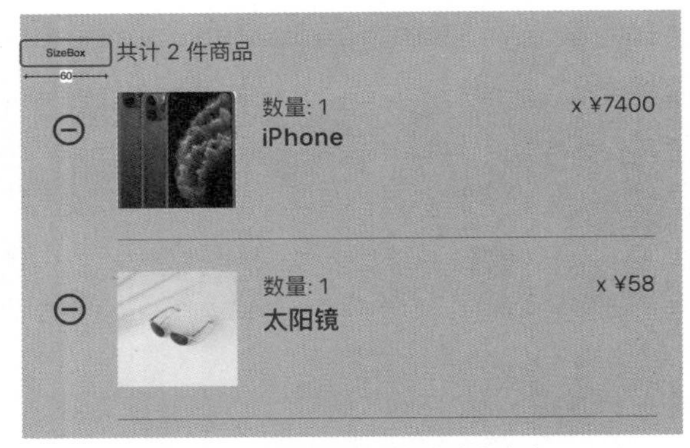

图 12.14　购物车页面中的遗留宽度

商品列表展示在了 Column 中，它的子组件使用_createShoppingCartRows()方法生成。_createShoppingCartRows()方法的代码如下。

```
List<Widget> _createShoppingCartRows(AppStateModel model) {
  return model.productsInCart.keys
      .map(
        (int id) => ShoppingCartRow(
          // 得到该 id 对应的商品
          product: model.getProductById(id),
          // 该商品在购物车中的数量
          quantity: model.productsInCart[id],
          // 通过单击移除该商品的回调函数
          onPressed: () {
            model.removeItemFromCart(id);
          },
        ),
      ).toList();
}
```

_createShoppingCartRows()方法通过遍历全局数据中购物车商品列表的 key 值得到对应的

商品和数量，生成一个由组件 ShoppingCartRow 组成的列表。ShoppingCartRow 组件的结构如图 12.15 所示。

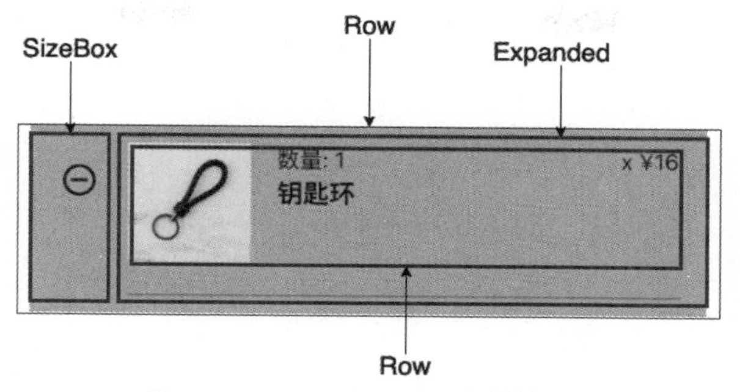

图 12.15　ShoppingCartRow 组件的结构

ShoppingCartRow 组件主要使用 Row 组件纵向展示购物车中每一个商品的删除图标、图片、数量与名称以及价格，其中 Expanded 组件可以用来填满剩余的组件。具体的代码如下。

```
class ShoppingCartRow extends StatelessWidget {
  const ShoppingCartRow({
    @required this.product,
    @required this.quantity,
    this.onPressed,
  });

  final Product product;
  final int quantity;
  final VoidCallback onPressed;

  @override
  Widget build(BuildContext context) {
    return Row(
            crossAxisAlignment: CrossAxisAlignment.start,
            children: <Widget>[
              // 固定宽度的 SizeBox
              SizedBox(
                width: 60.0,
                child: IconButton(
                  icon: Icon(Icons.remove_circle_outline),
                  onPressed: onPressed,
                ),
              ),
              // Expanded 填满 Row 在主轴上的剩余宽度
              Expanded(
                child: Padding(
                  padding: EdgeInsets.only(right: 16.0),
                  child: Column(children: <Widget>[
```

```
                    Row(
                      crossAxisAlignment: CrossAxisAlignment.start,
                      children: <Widget>[
                        // 商品图片
                        Image.asset(
                          product.assetName,
                          fit: BoxFit.cover,
                          width: 75.0,
                          height: 75.0,
                        ),
                        SizedBox(width: 16.0),
                        Expanded(
                          child: Column(// 显示商品数量和名称的 Column 组件
                           crossAxisAlignment: CrossAxisAlignment.start,
                            children: <Widget>[
                              Row(
                                children: <Widget>[
                                  Expanded(
                                    child: Text('数量: $quantity'),
                                  ),
                                  Text(
                                        'x ${MoneyUtil.withPrefix(product.price)}'),
                                ],
                              ),
                              Text(
                                product.name,
                              ),
                            ],
                          ),
                        ),
                      ],
                    ),
                    SizedBox(height: 16.0),
                    // 下划线
                    Divider(
                      color: ShoppingColors.brown900,
                      height: 10.0,
                    )
                  ])))
            ]);
  }
}
```

在每个 ShoppingCartRow 中，使用 Divider 组件在商品下装饰下划线，因此可以直接指定下划线的颜色和高度。

ShoppingCartSummary 组件的结构见图 12.16。

图 12.16 ShoppingCartSummary 组件的结构

接下来，实现购物车组件底部的价格详情以及“清除购物车”按钮。

其中，展示价格详情的部分放在组件 ShoppingCartSummary 中。这里主要使用一个 Column 包裹 3 个 Row 组件，从而实现价格的展示。下面是实现 ShoppingCartSummary 组件的代码。

```
class ShoppingCartSummary extends StatelessWidget {
  const ShoppingCartSummary({this.model});

  final AppStateModel model;
  @override
  Widget build(BuildContext context) {

    return Padding(
      // Padding 组件用于在四周加上内边距
      padding: EdgeInsets.all(16.0),
      child: Column(
        children: <Widget>[
          Row(
            crossAxisAlignment: CrossAxisAlignment.center,
            children: <Widget>[
              Expanded(
                child: Text('总价'),
              ),
              Text(
                MoneyUtil.withPrefix(model.totalCost),
                style: largeAmountStyle,
              ),
            ],
          ),
          SizedBox(height: 16.0),
          Row(
            children: <Widget>[
              const Expanded(
                child: Text('商品价格:'),
              ),
```

```
                Text(
                  MoneyUtil.withPrefix(model.subtotalCost),
                  style: smallAmountStyle,
                ),
              ],
            ),
            SizedBox(height: 4.0),
            Row(
              children: <Widget>[
                const Expanded(
                  child: Text('运费:'),
                ),
                Text(
                  MoneyUtil.withPrefix(model.shippingCost),
                  style: smallAmountStyle,
                ),
              ],
            ),
          ],
        ),
      );
    }
  }
```

ShoppingCartSummary 组件接受一个全局的状态 model 对象，这样，我们就可以获得全局数据中购物车里商品的价格以及运费了。

到这里，我们就搞清楚了购物车页面的实现，读者不妨依照 UI 试着实现一遍，这样一定能在一定程度上提升自己的开发能力。

12.7 搜索页面

搜索页面会在单击幕布组件顶部 AppBar 中的“搜索”按钮时展现，默认情况下已有的商品名称会作为提示关键词显示。选择某个关键词后，就会将它在页面中展示出来。执行搜索操作前后的页面如图 12.17（a）与（b）所示。

其实，Flutter 内部已经自动制作了这个页面，它就像一个结构化组件一样，只需要在其中加入自定义的各种组件就可以了。下面是实现导航栏中“搜索”按钮的代码。

```
IconButton(
  icon: const Icon(Icons.search),
  onPressed: () {
    showSearch(context: context, delegate: ShoppingSearchDelegate());
  },
)
```

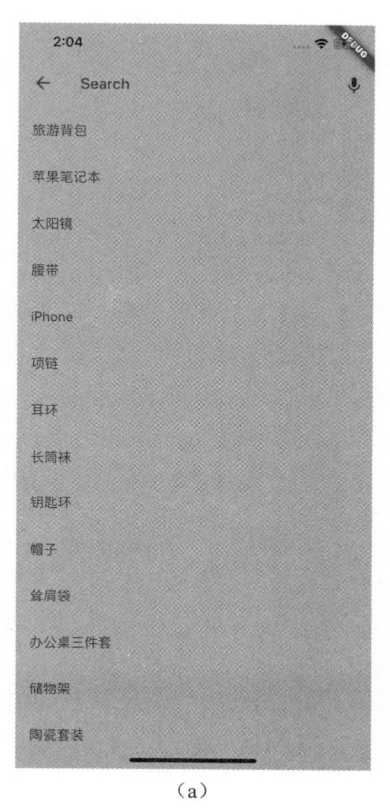

(a)

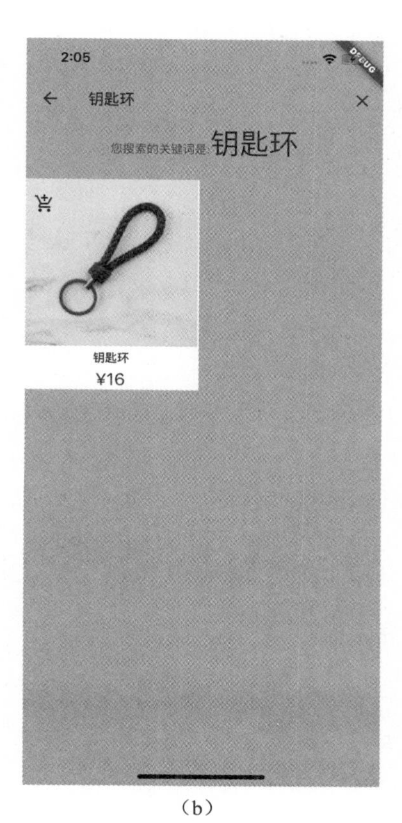

(b)

图 12.17　执行搜索操作前后的搜索页面

这里的 showSearch()函数就是系统内置的自动打开搜索页面的函数。对于该函数，只需要传入当前的 context 对象以及一个自定义的代理类即可。代理类是自定义搜索页面展示内容的地方。代理类 ShoppingSearchDelegate 的代码如下。

```
class ShoppingSearchDelegate extends SearchDelegate {

  // 返回搜索框的导航图标
  @override
  Widget buildLeading(BuildContext context) {
    // ...
  }

  // 搜索后的结果页面
  @override
  Widget buildResults(BuildContext context) {
    // ...
  }
```

```
  // 搜索框之下的提示列表
  @override
  Widget buildSuggestions(BuildContext context) {
    // ...
  }

  // 搜索框尾部的 Action 按钮
  @override
  List<Widget> buildActions(BuildContext context) {
    // ...
  }
}
```

如上面的代码所示，传入 showSearch()的代理类必须继承自 SearchDelegate，并且需要重写上面这 4 个方法——buildLeading()、buildResults()、buildSuggestions()和 buildActions()。通过注释，我们可以看出各个方法的作用，我们只需要在这些方法中返回相应位置的组件就可以了。下面是返回导航图标的 buildLeading()方法的代码。

```
Widget buildLeading(BuildContext context) {
  return IconButton(
    icon: Icon(Icons.arrow_back),
    onPressed: () {
      // 关闭搜索页面
      this.close(context, null);
    },
  );
}
```

这里仅使用了"←"按钮，单击"←"按钮后调用 close()方法就可以像调用 Navigator.of(context).pop()一样回退到之前的页面了。返回提示列表组件的 buildSuggestions()方法的实现如下。

```
Widget buildSuggestions(BuildContext context) {

  List<String> suggestions = ScopedModel.of<AppStateModel>(context)
      .getProductBySearch(this.query)
      .map((product) => product.name)
      .toList();

  return ListView.builder(itemBuilder: (context ,index) {
    String suggestion = suggestions[index];
    return ListTile(
      title: RichText(
        text: TextSpan(
          // 根据搜索关键词的长度计算出加粗字符串
          text: suggestion.substring(0, query.length),
          children: <TextSpan>[
            TextSpan(
              // 展示标题中的其他字符
```

```
            text: suggestion.substring(query.length),
            style: textTheme,
            ),
          ],
        ),
      ),
      onTap: () {
        this.query = suggestion;
        showResults(context);
      },
    );
  });
}
```

上面的代码用于展示在搜索框下的提示列表，其中使用 ScopedModel.of<AppStateModel>(context).getProductBySearch()方法获得了可能会搜索的商品名称的 suggestions 列表，传入的 query 就是在搜索框中输入的内容，然后可以将它们在 ListView 中展示出来。

列表中的每一项使用了结构化组件 ListTile。值的关注的是，当通过 ListTile 中的 title 属性展示商品名称时，RichText 在文本段中使用了多个样式，这样搜索关键词就能够加粗了，如图 12.18 所示。

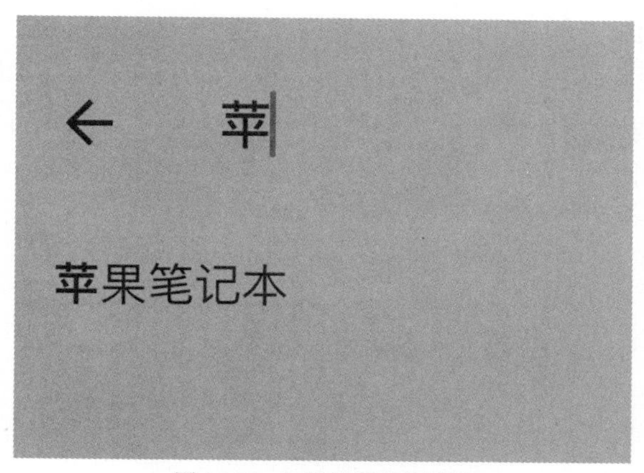

图 12.18　加粗的搜索关键词

单击列表中的每一项，都会触发 showResults()方法的调用。showResults()也是父类 SearchDelegate 中的方法，调用它后就会在搜索页面的搜索框下呈现出搜索结果，而表示搜索结果的组件由 buildResults()方法返回。具体的代码实现如下。

```
Widget buildResults(BuildContext context) {

  List<Product> results =
      ScopedModel.of<AppStateModel>(context).getProductBySearch(
this.query);
```

```
  return Column(
    children: <Widget>[
      Text.rich(
        TextSpan(children: <TextSpan>[
          TextSpan(text: '您搜索的关键词是:', style: smallAmountStyle),
          TextSpan(text: '$query', style: largeAmountStyle),
        ]),
      ),
      SizedBox(
        height: 20.0,
      ),
      Expanded(
        child: Container(
          height: 200.0,
          child: ProductList(products: results),
        ),
      ),
    ],
  );
}
```

这里，依然需要使用 AppStateModel 中的 getProductBySearch()方法，它能根据用户输入的关键词查找到对应的商品。buildResults()方法返回的组件是 Column 组件，首先使用 Text.rich 在页面顶部展示用户搜索的关键词，然后使用与首页相同的 ProductList 组件将这些商品以网格的形式呈现出来，这样搜索结果页面中的组件就完成了。实际上，可以开发出更多像 ProductList 这样在多个地方使用的组件。最后，看一下返回顶部菜单栏中 Action 按钮的 buildActions()方法。

```
List<Widget> buildActions(BuildContext context) {
  return <Widget>[
    query.isEmpty
        ? IconButton(
            icon: const Icon(Icons.mic),
            onPressed: () {
              this.query = '实现语音输入';
            },
          )
        : IconButton(
            icon: const Icon(Icons.clear),
            onPressed: () {
              query = '';
              showSuggestions(context);
            },
          )
  ];
}
```

这里的代码通过判断搜索框中字符串是否为空在搜索栏中展示了两个不同的图标。默认情况下会展示图 12.19（a）中的扬声器图标。当搜索框不为空时，就会展示图 12.19（b）中的叉号图标。单击叉号图标，就会将代表输入字符串的 query 变量清空；单击扬声器图标，可以实现语音转文字的效果。

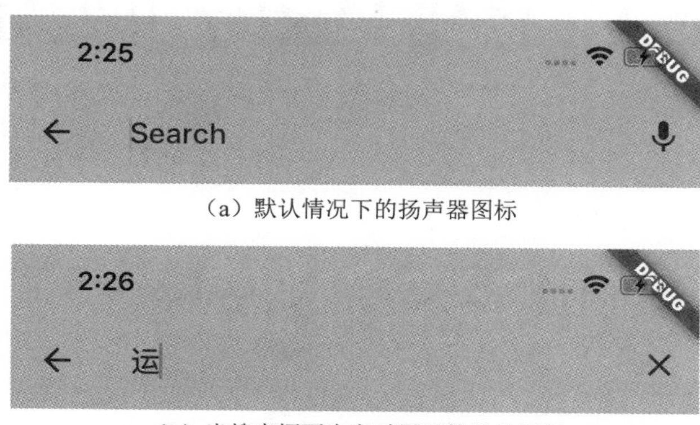

（a）默认情况下的扬声器图标

（b）当搜索框不为空时展示的叉号图标

图 12.19　搜索栏中两个不同的图标

这里，语音转文字的功能并没有介绍，因为这会涉及原生平台的插件开发，感兴趣的读者完全可以在这个项目中加上这个功能。

12.8 结束语

写到了这里，我依然有一种意犹未尽的感觉，尤其在本章的实战部分，其实可以实现更多的功能，但对已经介绍完的知识点再做重复的描述未免有一点多余，所以这部分就留给读者去完成。可以发挥自己的灵感，在这个在线商城中加入更多具有个人特色的东西。

另外，在 Flutter 日益发展的今天，一本书也不可能囊括它的全部内容。本书讲解了那些不会被淘汰的技术，诸如状态管理和 Flutter 中的 3 棵树这些概念都需要慢慢理解和消化。在之后的学习中，你完全可以紧跟潮流，接触一些更酷炫的技术，使用一些功能更强大的第三方库，相信你在这方面已经游刃有余了。

虽然 Flutter 已经踏足前端领域了，但与原生平台交互这一方面始终还是它的强项。Android、iOS 的原生开发者阅读完本书后，也可以翻阅其他资料，了解插件开发、MethodChannel 以及混合开发的相关技术，相信这些东西会给你带来不一样的开发体验。

最后，祝贺你完成了 Flutter 学习之旅！

附录 A　搭建 Flutter 开发环境

“君欲善其事，必先利其器”，本附录旨在介绍如何在自己的计算机上搭建 Flutter 开发环境。下面就是开发 Flutter 应用需要准备的一些工具。

- Flutter SDK：开发 Flutter 应用的必备工具包，其中包含了开发中常用的工具以及命令行工具等。
- Dart SDK：用于在计算机中直接运行 Dart 程序。
- Android 开发环境：如果要将 Flutter 应用安装在 Android 设备中，需要在计算机中安装 Android Studio 软件以及配置 Android 模拟器。
- iOS 开发环境：如果要将 Flutter 应用安装在 iOS 设备中，需要在 macOS 计算机中安装 Xcode 软件以及 iOS 模拟器。

首先，访问 Flutter 官方中文社区，找到下载页面，下载对应操作系统下最新版的 Flutter SDK。

A.1 在 Windows 系统中安装 Flutter SDK

这里以 Windows 10 为例。要在 Windows 10 中安装 Flutter SDK，需要按照以下步骤操作。

（1）从 Flutter 官方中文社区下载 Windows 版的 Flutter SDK 安装包（见图 A.1）。

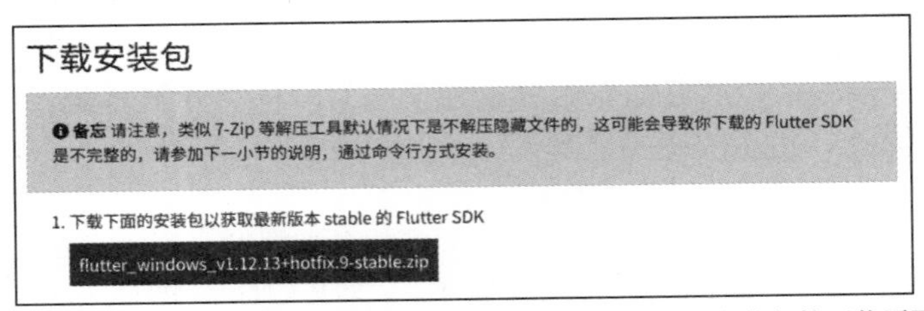

图 A.1　Flutter 官方中文社区中的 Windows 版 Flutter SDK 安装包的下载页面

（2）解压安装包，并将解压后的 flutter 文件夹放在 Flutter SDK 的安装路径下（如 C:\src\flutter，如图 A.2 所示）。注意，不要将 Flutter 安装到需要一些高权限的路径，如 C:\Program Files\。

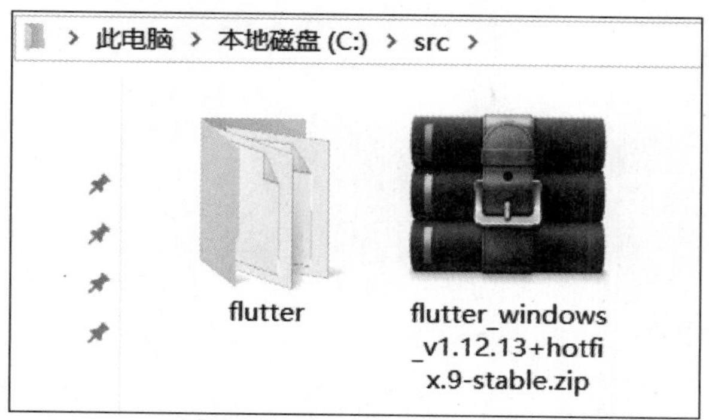

图 A.2　把解压后的 flutter 文件夹放到 C:\src\flutter 路径下

（3）在 flutter 文件夹下找到 flutter_console.bat（见图 A.3），双击该文件就会打开 Flutter Console 窗口，如图 A.4 所示。接下来，就可以在这里运行 Flutter 命令了。

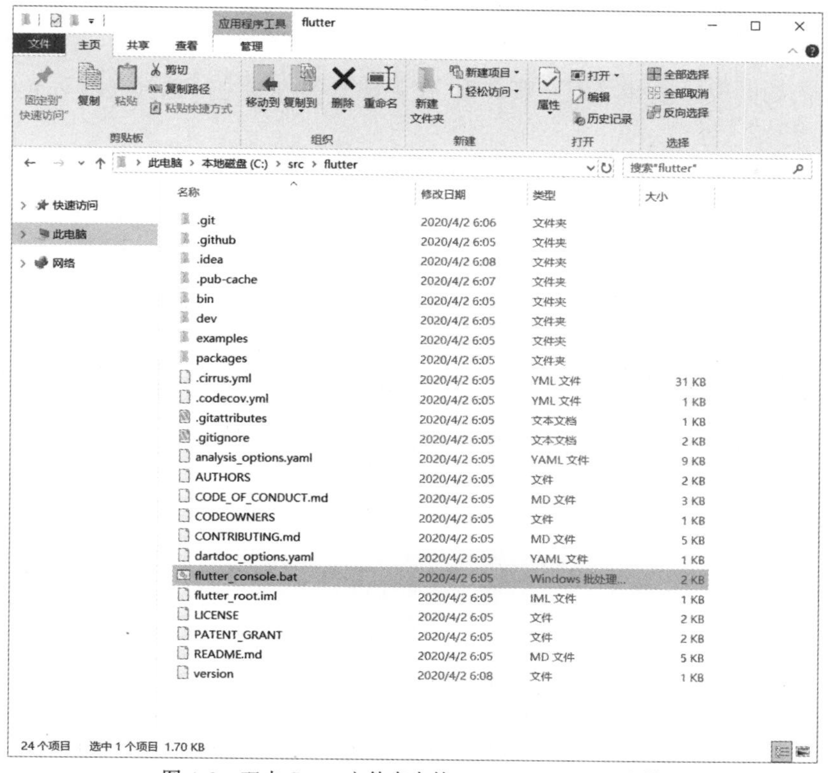

图 A.3　双击 flutter 文件夹中的 flutter_console.bat 文件

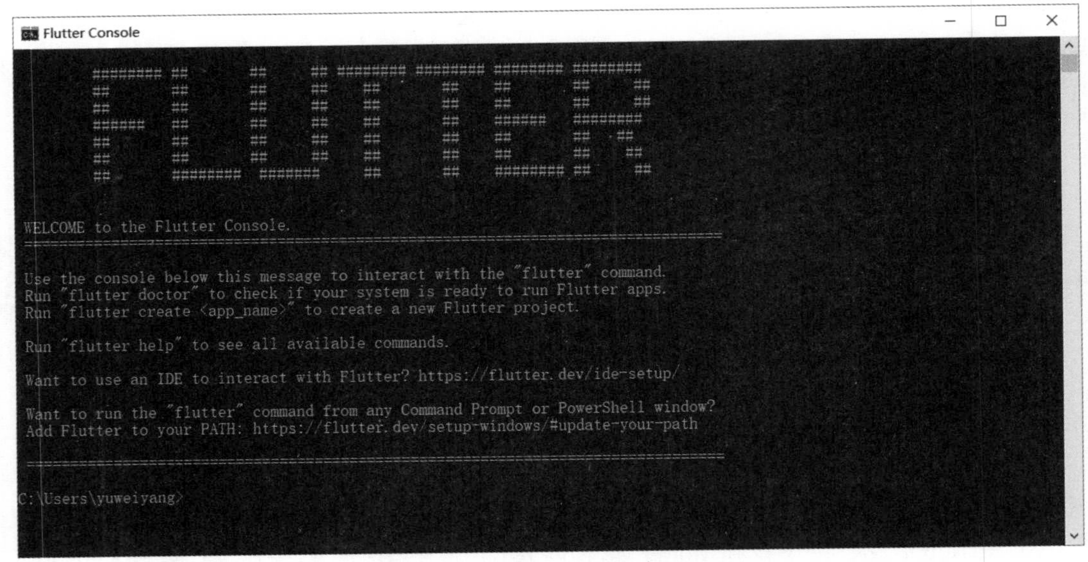

图 A.4 Flutter Console 窗口

为了使 Flutter 命令能够在全局的命令行窗口中使用，还需要按照如下步骤配置系统的全局环境变量。

（1）打开控制面板，选择“用户账户”，在弹出来的界面中，选择左侧列表中的“更改我的环境变量”，如图 A.5 所示。

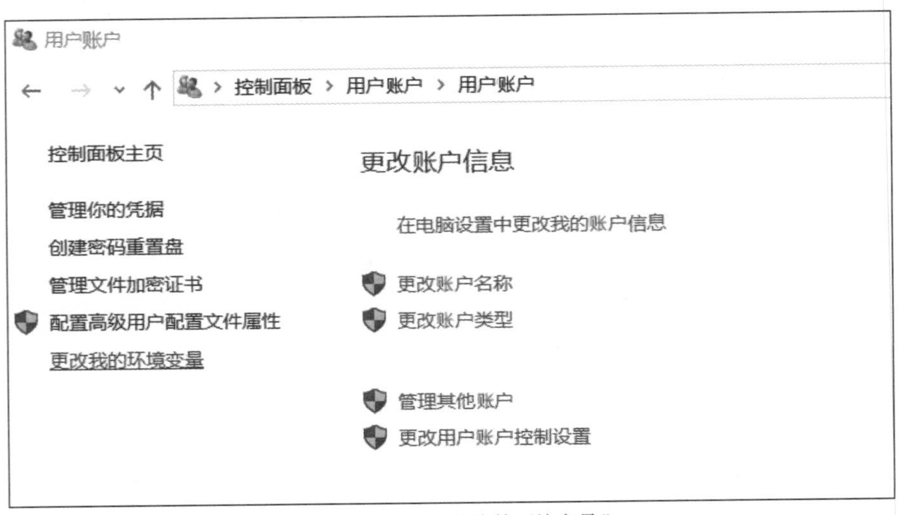

图 A.5 选择“更改我的环境变量”

（2）在弹出来的“环境变量”对话框（见图 A.6）中，在“***的用户变量”区域中查看是否有名为“Path”的条目。

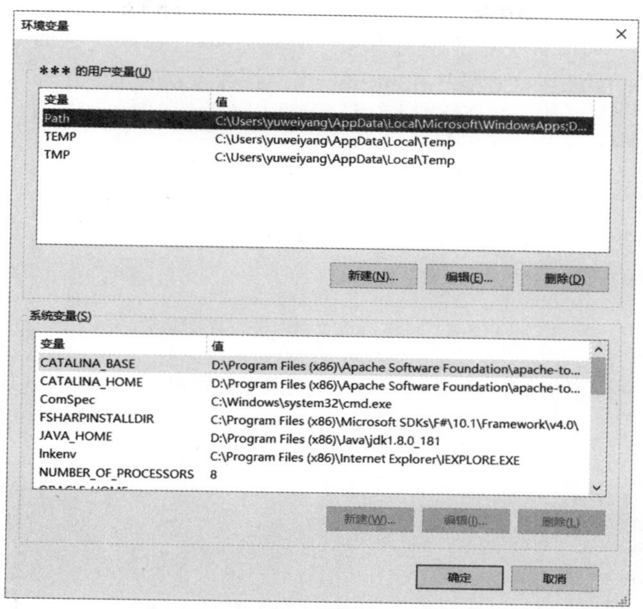

图 A.6　“环境变量”对话框

（3）如果有，选中 Path，直接单击“***的用户变量”区域下的“编辑”按钮，在弹出的“编辑环境变量”对话框中，单击“新建”按钮，向 Path 变量中添加刚刚安装的 Flutter SDK 的路径，如图 A.7 所示。

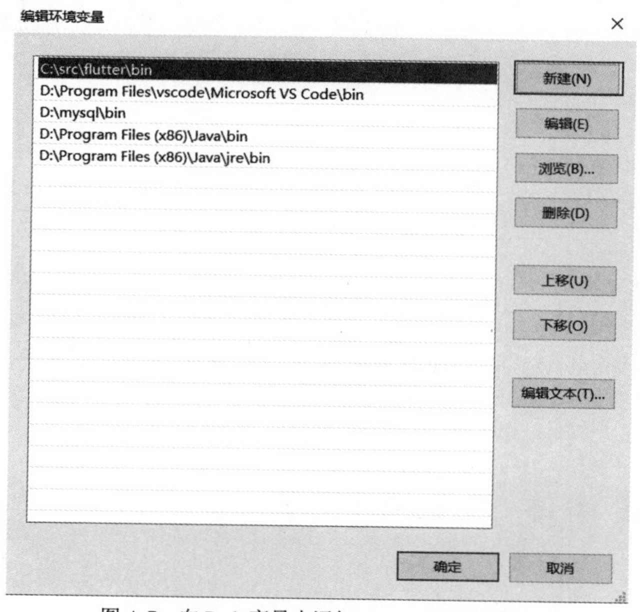

图 A.7　向 Path 变量中添加 Flutter SDK 的路径

（4）如果没有 Path 变量，单击“用户变量”区域下的“新建”按钮，直接新建 Path 变量，并在“变量值”文本框中输入“C:\src\flutter\bin”，如图 A.8 所示。

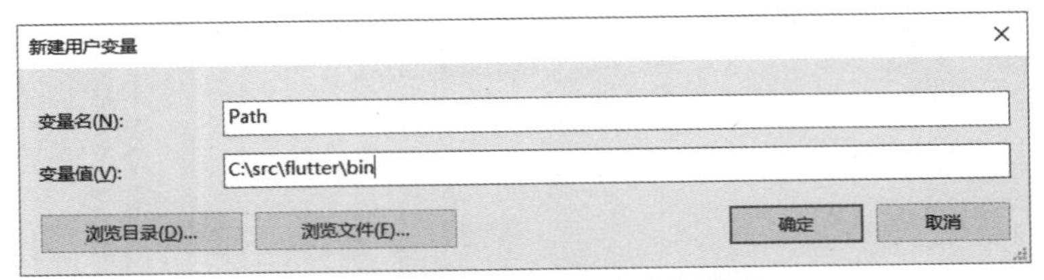

图 A.8 新建 Path 变量，并设置变量值

打开 Windows 命令行窗口后，就可以直接运行 Flutter 命令了，我们可以尝试执行 flutter doctor（见图 A.9）。

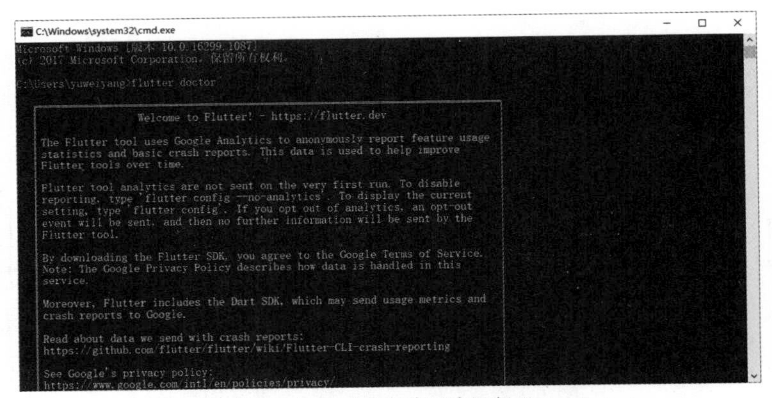

图 A.9 在 Windows 命令行窗口中运行 flutter doctor

这个命令会检查当前环境是否安装正确，并会将检测结果输出在控制台中。下面这一段表示检测结果当前环境中还缺少与 Android 相关的命令行工具。

```
[-] Android toolchain - develop for Android devices
    •Android SDK at D:\Android\sdk
    ✗Android SDK is missing command line tools; download from https://goo.gl/XxQghQ
    •Try re-installing or updating your Android SDK,
     visit https://flutter.cn/setup/#android-setup for detailed instructions.
```

以上示例适用于 Windows 10，其他系统版本可能有所不同，此时，读者就需要自行查阅其他资料。

A.2 在 macOS 中安装 Flutter SDK

为了在 macOS 中安装 Flutter SDK，需要按照以下步骤操作。

（1）从 Flutter 官方中文社区下载最新版本的 Flutter SDK 安装包。

（2）执行以下终端命令，将文件解压到目标路径，这里将 flutter sdk 解压到了用户目录～中。

```
$ cd ~
$ unzip ~/Downloads/flutter_macos_v1.12.13+hotfix.9-stable.zip
```

（3）执行以下终端命令，将 Flutter SDK 的安装路径临时添加到 PATH 变量中。

```
$ export PATH=`pwd`/flutter/bin:$PATH
```

（4）执行以下终端命令，打开 .bash_profile 文件，更新全局的 PATH 变量，将 Flutter SDK 的安装路径永久添加到 PATH 变量中。

```
$ cd ~
$ nano .bash_profile
```

（5）在 .bash_profile 中添加以下内容。

```
export PATH=$HOME/flutter/bin:$PATH
```

（6）更新完成后，同时按 control+X 快捷键，保存并退出。

（7）在终端运行 source $HOME/.bash_profile 来刷新当前命令行窗口。

这时，我们就可以在 macOS 计算机的终端中运行 flutter doctor 来检测当前环境配置是否正确，如图 A.10 所示。

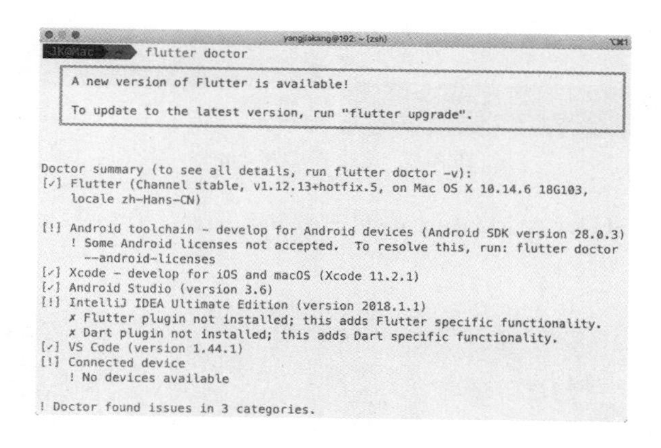

图 A.10　在 macOS 计算机的终端中输入 flutter doctor

更新环境变量时，在不同的 macOS 计算机中配置文件可能并不相同，因此读者需要自行查阅其他资料。

A.3 配置 Android 开发环境

首先，从 Android 开发者官网下载最新版的 Android Studio。在 Windows 系统下，下载完成后会得到一个以 .exe 结尾的可执行安装程序，而在 macOS 下会得到以 .dmg 结尾的安装程序。

然后，单击安装程序，不断单击“下一步”按钮，即可完成安装。

安装完成之后，就可以启动 Android Studio，进入欢迎页面。

为了配置 Android 模拟器，可以按照以下步骤操作。

（1）如图 A.11 所示，选择 Configure 下的 AVD Manager 选项，打开 Android Virtual Device Manager 界面。

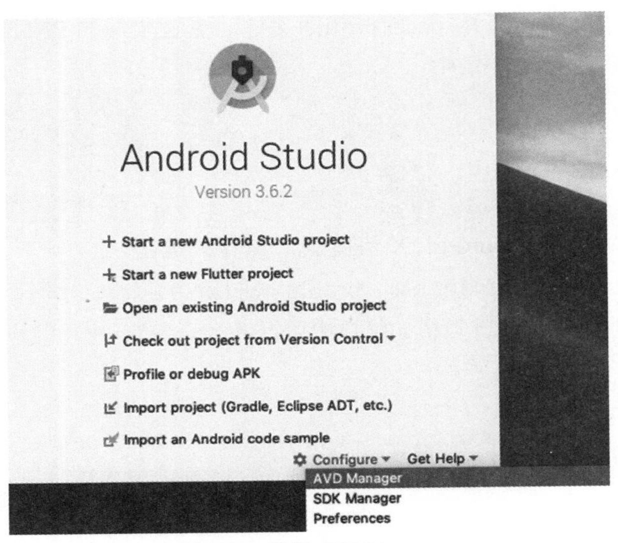

图 A.11　选择 AVD Manager

（2）在 Android Virtual Device Manager 界面中，单击 Create Virtual Device 按钮（见图 A.12）。

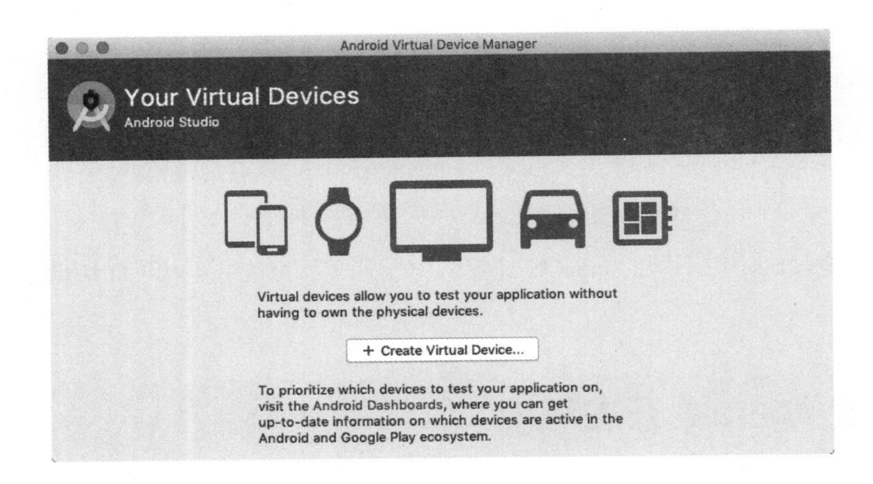

图 A.12　单击 Create Virtual Device 按钮

（3）选择设备和系统镜像，单击 Finish 按钮，等待安装成功即可。

再次进入 AVD Manager 界面，就可以看到已安装的 Android 设备。

A.4 配置 iOS 开发环境

首先，需要在 macOS 计算机的 App Store 中找到 Xcode 软件（见图 A.13）并安装。

图 A.13 在 App Store 中找到 Xcode

然后，在命令行窗口中运行以下命令来配置 Xcode command-line tools。

```
$ sudo xcode-select --switch /Applications/Xcode.app/Contents/Developer
$ sudo xcodebuild -runFirstLaunch
```

运行 Xcode 或者通过输入命令 sudo xcodebuild-license 来确保已经同意 Xcode 的许可协议。

接下来，执行下面这个命令，就可以直接打开一个 iOS 模拟器了（见图 A.14）。

```
$ open -a Simulator
```

图 A.14　打开 iOS 模拟器

A.5 配置 Visual Studio Code

由于本书主要使用 Visual Studio Code 作为开发 Flutter 应用的编辑器，因此本节介绍如何配置 Visual Studio Code。

具体操作步骤如下。

（1）从 Visual Studio Code 官网下载 Visual Studio Code。

（2）启动 Visual Studio Code，选择菜单栏中的“查看”→“命令面板”（见图 A.15），打开命令面板。

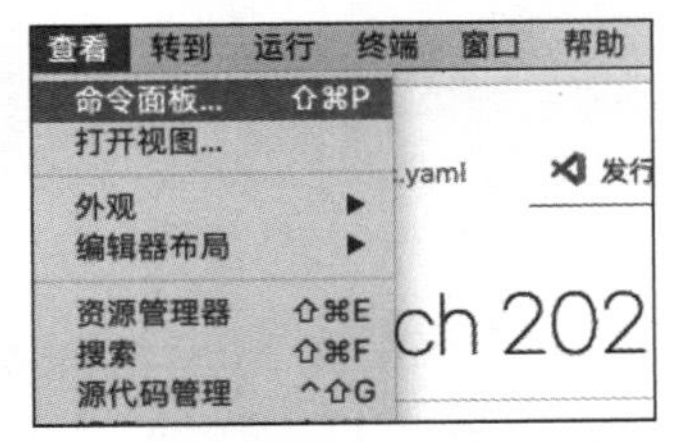

图 A.15　选择“查看”→“命令面板”

（3）在命令面板中，输入“install”，选择“扩展: 安装扩展”（见图 A.16）。

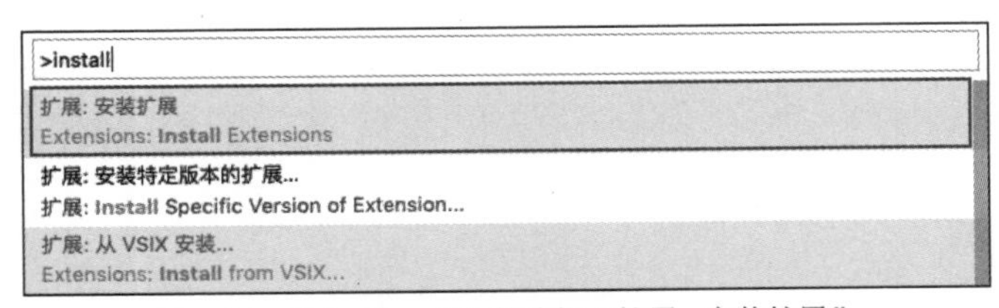

图 A.16　输入“install”并选择“扩展: 安装扩展”

（4）在弹出的界面中，在输入框中输入“flutter”，在弹出的列表中选择 Flutter 3.9.1 并单击“安装”按钮，Visual Studio Code 就会自动安装必要的 Dart 和 Flutter 插件（见图 A.17）。

图 A.17 安装 Dart 和 Flutter 插件

（5）在弹出的界面中，单击“重新加载”按钮，重新启动 Visual Studio Code，就可以按照第 1 章的步骤完成初始项目的创建了。

附录 B　安装 Dart SDK

要在计算机上直接运行 Dart 程序，还需要单独安装 Dart SDK。本附录介绍在 Windows 系统、macOS 中安装 Dart SDK 的详细步骤。

B.1 在 Windows 系统中安装 Dart SDK

在 Windows 10 系统中安装 Dart 开发环境主要有以下两种方式。

- 如果你的计算机中已经安装了包管理器 Chocolatey，可以直接在命令行中输入下面这个命令，一键安装 Dart SDK。

```
C:\> choco install dart-sdk
```

- 如果你的计算机中并没有安装 Chocolatey，可以访问 gekorm 网站（见图 B.1），直接下载一个可执行的 Dart 安装程序（其中包括 Dart SDK）。

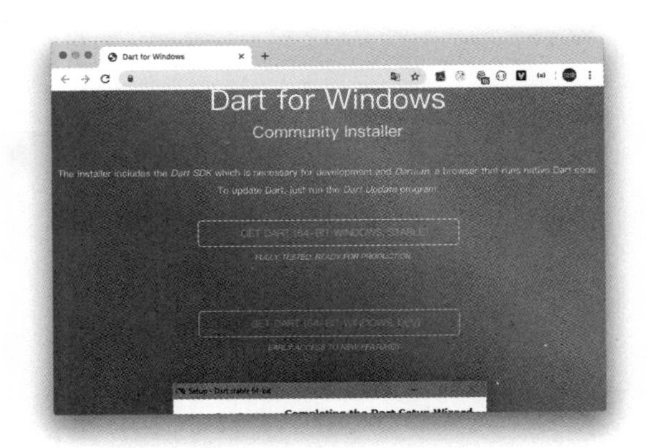

图 B.1　下载 Windows 系统下的 Dart 安装程序

注意，运行该安装程序时，可能无法连接到服务器，需要读者自己解决网络连接的问题。安装完成后，依然需要使用附录 A 中的方式将 Dart SDK 中的 bin 目录（默认为 C:\Program Files\Dart\bin）

添加到全局环境变量中，然后就可以直接在命令行中直接使用 Dart 命令运行程序了。

B.2 在 macOS 中安装 Dart SDK

如果你使用的是 macOS 计算机，那么在安装 Dart SDK 之前，首先需要在计算机中安装 Homebrew（这里省略了 Homebrew 的安装步骤）。Homebrew 是一个命令行工具，可用于安装并且管理从终端中下载的软件。可以在终端中执行如下命令测试本机中是否已经安装 Homebrew 了。

```
$ brew -v
```

如果终端中输出类似于图 B.2 中的版本号，则表示计算机中已经安装 Homebrew 了；否则，需要访问 Homebraw 官方安装页面，在终端中执行图 B.3 所示的命令，一键在计算机中安装 Homebrew。

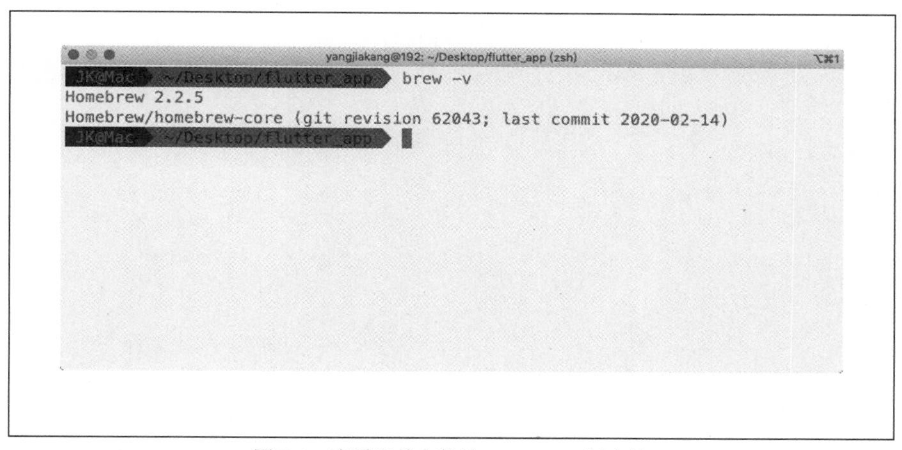

图 B.2　查看当前安装的 Homebrew 版本号

图 B.3　访问 Homebrew 官方安装页面并执行命令

安装完成 Homebrew 后，只需要执行下面两行命令就可以轻松完成 Dart 环境的安装了。

```
$ brew tap dart-lang/dart
$ brew install dart
```

可以在终端执行 dart --version 查看当前安装的 Dart 版本号（见图 B.4）。

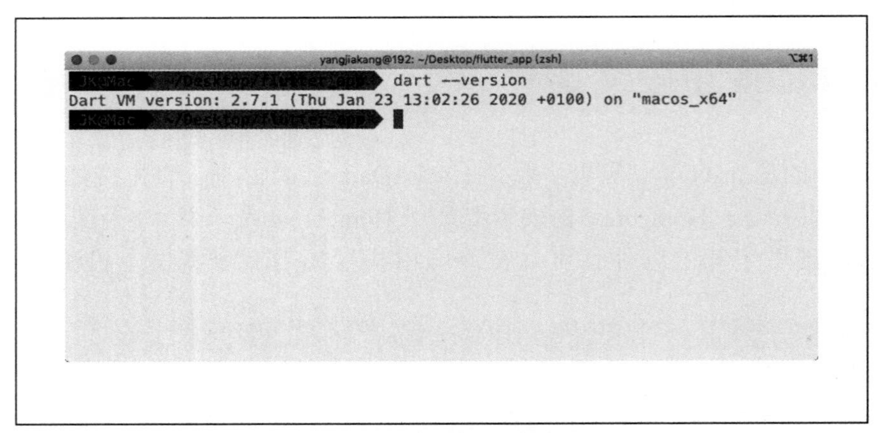

图 B.4　查看当前 Dart 版本号

附录 C　Pub 包管理器

Pub 是 Google 官方提供的 Dart 程序包管理器，与 Node.js 中的 npm 和 Android 开发中的 jcenter 类似，里面提供了 Flutter 以及其他 Dart 程序可以使用的大量第三方开源库。有效地利用这些库可以帮助我们节约很多开发时间。本书介绍的状态管理、网络请求等都会使用到 Pub 中已有的开源库。

同时，如果你有兴趣，在完成本书的学习后，可以在 pub.dev 网站上发布自己开发的库供其他的开发者使用，这是壮大 Flutter 社区的好方式。

pub.dev 首页（见图 C.1）会展示出开发者常使用的一些开源库，如 path_provider、sqflite 等。当找到符合要求的库（如 url_launcher 库）时，进入这个库的介绍页面（见图 C.2），就可以看到该库的详细介绍了。这时，我们只需要在 Flutter 项目根目录下的配置文件 pubspec.yaml 中声明库名以及版本号即可。

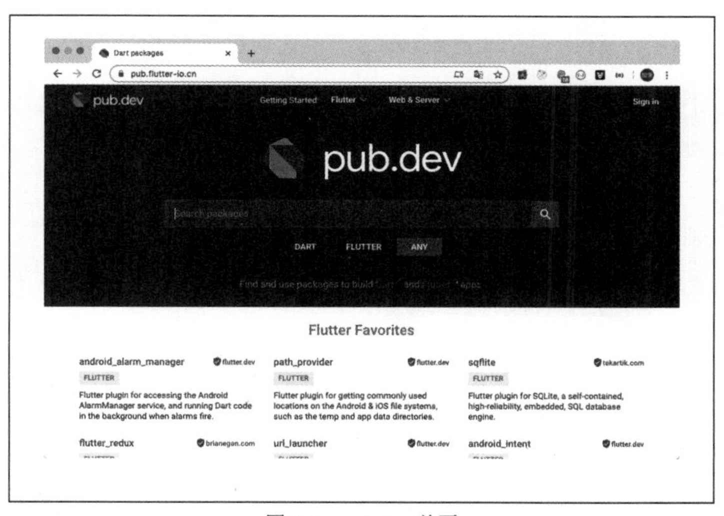

图 C.1　pub.dev 首页

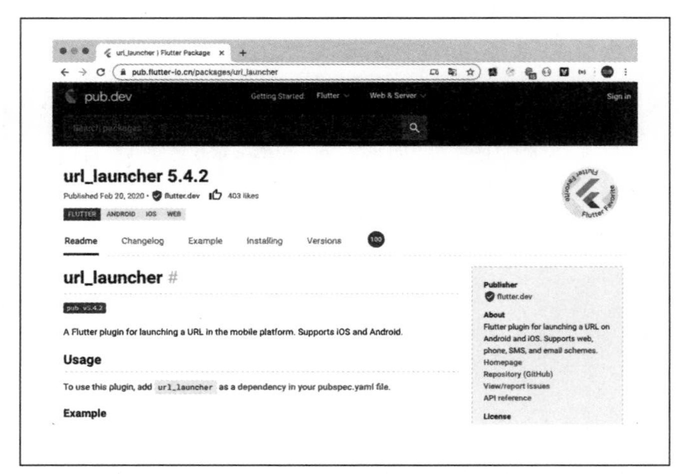

图 C.2　url_launcher 库的介绍页面

如图 C.3 所示，在新项目的配置文件 pubspec.yaml 中添加一个名为 url_launcher 的库。

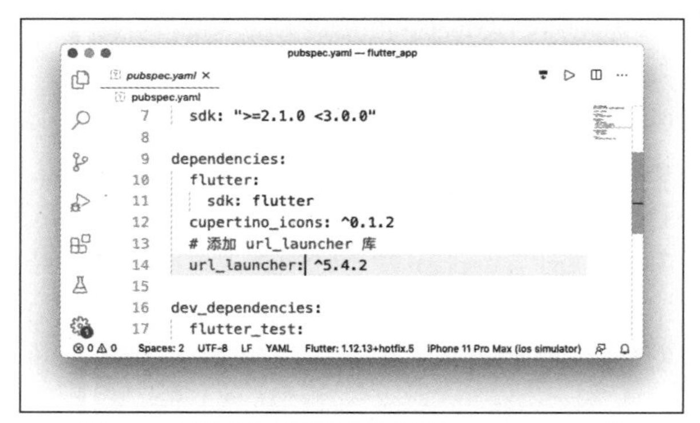

图 C.3　在新项目的配置文件中添加 url_launcher 库

更新完配置文件 pubspec.yaml 的内容后，就需要将依赖库安装到本地。在终端中打开项目根目录，执行 flutter pub get 命令（见图 C.4），等待安装命令执行完成后，就可以在项目中使用库中的代码了。

图 C.4　执行 flutter pub get 命令

C.1 版本号以及版本冲突

在配置文件中声明一个 pub 库时，需要以“库名: 版本号”这样的形式导入，其中指定版本号的形式多种多样，例如，可以使用下面这两种方式声明外部库。

```
url_launcher: '5.4.2' # 指定版本号

path_provider:         # 不指定版本号
```

其中，如果不指定版本号，就表示项目中可以使用 path_provider 库的任何一个版本，这很容易出现版本冲突的问题。比如，如果 Flutter 项目中使用了 package1 和 package2，而这两个包又同时使用了 urllauncher 库，如图 C.5 所示，当它们指定的 url_launcher 版本不同时，就会出现版本冲突。

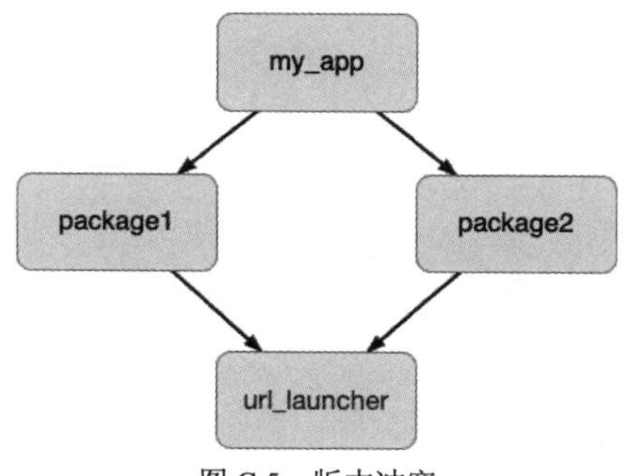

图 C.5　版本冲突

当再次执行 flutter pub get 命令以安装库时，就会出现图 C.6 所示的错误，表示 5.4.0 版本和 5.4.2 版本的 url_launcher 库不兼容。

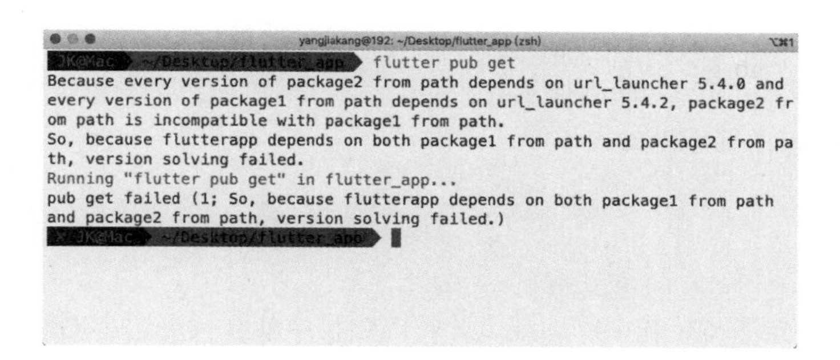

图 C.6　版本冲突的错误提示

此时，使用下面这种方式，可以在 dependency_overrides 中将本项目的 url_launcher 库的版本指定为 5.4.2。

```
dependencies:
  package1:
  package2:
dependency_overrides:
  url_launcher: '5.4.2'
```

但为了确保外部库能够持续稳定地能使用，官方并不推荐我们使用外部库时指定版本号，而是在开发这些库时通过指定版本范围的方式来声明依赖库，这样 Flutter 在导入外部库时就会在范围内找到一致版本。例如，下面通过指定最大和最小版本号的方式来指定 url_launcher 库的版本范围。

```
dependencies:
  url_launcher: '>=5.4.2 <6.0.0'
```

也可以使用^标签来指定 url_launcher 库的版本范围。

```
dependencies:
  url_launcher: ^5.4.2
```

^标签表示使用该库与当前接口兼容的最新版，因此这里的^5.4.2 等效于［5.4.2, 6）。这样，当 package1 和 package2 都使用这种方式指定版本号时，就不会出现版本冲突的问题了。

C.2 依赖其他来源的第三方库

除了可以使用已经发布在 pub.dev 中的第三方库外，还可以使用那些还未开源的库。

如果要依赖的库还保存在本地的磁盘中，可以直接通过指定库的位置导入库。具体声明方法如下。

```
dependencies:
   package1:
     path: ../package1
```

这里的 path 属性就指定了 package1 相对于这个项目的根目录的路径。

如果要依赖的库还放在 GitHub 或者其他 Git 仓库上，可以直接通过下面指这种方式导入。这里通过指定 package1 的地址导入该库。

```
dependencies:
   package1:
     git:
       url: git://github.com/flutter/package1.git
```

这里的 url 就指定了 Git 仓库的地址。此时，项目中就会依赖这个 Git 仓库中根目录所对应的库了。如果要依赖的库在 Git 仓库中的子目录中，可以使用下面这种声明方式。

```
dependencies:
  package1:
    git:
```

```
      url: git://github.com/flutter/packages.git
      path: packages/package1
```

这里通过 path 属性指定所要依赖的库相对于 Git 仓库根目录的路径，在终端执行 flutter pub get 后就能成功将该库安装到本地了。

C.3 使用第三方库

要使用已经安装的第三方库，只需要在 Dart 文件中使用 import 命令导入该库即可。下面是 url_launcher 库的使用示例。

```
import 'package:flutter/material.dart';
// 在该文件中导入 url_launcher 库
import 'package:url_launcher/url_launcher.dart';

class DemoPage extends StatelessWidget {
 launchURL() {
   // 调用 url_launcher 中的 launch 方法
   launch('https://flutter.dev');
 }

 @override
 Widget build(BuildContext context) {
   return Scaffold(
     body: Center(
       child: RaisedButton(
         onPressed: launchURL,
         child: Text('Show Flutter homepage'),
       )));
 }
}
```

上面的代码中，import 后接受一个“package:库名/文件名”形式的字符串，其中 url_launcher.dart 就表示该库的入口文件，也是需要使用的主要文件。

C.4 配置文件

每个 Flutter/Dart 项目都包含一个 pubspec.yaml 配置文件，它的作用就是帮助开发者指定项目的依赖项和配置项目的一些基本属性，如项目名、版本号等。下面是一个基本示例。

```
# 项目名称和描述
name: flutterapp
description: A new Flutter project.
```

```
# 指定应用版本
version: 1.0.0+1

# 声明使用的 Dart 的版本号
environment:
  sdk: ">=2.1.0 <3.0.0"

# 声明依赖的库
dependencies:
  flutter:
    sdk: flutter
  # 为应用添加 Cupertino 风格的图标库
  # 依赖该库后，可以在项目中通过 CupertinoIcons 类使用各类 iOS 风格的图标
  cupertino_icons: ^0.1.2

dev_dependencies:
  flutter_test:
    sdk: flutter

# 设置 Flutter 特有的一些配置项
flutter:
# 设置 uses-material-design 项为 true 可确保应用中 material 的字体图标可用
  uses-material-design: true

  # 使用下面这种方式在项目中声明一些需要用到的资源文件，如图片、字体等
   - images/a_dot_burr.jpeg
   - images/a_dot_ham.jpeg
```